DIXIA BIANDIANZHAN
SHEJI JISHU

# 地下变电站设计技术

夏 泉 主编

## 内 容 提 要

本书是总结地下变电站多年工程实践经验，介绍地下变电站设计、建设和运行技术的图书，主要内容包括站址选择与站区布置，电气主接线和电气布置，电气设施，继电保护与控制，建筑与结构，建筑设备以及工程设计实践等。全书突出技术实用性和可操作性，是作者多年工作经验的积累和凝炼，书中对国内外地下变电站建设现状进行介绍，表述了地下变电站的技术特点，展望了未来的发展趋势，具有很强的针对性和实践指导意义。

本书可供从事地下变电站规划设计、建设运行及相关工作的人员参考阅读。

**图书在版编目（CIP）数据**

地下变电站设计技术 / 夏泉主编．—北京：中国电力出版社，2019.1
ISBN 978-7-5198-2508-9

Ⅰ．①地…　Ⅱ．①夏…　Ⅲ．①变电所—地下建筑物—建筑设计　Ⅳ．①TU923

中国版本图书馆 CIP 数据核字（2018）第 236222 号

---

出版发行：中国电力出版社
地　　址：北京市东城区北京站西街 19 号（邮政编码 100005）
网　　址：http://www.cepp.sgcc.com.cn
责任编辑：吴　冰（010-63412356）
责任校对：黄　蓓　闫秀英
装帧设计：左　铭
责任印制：石　雷

---

印　　刷：三河市万龙印装有限公司
版　　次：2019 年 1 月第一版
印　　次：2019 年 1 月北京第一次印刷
开　　本：787 毫米 ×1092 毫米　16 开本
印　　张：15.75　插页 8
字　　数：409 千字
定　　价：90.00 元

---

# 编　写　组

**主　编**　夏　泉

**成　员**　孙国庆　杨然静　郭庆宇　吴培红

谢　冬　高　蓉　郭治锋　王　骥

杨秀兰　李　潇

# 序

党的十九大报告明确提出生态文明是中华民族永续发展的千年大计，形成绿色发展方式和生活方式，坚定走生产发展、生活富裕、生态良好的文明发展道路，建设美丽中国，为人民创造良好生产生活环境。随着城市现代化的发展和人们环保意识的不断增强，城市规划和城市面貌越来越受到重视。城市电网作为城市重要的公共服务性基础设施，供电状况直接关系到整个城市的形象，因此，合理布局电力基础设施，打造坚强可靠的城市电网，是构建城市生态文明的重要内容。

北京是我国的政治中心、文化中心、国际交往中心、科技创新中心。作为国际性的大都市，北京电力负荷总量大，密度高，变电站布点多，而城市中心区“寸土寸金”的土地资源难以为建造变电站提供宽敞的空间。《北京城市总体规划》（2016～2035 年）中坚持先地下后地上、地上地下相协调的原则，鼓励变电站向地下发展。国家电网公司“两型一化”变电站设计建设导则中也提出了“环境友好型”的技术要求。而地下变电站可与体育场馆、绿地公园和非居建筑相结合，既能为人居环境腾出更多的地面空间，又易于与城市环境相协调，使得变电站建设的内在“素质”与现代化城市相匹配，有利于构建和谐社会，实现人与自然的和谐共生。

国网北京市电力公司是国家电网公司的子公司，前身是 1905 年创建的京师华商电灯股份有限公司。作为首都电力最大的公用事业单位，负责北京地区 1.64 万平方千米范围内的电网规划建设、运行管理、电力销售和供电服务工作，先后圆满完成了第 29 届北京奥运会、新中国成立 60 周年庆典、APEC 供电保障、抗战胜利 70 周年纪念等重大活动电力保障任务。至 2017 年底，北京电网运行的 110kV 及以上变电站 508 座，其中，地下变电站 65 座，数量在国内居于首位，在北京城市建设中发挥了重要作用。在习近平新时代中国特色社会主义思想的引领下，国网北京市电力公司将以北京市新总规为遵循，以首都核心区、城市副中心、新机场、冬奥会等重点项目为带动，努力将首都电网建设成为安全、可靠、优质、绿色、智能的国际一流现代化城市电网。

北京电力经济技术研究院有限公司服务于北京电网建设 60 多年，在地下变电站的设计研究领域有着 40 多年的历史，参加《地下变电站设计技术》编写的作者都是亲历了地下变电站工程实践的工程技术人员，他们对地下变电站的经验和研究成果进行了总结，理论结合实际，阐述了地下变电站在规划设计方面的原则和要点，内容涵盖站址选择与布置、电气设计、建筑结构、暖通空调、给水排水、消防设施等方面，同时也介绍了大量的地下变电站典型工程案例，为电力行业的从业人员提供了很好的参考和借鉴。本书的出版将对我国提高城市地下变电站的设计和建设水平，促进电网发展和城市现代化建设进程发挥有益的作用。

李同智

2018 年 5 月 2 日

# 前 言

目前，我国已进入全面建成小康社会的决定性阶段，正处于经济转型升级、加快推进新时代中国特色社会主义现代化强国建设的重要时期。中国共产党第十九次代表大会提出："我们要建设的现代化是人与自然和谐共生的现代化，既要创造更多物质财富和精神财富以满足人民日益增长的美好生活需要，也要提供更多优质生态产品以满足人民日益增长的优美生态环境需要。必须坚持节约优先、保护优先、自然恢复为主的方针，形成节约资源和保护环境的空间格局、产业结构、生产方式、生活方式，还自然以宁静、和谐、美丽。"生态文明建设功在当代、利在千秋。随着资源环境瓶颈制约日益加剧，主要依靠土地等资源粗放消耗推动社会发展的模式不可持续。

城市土地资源十分宝贵，在城市中心区域，利用地下空间建设地下变电站以提高土地利用率，同时又能够较好地改善城市景观，使变电站与城市环境相协调，为此，国内外几个国际大都市已经建成一定数量的500kV及以下电压等级地下变电站。这些工程实践为地下变电站的规划、建设及运行积累了较为丰富的经验。鉴于国内外城市地下变电站大量的建设，根据国家能源局要求，北京电力经济技术研究院主编、上海电力设计院有限公司参编在2005版DL/T 5216规程的基础上，修订出版了DL/T 5216—2018《35kV～220kV城市地下变电站设计规程》。总结了国内地下变电站的设计经验，并借鉴国外的实践，提出了建设在城市的地下变电站在站址选择、站区布置、电气接线、土建设计、节能与环境保护等方面的技术特点及发展趋势。

本书正是针对当前中国能源形势和城市变电站建设的长期快速发展，在新颁布电力行业规程DL/T 5216—2018《35kV～220kV城市地下变电站设计规程》的基础上，总结了国内外地下变电站的设计经验和建设实践，城市地下变电站在设备户内化、地下化的基础上，采用小型化、组合型设备，立体化布置设计，进出线采用地下电缆，做到智能化、空间化、绿色化、协调型，一体化解决了城市节地与环境协调问题，减少了输变电设施对城市土地的占用，提高了土地资源利用率。本书涉及了城市地下变电站应用现状、站址选择、站区布置、电气设计、继电保护、辅助控制、建筑结构、暖通空调、给水排水、消防设施等各个方面，并给出了220kV、110kV地下变电站设计实例，尽可能以详尽的表述展示地下变电站的技术特点及发展趋势，供读者参考借鉴，希望对读者有所帮助，并对促进我国电网发展和城市现代化建设进程发挥积极的作用。

全书共八章，全面总结了国内外地下变电站的设计经验和建设实践，提出了建设在城市的地下变电站在站址选择、站区布置、电气接线、平面布置、土建设计、基坑支护、通风消防等方面的技术特点及发展趋势。第一章描述了地下变电站的定义、建设类型、国内外城市地下变电站建设现状和基本要求；第二章综合分析城市地下变电站站址选择考虑的因素，站区的优化布置，厂房的火灾危险性分类及其耐火等级、防火间距，与站外电缆通道的连接以及大型设备运输与吊装等，列举了融入城市环境的典型实例；第三章描述了适用于地下变电站的国内外电气主接线，电气布置基本设计原则、电气设备房间布置、各层平断面布置，三维数字化设计技术；第四章介绍适用于地下变电站的主变压器、高压配电装置、接地系统、站用电系统等电气设施；第五章阐述地下变电站各类继电保护、安全自动控制装置的配置及优化接线，计算机监控系统构成，视频监控、环境监测与控制、$SF_6$ 及含氧量监测、火灾自动报警及主变消防等分布式辅助控制系统，以及智能辅助监控系统的新技术，控制电缆、光缆的选择、“即插即用”及可视化敷设等；第六章包括建筑设计基本原则、设计要点、建筑装修、建筑防火及工程实例，结构设计可靠性、地下建筑的结构设计，建筑防水，地下结构逆作法，基坑支护结构设计方法、结构选型及设计，地下水控制等；第七章内容包括采暖与空气调节，通风系统及工程实例，防、排烟系统，地下变电站噪声特性、消声、吸声技术，噪声仿真计算，给排水设计，主变压器灭火方式及工程实例等；第八章列举了国内外 500kV 地下变电站、220kV 地下变电站和 110kV 地下变电站及 110kV 半地下变电站设计实例。

本书第一、八章由夏泉编写；第二章第一、三节由夏泉编写，第二节由夏泉、李潇编写；第三章第一节由夏泉编写，第二节由孙国庆、夏泉编写，第三节由郭治锋编写；第四章第一节由夏泉编写，第二、三、四节由孙国庆编写；第五章第一、二节由杨然静编写，第三节由杨秀兰编写；第六章第一节由高蓉编写，第二节由吴培红、郭庆宇编写，第三节由郭庆宇编写；第七章第一、二节由谢冬编写，第三节由王骥编写。全书由夏泉担任主编和审查工作。

本书在编写过程中得到了许多同志的帮助，参考了很多资料和文献，在此一并表示感谢！

本书作者把写好本书视为重要的社会责任，但由于作者水平所限，错误和不妥之处在所难免，恳请广大读者批评指正！

编　者

2018 年 4 月于北京电力经济技术研究院有限公司

# 目 录

# 第一章

## 国内外地下变电站建设现状及基本要求

城市供电设施主要包括城市的架空线路、电缆线路、变电站、配电站及通信设施等。在城市规划和建设中，城市供电设施的建设是重要的组成部分。为满足城市建设和城市电网规划设计的要求，并与市容环境相协调，城市供电设施的发展方向应是占地少、小型化、阻燃或不燃、自动化、标准化、环境融合等。变电站是电力网中的线路连接点，用以变换电压、交换功率和汇集分配电能的设施。变电站对于电力系统的电网安全、供电可靠性和电能质量起着重要的作用，根据变电站电气设备布置型式，一般可划分为户外变电站、户内变电站和地下变电站。

随着我国经济的发展和城市建设进程的加快，城市对电力建设的依存度越来越高，主要带来两个方面的问题：一是随着城镇化建设步伐的加快和人民生活水平不断提高，电力需求持续增长，电力负荷不断提高，用电负荷更加密集。例如，北京和上海电力需求均保持较高的增长速度，在 2004 年，北京电网、上海电网最高用电负荷分别达到 939.7 万 kW 和 1500.6 万 kW。在 2016 年，北京电网、上海电网最高用电负荷均多次被刷新，分别达到 2082.8 万 kW 和 3119.6 万 kW。这就需要建设更多深入城市市区的变电站以满足不断增长的负荷需求，而这些变电站需要占用大量的城市土地资源。二是城市市区土地资源极为宝贵，景观要求和工程建设环境要求严格，在稠密的城市市区选择变电站站址越来越困难。即使能够征得变电站建设用地，占地面积也比较小，而且土地昂贵，征地拆迁费用高，致使设计建设难度大、要求高。而城市户内变电站和地下变电站的建设将较好地解决这些矛盾，不仅能与大型建筑物相结合建设，对城市环境影响较小，而且能综合利用土地资源，特别是地下变电站选址上更具有特殊的优势。

目前，国内外地下变电站建设成功案例很多，500kV 及以下电压等级已建成一定数量的地下变电站，主要分布在为数不多的几个国际大都市，如北京、上海、日本东京和欧洲部分大都市等。国内外各地区根据所在地区实际电力需求和电网发展情况，地下变电站在建设规模和建设形式上有所不同，但最终的发展建设都是向与周边环境相协调、提高土地利用效率的方向发展。然而，地下变电站由于工程造价高，运行、设备检修维护相对不便，制约了地下变电站的建设和发展。因此，地下变电站是在城市电力负荷集中但户内变电站建设受到限制的地区进行建设的，必须经过充分的技术经济论证，达成各方共识，以取得较好的社会效益、经济效益和环境效益。随着我国城镇化的不断推进，城市建设规模不断扩大和发展，地下变电站由于具有综合利用土地资源等特殊的建设优势和特点将发挥更大的作用，其建设数量将愈来愈多，建设应用区域亦将越来越广。

## 第一节　地下变电站的定义及建设类型

变电站（substation）顾名思义，就是指改变电压的场所。变电站是电力系统中对电能的电压和电流进行变换、集中和分配的场所。为保证电能的质量以及设备的安全，在变电站中还需要进行电压调整、电流控制以及输配电线路和主要电工设备的保护。在GB 50053—1994《10kV及以下变电所设计规范》里面规定的术语定义是“10kV及以下交流电源经电力变压器变压后对用电设备供电”，符合这个原理的就是变电所。这一定义虽然指的是10kV电压等级，但对其他电压等级也同样适用。变电站按照作用分类有：升压变电所、降压变电所或者枢纽变电所、终端变电所等；按照管理形式分类有：有人值班的变电所、无人值班的变电所；按照结构形式室内外分有：户外变电所、户内变电所、地下变电所。

在DL/T 5216—2017《35kV—220kV城市地下变电站设计规程》行业标准出台之前，没有查阅到地下变电站的定义。因此，DL/T 5216—2005《35kV—220kV城市地下变电站设计规定》给出了规定：

地下变电站包括全地下变电站和半地下变电站。

全地下变电站是指变电站主建筑建于地下，主变压器及全部电气设备均装设于地下主建筑内，地上只建有变电站通风口和设备及人员出入口等少量建筑（建筑也可与地上其他建筑结合建设）以及引上至地面的大型主变压器的冷却设备和主控制室等。例如上海的人民广场220kV变电站、北京的王府井和朝阳门220kV变电站即属此类型。

半地下变电站是指变电站以地下建筑为主，部分建筑在地上，主变压器及其他电气设备分别置于地上或地下建筑内。例如北京的西大望220 kV变电站即属此类型。

国家电网公司编制企业标准时，重新考虑了相关影响因素，进行了更为精准的界定，在Q/GDW 1783—2013《城市地下变电站设计技术规范》中，对地下变电站的定义进行了调整。

地下变电站：全部或部分主要电气设备装设于地下建筑内的变电站。地下变电站包括全地下变电站和半地下变电站，其建筑可独立建设，也可与其他建（构）筑物结合建设。

全地下变电站：变电站主建筑物建于地下，主变压器及其他主要电气设备均装设于地下建筑内，地上只建有变电站通风口和设备、人员出入口等少量建筑，以及有可能布置在地上的大型主变压器的冷却设备和主控制室等。

半地下变电站：变电站以地下建筑为主，主变压器和高压电气设备部分装设于地上或地下建筑内。

这一定义界定清楚了地下变电站主要电气设备针对主变压器和高压电气设备，如果变电站主变压器和高压电气设备在地上，其他电气设备位于地下的，不属于地下变电站范畴。例如，某变电站的无功补偿设备或/和中低压开关设备安装在地下一层，主变压器和高压电气设备均布置在地上，则该变电站不是地下变电站。

2016 年，修订 DL/T 5216—2017《35kV—220kV 城市地下变电站设计规定》时，借鉴了国家电网公司企业标准的定义，但对半地下变电站给出了更为清晰的定义。具体为：

地下变电站：全部或部分主要电气设备装设于地下建筑内的变电站。

地下变电站包括全地下变电站和半地下变电站，其建筑可独立建设，也可与其他建（构）筑物结合建设。

全地下变电站：变电站主建筑物建于地下，主变压器及其他主要电气设备均装设于地下建筑内，地上只建有变电站通风口和设备、人员出入口等少量建筑，以及可能布置在地上的大型主变压器的冷却设备和主控制室等。

半地下变电站：变电站主变压器和高压电气设备其中之一装设于地下建筑内。

一般地，根据与地下变电站建设相关联的土地性质或联合建筑的关系，进行建设类型划分。综合分析国内已建成投运的地下变电站的空间及平面布置情况，将地下变电站划分为五种类型：一是利用主建筑物一侧地上部分的建筑面积及其关联的地下空间，如图 1-1①所示；二是变电站全部置于建筑物地下空间内，如图 1-1②所示；三是一部分利用建筑物地下空间，另一部分利用建筑物外的绿地或广场，如图 1-1③所示；四是变电站全部放置在绿地或公园下，如图 1-1④所示；五是主变压器置于地上，包含高压电气设备的其他设备置于地下，如图 1-1⑤所示。

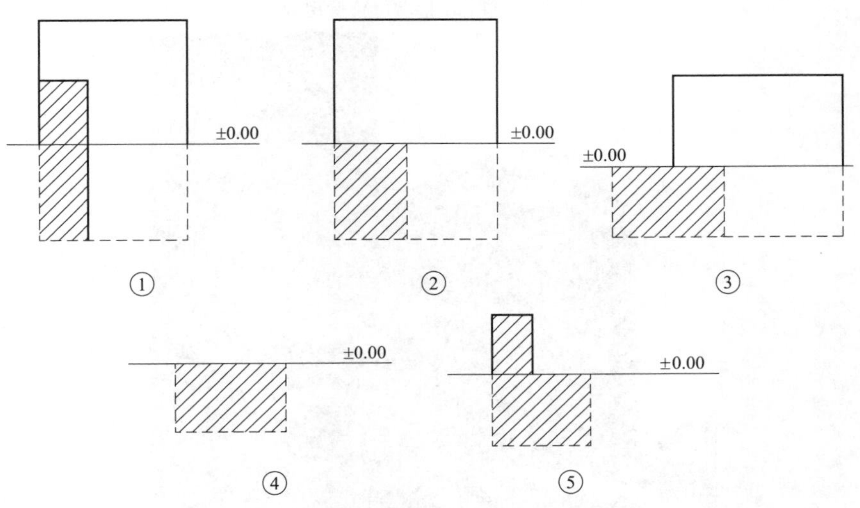


图 1-1　地下变电站与相邻建（构）筑物的关系

注：阴影部分为地下变电站建（构）筑物。

在已投运的地下变电站工程实践中，各种类型都有实际建设案例。属于第一种类型的有朝阳门 220kV 变电站（如图 1-2 所示）、新东安 110kV 变电站等；属于第二种类型的有西单 110kV 变电站、白家庄 110kV 变电站等；属于第三种类型的有复兴门 110kV 变电站（如图 1-3 所示）、广安门 110kV 变电站等；属于第四种类型的有静安 500kV 变电站（如图 1-4 所示）、人民广场 220kV 变电站、王府井 220kV 变电站、慈云寺 110kV 变电站等；属于第五种类型的有西大望 220kV 变电站、成寿寺 110kV 变电站（如图 1-5 所示）和兴隆 110kV 变电站（如图 1-6 所示）等。

从地下变电站建设外形来看，一般有圆形、矩形、不规则地形等，但圆形相对较少，上海静安 500kV 变电站、东京新丰洲 500kV 变电站、人民广场 220kV 变电站（如图 1-7 所示）等为圆形，大部分独立建设的工程为矩形，如地安门 220kV 变电站、慈云寺 110kV 变电站、北太平庄 110kV 变电站等，但由于变电站选址的多样性，与其他建筑结合建设和城市用地限制，不规则地形也占相当的比重，如王府井 220kV 变电站（如图 1-8 所示）、复兴门 110kV 变电站（如图 1-3 所示）等。

图 1-2　朝阳门 220kV 变电站

图 1-3　复兴门 110kV 变电站

图 1-4　静安 500kV 变电站

图 1-5　成寿寺 110kV 变电站

图 1-6　兴隆 110kV 半地下变电站

图 1-7　人民广场 220kV 变电站

图 1-8　王府井 220kV 变电站

经过近些年的实践，地下变电站的分类逐步清晰，按照规程 DL/T 5216—2017《35kV—220kV 城市地下变电站设计规程》的分类方式已经可以概括，即将地下变电站分为两类：半地下变电站（如图 1-9 所示）和全地下变电站（如图 1-10 所示）。每类地下变电站有两种型式，一种是独立建设的地下变电站，另一种是与非居建筑合建的地下变电站。

图 1-9　半地下 110kV 变电站实例

图 1-10　全地下 110kV 变电站实例

## 第二节　国内外地下变电站建设现状

目前，在城市中心区域，利用地下空间建设地下变电站以提高土地利用率，同时又能够较好地改善城市景观，使变电站与城市环境相协调，为此，国内外几个国际大都市已经建成一定数量的500kV及以下电压等级地下变电站，如北京、上海、日本东京和欧洲部分大都市等。这些工程实践为地下变电站的规划、建设及运行积累了较为丰富的经验。

### 一、国内地下变电站建设现状

我国的城市地下变电站建设[1]较为缓慢，初期建设数量较少，近些年，110kV及以下地下变电站建设有一定数量的增长。目前，国内地下变电站大部分集中在北京、上海等大城市。至2015年12月底，国内已投运地下变电站500kV 1座、220kV 17座、110kV（66kV）104座，其建设数量统计如表1-1所示。

**表1-1　　截至2015年年底的地下变电站数量统计表**

| 电压等级 / 地区 | 500kV变电站 | | 220kV变电站 | | 110kV（66kV）变电站 | | 合计 |
|---|---|---|---|---|---|---|---|
| | 全地下 | 半地下 | 全地下 | 半地下 | 全地下 | 半地下 | |
| 北京市 | | | 7 | 1 | 33 | 19 | 60 |
| 上海市 | 1 | | 5 | 2 | 26 | 6 | 40 |
| 重庆市 | | | | | 1 | | 1 |
| 广东省 | | | | 2 | 5 | 2 | 9 |
| 山东省 | | | | | 3 | | 3 |
| 辽宁省 | | | | | 2 | 1 | 3 |
| 湖南省 | | | | | 1 | | 1 |
| 内蒙古 | | | | | 1 | | 1 |
| 甘肃省 | | | | | 1 | | 1 |
| 陕西省 | | | | | 2 | | 2 |
| 福建省 | | | | | 1 | | 1 |
| 小　计 | 1 | | 12 | 5 | 76 | 28 | 122 |

北京1969年东城35kV战备用地下变电站建成投运，1989年国贸110kV地下变电站投运，从1996年开始，复兴门、新东安、神路街、广安门、航华、西单、北京电视台等110kV地下变电站相继建成投运[2]。1999年位于王府井东方广场地下的王府井220kV变电站建成投运。此后，西大望220kV半地下变电站、朝阳门220kV全地下变电站相继建成投运。四十多年来，共建成地下变电站60座，其中220kV全地下变电站7座，半地下变电站1座；110kV全地下变电站33座，半地下变电站19座。如图1-11所示的220kV地下变电站为开放式可参观变电站，如图1-12所示的全地下220kV变电站位于河边的绿地内。如图1-13所示的全地下110kV变电站位于建筑群内。

图 1-11　开放式可参观 220kV 地下变电站

图 1-12　河边的 220kV 全地下变电站

图 1-13　建筑群内的 110kV 全地下变电站

上海的地下变电站始建于 1987 年[3]，位于锦江花园饭店的绿地下建成 35kV 锦江站。1992 年，110kV 上海体育馆、人民广场地铁一号线地下变电站投运。1993 年位于市中心人民广场地下的 220kV 变电站投运。此后，静安寺、自忠等 110kV 地下变电站，济南、宛平等 220kV 地下变电站相继建成投运。2010 年，500kV 静安全地下变电站投运。近 30 年来，上海建成地下变电站共有 40 多座，分布于 35～500kV 各电压等级，其中地下 500kV 变电站 1 座。如图 1-14 所示的全地下 110kV 变电站位于城市公园内，如图 1-15 所示的全地下 110kV 变电站位于世博园区内，可开放和参观，其地上为世博电力企业馆。

图 1-14　公园内的 110kV 全地下变电站

图 1-15　世博园的 110kV 全地下变电站

深圳已建设经贸 220kV 半地下变电站、城市广场等 3 座 110kV 地下变电站。广州已建设猎德 220kV 半地下变电站、太古等 4 座 110kV 地下变电站。如图 1-16 所示为广州的 220kV 半地下变电站。重庆市已建设新民街 110kV 地下变电站。山东省已建设烟台、临沂、德州 110kV 地下变电站，以及青岛安徽路 35kV 地下变电站。江苏省已建设无锡春申、无锡商厦35kV地下变电站。辽宁省已投运沈阳站前、大连胜利广场全地下66kV变电站，沈阳和平66kV半地下变电站。湖南省投运长沙芙蓉110kV全地下变电站。呼和浩特市投运新华110kV全地下变电站。陕西已建设西安行政中心和会展中心2座110kV地下变电站。厦门投运湖滨南110kV全地下变电站。

图1-16　广州的220kV半地下变电站

根据调查资料，除上述省市外，国内有许多城市正在建设全地下或半地下变电站，如天津正在设计220kV全地下变电站等。可见，随着城市建设步伐的加快，在城市的建设中，地下变电站将发挥更加重要的作用。

DL/T 5216—2005《35kV～220kV城市地下变电站设计规定》于2005年2月14日发布，2005年6月1日作为电力行业标准实施。该标准实施后，工程技术人员依据此标准设计了全地下变电站和半地下变电站。

《国家电网公司输变电典型设计110kV变电站分册》[4]采纳了半地下110kV变电站C-1、C-2的设计方案，为国内城市地下变电站的建设提供了范例。

## 二、国外地下变电站建设情况

发达国家如日本、法国等都具有丰富、成熟的地下变电站的建设及运行经验。例如，日本地下变电站建设起步较早。日本东京于1952年建造了第一座地下变电站，1957年建造了66kV地下变电站，1971年建造了275kV超高压地下变电站。到2005年，共建成地下变电站157座，其中500kV地下变电站1座；275kV地下变电站13座；66kV（154kV）地下变电站143座。如表1-2所示。为了最大限度地利用城市空间，满足城市景观的要求，这些变电站大都采取了与其他民用建筑相结合建设的方式。东京电力公司所拥有的地下变电站与其他建筑相结合建设的地面设施有很多种类，包括公园、寺院（如图1-17所示）、办公楼、东京电力公司大楼等。通过这些地面设施，地下变电站很好地隐藏了起来。变电站的噪声、电磁等也大大削减，既保证了周边地区电力供应，又节约用地，达到了协调景观、保护环境和提高变电站安全性的目的。

表 1-2　　　　东京 23 区的变电站统计表（截至 2005 年 9 月）

| 电压等级 | 变电站布置型式分布个数 | | |
|---|---|---|---|
| | 户外 | 户内 | 地下 |
| 500kV | | | 1 |
| 275kV | 1 | 0 | 13 |
| 66kV（154kV） | 68 | 132 | 143 |
| 合计 | 69 | 132 | 157 |

图 1-17　高轮地下 275kV 变电站

2000 年 11 月第一座 500kV 地下变电站—新丰洲 500kV 变电站投运，该变电站位于东京市南部“新东京火力发电厂”旧址，地上是 8 层办公楼，地下 4 层。该建筑物采用直径 140m/144m 的圆形结构，基础埋深 75m，钢筋混凝土结构埋深 34m，如图 1-18 所示。

在欧美国家，1975 年，法国巴黎建成了容量 100MVA 的 ERSAME 地下变电站，如图 1-19 所示。1984 年，加拿大温哥华建成了容量 400MVA 的 CATHEDRAW 广场地下变电站。1998～2004 年，澳大利亚悉尼[5]建成了 330kV/132kV 的 Haymarket 地下变电站，地上两层，地下三层，如图 1-20 所示。2009 年，德国建成了法兰克福银行区中心

图 1-18　新丰洲地下 500kV 变电站

图 1-19　巴黎 ERSAME 地下变电站

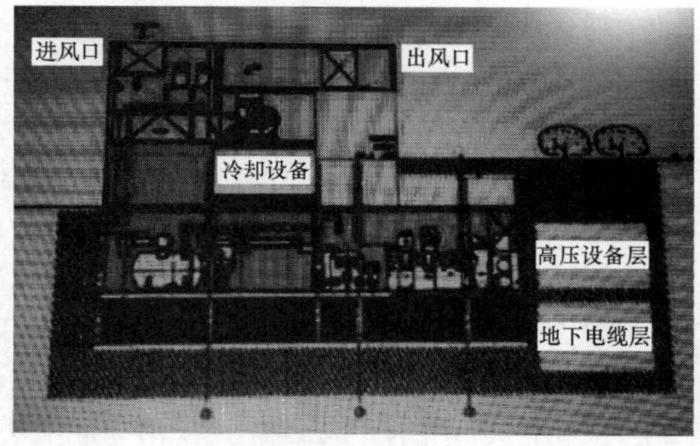


图 1-20　悉尼 Haymarket 330kV 地下变电站

110kV 地下变电站。此外，英国伦敦建成 400kV 的 St. Johns Wood 地下变电站和 City RD 地下变电站，中国香港建成 400kV 油麻地地下变电站和大环地下变电站。

## 三、地下变电站工程造价

变电站工程造价计算应执行国家、行业或地方政府相关的概预算管理制度及规定。变电站总投资以工程动态投资进行计列。工程动态投资由工程静态投资、价差预备费和建设期贷款利息组成。工程静态投资应包括建筑工程费、设备购置费、安装工程费和其他费用。其他费用重要的措施费用应有相应的措施方案设计作为计算费用的依据，定额及配套体系文件不包括的特殊工程费用应单独分项列出，价差预备费按国家发展和改革委员会适时调整和发布的投资价格指数计算，建设期贷款利息按中国人民银行公布金融机构人民币贷款基准利率计算。

从全地下变电站、半地下变电站和户内变电站三种类型变电站工程造价看，全地下变电站建设费用最高，半地下变电站建设费用居中，户内变电站建设费用最低。究其原因主要有两个方面：一是建筑工程费；二是设备购置费。安装工程费和其他费用与建筑工程费和设备购置费具有相关性，其差异是由建筑工程费和设备购置费引起的。

就建筑工程费而言，全地下变电站最高，半地下变电站次之。全地下变电站的建筑面积和体积大，这是由于主变压器等大件设备置于地下，增加了大型设备的垂直和水平运输通道，地下厂房较深，土方量大，基坑支护、降水防水费用增高，电气设备通风散热量大，通风设施较多，主变压器需要设置固定灭火装置等。半地下变电站一般主变压器布置在地面，无须设置固定灭火装置，主变压器运输利用户外道路，通风设施规模小等，致使建筑面积和体积减小，通风和消防设施规模也较小。户内变电站电气设备运输可以充分利用户外道路，通风和消防设施规模最小，建筑面积和体积最少，致使其土建工程费最少。

就设备购置费而言，全地下变电站最高，半地下变电站和户内变电站基本相当。三种类型的城市变电站均要求采用高可靠性、小型化、少维护或免维护的电气设备。在地下变电站中，各种类型的变压器均有采用，$SF_6$气体绝缘变压器和干式变压器为无油化设备，防火性能好，但是$SF_6$气体绝缘变压器价格昂贵，且国内生产厂家有限。110kV 和 220kV 高压配电装置宜采用小型化的$SF_6$气体绝缘全封闭组合电器 GIS 设备。10kV 设备可以采用新型空气绝缘金属铠装开关柜。全地下变电站往往采用优质产品，致使其设备购置费最高。

文献 6 对比了北京地区全地下变电站、半地下变电站和户内变电站三种类型 110kV 变电站的工程静态投资参考造价对比，如表 1-3 所示，全地下变电站设备购置费较高，是半地下变电站的 1.41 倍，是户内变电站的 1.44 倍。户内变电站因占地面积较大，建筑环境不同，其他费用较高。全地下变电站与半地下变电站因建筑形式、设备型式差异，对工程造价影响较大，全地下变电站是半地下变电站的 1.83 倍，是户内变电站的 2.26 倍，而半地下变电站与户内变电站造价差异不大。

表 1-3　　不同类型 110kV 变电站的工程参考造价（2007 年）
（新建变电站，一期 2×50MVA，终期 4×50MVA）

| 项目名称 | | 建筑工程费 | 设备购置费 | 安装工程费 | 其他费用 | 合计 |
|---|---|---|---|---|---|---|
| 全地下变电站 | 金额（万元） | 2700 | 5045 | 565 | 1624 | 9934 |
| | 费用比例（%） | 27.18 | 50.79 | 5.68 | 16.35 | 100 |
| 半地下变电站 | 金额（万元） | 1474 | 3580 | 547 | 1550 | 7151 |
| | 费用比例（%） | 20.61 | 50.06 | 7.65 | 21.68 | 100 |
| 户内变电站 | 金额（万元） | 1193 | 3503 | 494 | 2069 | 7259 |
| | 费用比例（%） | 16.43 | 48.26 | 6.81 | 28.50 | 100 |

然而，建设地下变电站不应只考虑工程费用本身，还需综合考虑经济效益和社会效益。全地下变电站和半地下变电站能够综合利用土地资源，节约土地占用，集约土地资源，而且，其节约的土地往往可以发挥其他用途，费用可以相互分担，发挥更大的作用。

## 第三节　地下变电站设计的基本要求

为使地下变电站设计贯彻执行国家技术经济政策、符合国家有关法律法规，达到安全可靠、先进适用、投资合理、节能环保的要求，落实“绿色、协调”的生态文明发展理念，综合考虑“设备选择的合理性、布置尺寸的合理性、优化和改进的合理性、问题解决方案的合理性”，地下变电站设计应一体化解决节地与环境问题，实现地下变电站建设的设备组合化和智能化、设计环保化、地上景观化，以期建设“资源节约型、环境友好型”变电站工程。

地下变电站设计与户内变电站设计[7]有许多共同点，但地下变电站在站址选择、设备选型、运输、通风、消防、噪声控制等方面具有显著的特殊性。在开展地下变电站设计时，一般按照如下原则进行设计工作。

（1）地下变电站设计应满足城市规划的要求，并与所在区域总体规划相协调。

地下变电站一般建设在城市繁华区域内，其设计必须与城市规划和地上建筑总体规划紧密结合、统筹兼顾，充分考虑与周围环境的协调，达到实用性与艺术性的统一。地下变电站作为工业建筑，其建筑设计应根据特定的环境，充分发挥想象力和创造力，综合考虑变电站总体布置、建筑通风、消防、设备运输以及环境保护等因素，将变电站的工艺特点、空间要求和形象特征与环境相结合，运用色彩、材料等建筑元素，使变电站与环境达到完美统一。

地下变电站设计与当地区域总体规划相协调，应做到如下几个方面：

第一，站址选择上应与城市市政规划部门紧密协调，统一规划地面道路、地下管线、电缆通道等，以便于地下变电站设备运输、吊装和电缆线路的引入与引出等。地下变电站的地上建（构）筑物、道路及地下管线的布置应与城市景观规划相协调。宜充分利用就近的交通、给排水、消防等公用设施。变电站站址和电缆通道的选择除了考虑与城市发展规划相衔接和当地负荷增长相适应外，还应考虑变电站与周围环境的协调和邻近设施的相互影响，以及环境影响报告、项目报审手续等，必要时应取得有关协议。

第二，地下变电站的总布置应力求布局紧凑，在满足工艺要求的前提下，兼顾设备运输、通风、消防、安装检修、运行维护及人员疏散等因素综合确定。宜避免与相邻居民、企业级设施的相互干扰，特殊情况下可与非居建筑联合建设。站区建筑高度的限值应满足所在区域城市规划的规定和要求。站区室外地坪高程应按城市规划控制标高设计，宜高出邻近城市道路路面标高。变电站不仅要考虑空间的布置和构图，还要处理好变电站体量和形态对城市街景产生的影响。当变电站与其他建（构）筑物合建时，还应充分利用其建（构）筑物的相关条件，统筹设计。

第三，注重环境的综合设计。分析地下变电站建筑的功能要求、周边的环境特性、城市的文脉等，找到恰当的表达方式，将相互矛盾的各个方面统一在一起，以取得与周围特定环境的平衡，并尽量体现出符合变电站使用性质的稳健理性的美感[8]。变电站的人员进出口、设备吊装口、通风口等体量较小的建（构）筑物，运用园林小品的设计手法，或通过材料、色彩的选用，使其后退到城市环境之后，成为城市背景的一部分。地下变电站站区的场地绿化应按城市规划要求进行，合理选择绿化树种以免影响变电站的安全运行。如，北京某110kV变电站地面建筑采用灰色（如图1-9所示），体现了北京城市的灰色基调，在进出口种植了绿色植物，和当地区域规划取得协调。

（2）地下变电站设计必须坚持节约集约用地的原则。

城市土地资源极其宝贵，节约集约用地是变电站设计的重中之重。一般来说，地下变电站已比户内变电站和户外变电站大大节约用地，但是，在城市地下变电站设计中仍需进一步优化，遵循节约集约用地原则，以期达到经济效益、社会效益的最大化。

地下变电站的设计应依据电网结构、变电站性质等要求，设备宜选择质量优良、性能可靠的定型产品，注重小型化、无油化、自动化、免维护或少维护，尽量压缩建筑体量，兼顾面积和体积，变电站可结合城市绿地或运动场、停车场等地面设施独立建设地下变电站；也可结合其他工业或民用建（构）筑物共同建设地下变电站，以节约建设用地并控制工程造价。条件允许时宜优先建设半地下变电站。不同电压等级的地下变电站可集中选择站址和布置，注重集约用地。

影响地下变电站占地面积的因素很多，如电气主接线形式、设备选型、变电站站址选择、总平面布置、与其他建筑联合设计等。具体参见第二章至第六章的相关内容。

（3）地下变电站设计应符合消防、节能、环境保护的要求。

地下变电站消防设计是在设计中满足建筑防火的各项规定，遵守防火间距和防火分隔，预防为主，一旦发生火情，应有效控制，及时灭火，以防火情蔓延而危及变电站其他部分和周边建筑的安全。主要有如下几个方面：

第一，灭火系统设计。当单台油浸变压器容量为125MVA及以上时应设置固定灭火系统。固定灭火系统可采用水喷雾、细水雾或气体等灭火系统。当地下变电站采用水喷雾消防时，油浸主变压器事故油池容量应考虑容纳最大一台变压器的事故排油量以及消防水量。干式变压器室可不设置固定灭火系统。无人值班变电站可在入口处和主要通道处设置移动式灭火器。

第二，火灾自动报警系统。地下变电站应设置火灾自动报警系统，以便及时发现火灾隐患，还应具有火灾信号远传功能。火灾探测报警装置应与固定灭火系统及通风设备联动，以便设备及时动作。

第三，地下变电站与其他建筑联合建设时，应采用防火分区隔离措施。在地下变电站下述特殊地点：电力电缆隧道出入口处、电缆竖井的出入口处、电缆头连接处、二次设备室与电缆夹层之间，均应采取防止电缆火灾蔓延的阻燃或分隔措施。

环境保护与可持续发展日益重要，地下变电站应在电磁环境、噪声控制、污水排放等方面有明确的设计要求。

地下变电站钢筋混凝土结构以及覆土层均起到了良好的屏蔽作用，电气设备选用电磁环境影响小（如带金属罩壳）的电气设备等，均具有良好的屏蔽效果。根据实测数据，变电站周围的磁场强度一般小于 10$\mu$T，远低于 100$\mu$T 的限值要求，因此，地下变电站的电磁场强低。

地下变电站的噪声源主要是主变压器及电抗器的本体噪声及电抗器振动产生的噪声，以及用于散热的通风系统机械噪声和气流噪声。地下变电站宜选用低噪声设备，可利用建筑物、绿化物等站内设施减弱噪声对环境的影响，也可采取隔声、吸声、消声等噪声控制措施。地下变电站主变压器及电抗器运行产生本体噪声的同时，也会产生振动，对运行时产生振动的电气设备和大型通风设备宜设置特殊的减振技术措施。

（4）地下变电站设计应结合工程特点，积极稳妥采用新技术、新设备、新材料、新工艺，促进技术创新。

城市地下变电站在满足电网规划和可靠性要求的条件下，宜减少电压等级和简化电气主接线，采用内桥形、扩大内桥形、单母线、单母线分段、单母线单元等简单接线型式。当不同电压等级的变电站集中布置时，相应的电压等级电气接线可以适当简化。

地下变电站宜采用低损耗、低噪声的电力变压器。根据防火要求，必要时可选择无油型设备。地下安装的单台容量在 80MVA 及以下的油浸式变压器宜采用自冷方式进行冷却；容量在 80MVA 以上的油浸式变压器可采用油-水或油-油循环冷却方式，宜将主变散热器引至地上进行冷却；环氧浇注或气体绝缘变压器宜采用风冷方式进行冷却。地上安装的油浸式变压器宜采用本体和散热器分体安装方式。

地下变电站配电装置宜选用无油型、小型化设备。66～500kV 配电装置宜选用 $SF_6$ 气体绝缘全封闭组合电器。断路器应选用断流性能好的无油断路器。35kV 及以下配电装置宜选用开关柜（包括柜式 GIS）。地下变电站的无功补偿设备宜选择无油型产品。

地下变电站计算机监控系统应采用分层、分布、开放式结构。地下变电站的远动、继电保护和电话的通道宜采用光纤通信方式。

地下变电站应设置接地网，接地网除采用人工接地极外，还应充分利用建筑结构的钢筋。

鉴于国内城市地下变电站大量的建设，根据国家能源局要求，北京电力经济技术研究院有限公司主编、上海电力设计院有限公司参编在 2005 版 DL/T 5216 规程的基础上，修订出版了 DL/T 5216—2017《35kV～220kV 城市地下变电站设计规程》。总结了国内地下变电站的设计经验，并借鉴国外的实践，提出了建设在城市的地下变电站在站址选择、站区布置、电气接线、土建设计、节能与环境保护等方面的技术特点及发展趋势。

总之，经过几十年的积累和总结，地下变电站在设计、建设、运行等方面已经基本成熟。城市地下变电站在设备户内化、地下化的基础上，采用小型化、组合型设备，立体化布置设计，进出线采用地下电缆，做到智能化、空间化、绿色化、协调型，一体化解决了城市节地与环境协调问题，减少了输变电设施对城市土地的占用，提高了土地资源利用率，地下变电站必将在城市的建设和发展中发挥越来越重要的作用。

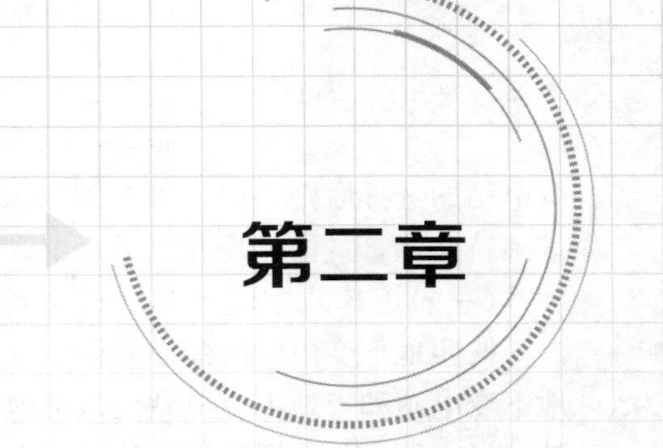


# 站址选择与站区布置

城市变电站一般采用户内变电站建设型式，但是，在城市中心区，户内变电站建设往往受到很多限制而得不到城市规划部门批准，特别是在大型城市中心区更是如此。因此，为满足城市供电的需求，地下变电站的建设型式在城市中心区得到广泛应用。与户内变电站相比，地下变电站工程投资较高，设计方案考量因素多，工程建设难度大，需要工程技术人员花费更多的时间和精力进行站址选择和设计方案优化比较，以期满足工程相关方的各种要求，取得更大的经济效益、社会效益和环境效益。

地下变电站是常规户内变电站无法建设时所采用的特殊变电站建设形式，一般建在城市用地条件极端紧张、周围环境要求极端苛刻且用电负荷密度很高的城市中心地区。一般情况下，地下变电站的建设步骤如下：在选择地下变电站站址前，应根据城市规划的相关要求，选择适宜的地下变电站建设型式。建设型式确定后，根据所在区域的规划情况，确定地下变电站站区布置。然后，从地下变电站总平面及各层平面布置、主要设备选型、通风消防设施选择、设备吊装运输等方面开展地下变电站的优化设计，并考虑与其他建筑联合设计。地下变电站地面建筑在满足电力系统各专业工艺要求的前提下，尽最大可能融入周边环境，不仅要体现城市基本设施功能的综合利用，而且要带给民众良好的城市形象感受。

## 第一节　站　址　选　择

城市变电站位于电力负荷集中的区域，以十年及以上电网发展规划为基础，依据地区电网结构、变电站性质等要求统筹建设。在城市电力负荷集中且变电站建设受到限制的地区，往往常规户外及户内变电站无法建设，而电网规划迫切需要建设变电站来满足该地区用电要求时，才考虑建设特殊形式的地下变电站。

### 一、地下变电站站址选择的特殊性

地下变电站站址选择除满足变电站选址的一般要求外，还要与城市规划紧密结合，综合考虑工程规模、变电站总体布置等诸方面需求。地下变电站的站址选择一般与户内变电站的选择原则类似，可参阅《城市户内变电站设计》。但地下变电站的站址选择有许多特殊性，具体体现在以下几个方面：

（一）选择地下变电站建设型式

按照地下变电站的建设实践情况，地下变电站的分类方式已经可以概括为两类：全地下变电站和半地下变电站。每类地下变电站有两种型式，一种是独立建设的地下变电站，另一种是与非居建筑合建的地下变电站。

选择地下变电站建设型式的基本原则为：地下变电站站址可结合城市绿地或运动场、停车场等地面设施独立建设；也可结合其他工业或民用建（构）筑物共同建设。条件允许时，优先建设半地下变电站。

地下变电站独立建设还是联合建设的问题是确定变电站站址的关键环节。城市由于征地拆迁难度很大，地下变电站选择独立的站址显得非常困难，因此，采用与其他建筑联合建设或贴邻建设较为普遍，独立建设的地下变电站相比较要少一些。

半地下变电站建设是地下变电站建设中相对比较普遍的建设形式，变电站可以独立建设（如图 2-1 所示），也可结合城市广场、市政绿地、运动场、停车场、公共建筑等联合建设（如图 2-2 所示）。由于半地下变电站具有合理的性价比，在工程中应用较多。当站址条件不允许建设地上类型的户内变电站，而对变电站地上部分建设一定数量的电气设备厂房能够接受时，就可以选择建设半地下变电站。

图 2-1　独立建设的 110kV 半地下变电站

图 2-2　联合建设的 110kV 半地下变电站

全地下变电站也是地下变电站建设中比较普遍的建设形式，其主要建筑物建于地下，即主变压器及其他主要电气设备均装设于地下建筑内，地上只建有变电站通风口和设备、人员出入口等少量建（构）筑物，以及有可能布置在地上的大型主变压器的冷却设备和主控制室等。

独立建设的全地下变电站（如图 2-3 所示）一般位于市政绿地、运动场、停车场、城市广场的地下部分，地上设有设备吊装口、进排风口、人员出入口、消防控制室等。与非居建筑合建的全地下变电站（如图 2-4 所示）一般建在非居建筑的地下，在建筑外部的运输道路附近或绿化地带设置设备吊装口，进排风口、人员出入口、消防控制室等可以独立设置，也可以设置在建筑的裙房内。

图 2-3　独立建设的 110kV 全地下变电站

图 2-4　与写字楼结合建设的 110kV 全地下变电站

一般地，若严格限制地下变电站地面建筑的高度和建设体量，则采用全地下布置的变电站型式。全地下变电站地面建筑物的占地面积要远远少于半地下变电站地面建筑物，对于市中心及人口密集区域，或变电站周围有特殊景观要求的地区来说，变电站的地面建筑越少越好，此时全地下变电站有一定的优势。而对于那些对地面建筑物的占地要求不是很高，但又与变电站地面建筑的间距和高度有特殊要求而户内变电站不能满足建设要求时，优先考虑采用半地下变电站建设形式，一是由于半地下变电站本体占地面积较全地下变电站少，二是由于半地下变电站的土建造价低、施工周期短。

（二）站址选择应与城市市政规划紧密协调

城市地下变电站属于市政配套项目，其规划应服从于当地的城市区域规划，必须满足城市总体规划的要求。因此，地下变电站的站址选择应与城市市政规划部门紧密配合，协调一致，宜充分利用站址就近的交通、给排水、消防及防洪等公用设施。

站址选择应符合如下要求：①统一规划地面道路、地下管线、电缆通道等，以便于变电站设备运输、吊装和电缆线路的引入与引出。②对站区外部设备运输道路的转弯半径、运输高度等限制条件进行校验，并应注意校核邻近地区运输道路地下设施的承载能力。

变电站站址应根据工艺技术、运行、施工和扩建需要，遵循已确定的最终建设规模和电力系统的发展要求进行统筹安排。地下变电站土建建筑物按最终规模建设。对站区建（构）筑物、进站道路、进出线走廊、给排水设施等应统筹安排、合理布局。

根据现有和规划的道路，确定地下变电站进站道路的引接点和路径走向，要充分利用已有道路。变电站大件设备运输、站用外引电源、防排洪设施等站外配套设施应一并纳入市政规划。

沿城市道路、河道、绿化、铁路两侧建设的地下变电站建筑，其退让距离不仅应符合消防、防汛和交通安全等方面的要求，而且应符合当地城市规划及城市建设用地的有关规定。不同城市的道路退让红线距离要求也有很大区别，同一城市的不同地区也存在很大差别。譬如，北京地区在城市不同区域对道路退让红线距离就有不同要求。

（三）站址应具有适宜的水文、地质等条件

站址应具有建设地下建筑的适宜的水文、地质条件（例如避开地震断裂带、塌陷区等不良地质构造）。站址选择应满足防洪及防涝的要求，否则应采取防洪和防涝措施，防洪及防涝宜充分利用市政设施。

站址应避免选择在地上或地下有重要文物的地点。譬如，北京是闻名遐迩的古都，变电站选择站址时，多次遇到地下文物遗址，这时需要相关文物部门进行鉴定，确定适宜的处理措施，此时，往往变电站站址需要进行或多或少的变化，致使工程进展受到影响。因此，在站址选择之初尽量避免选择在地上或地下有重要文物的地点。

站址的抗震设防烈度应符合 GB 18306—2015《中国地震动参数区划图》的规定。站址位于地震烈度区分界线附近难以正确判断时，应进行烈度复核。以便在遭受强烈地震时，能把灾害控制到最低限度，减少次生灾害，并便于及时抢修，及时恢复供电。

站址选择时应考虑变电站与周围环境、邻近设施的相互影响，必要时应取得有关协议。与地下变电站联合建设的工业或公共建筑，在变电站选择之初，就要与市政规划部门以及建筑方达成共识选择合理的站址位置，必要时需要与建筑方的设计机构进行反复磋商确定并落实相关事宜。

与工业或公共建筑联合建设的地下变电站，应将建设方案呈报消防主管部门审核，取得相关部门对地下变电站消防设计的认可。由于与地下变电站联合建设的工业或公共建筑，在相关的消防法规中的条文不是很明确，因此，这种类型的地下变电站往往需要进行特别的消防专题论证确定，以免在后续的建设中返工。

（四）地下变电站的优化设计[8]

影响地下变电站占地面积大小的因素很多，如电气主接线形式、设备选型和在城市中的所处位置等。地下变电站与户内变电站相比较，在电气主接线、建设规模和大部分电气设备选型上是一致的，而在电气布置、主变压器选型和通风消防设施上两者存在较大差异。因此，在户内变电站优化设计考量因素的基础上，地下变电站优化设计需要从

以下几方面着手：总平面及各层平面布置、主变压器选型、通风消防设施、与其他建筑联合设计等。以下几点对此进行简要说明，具体参见第三章至第八章的有关内容。

**1.** 总平面及各层平面布置

地下变电站采用“立体化、协调型”[9]设计理念，变电站分层布置，充分利用变电站的地下和地上的空间，主要设备部分或全部居于地下，以最大可能节省土地资源。地下变电站的地面部分（总平面设计）和周围区域建设环境相融合，充分表达出“协调”的设计理念，特殊地区追求“虚无”的极致设计，感受不到变电站的存在。例如，慧祥110kV变电站地面的通风口由垂直布置改为平面布置，进出口采用下沉设计，地面无建筑物，并对地面进行园林绿化，使之成为居民休憩场所。

地下变电站电气总平面布置应根据电力系统规划、城市规划、站址地形、进出线条件、交通条件、环境条件、地质条件等因素进行综合布置。主变压器、并联电抗器等荷载较重或油浸式电气设备，以及进出线电缆较多的配电装置设备宜布置在地下变电站厂房除电缆夹层外的最底层平面。

**2.** 主变压器的选型与布置

半地下变电站与户内变电站主变压器往往选用油浸式变压器，它普遍采用地上分体式布置，这样既降低了主变压器本体、变电站建筑、结构、消防及通风等土建投资费用，也降低了设备安装、检修难度和通风散热的运行费用。但这两类变电站占用地上空间较多，环境适应性受到限制，在城市的中心区建设具有很大局限性。

全地下变电站的主变压器布置在地下，工程实际中油浸式变压器和$SF_6$气体绝缘主变压器都有采用，这需要因地制宜、视工程的具体建设形式而定。虽然主变压器需要地下垂直运输通道和地下水平运输通道，增加了建筑面积、体积和安装运输工作量，但是，主变压器不占用或少占用地上空间，对周围环境的影响小，在北京、上海等城市的中心区建设较多采用地下布置形式。

**3.** 通风消防设施

地下变电站通风系统设计应能适时排除电气设备电能损耗所产生的热量，其通风方式可采用自然进风、机械排风，也可采用机械进风、机械排风。一般利用大件设备吊装口做进风口，经进风竖井至各电气房间，吸收热量后至排风管道，由排风机将热量通过排风竖井排至大气。如果受条件限制不能利用大件设备吊装口进风，可设置专用的进风口。变压器室的通风系统应与其他通风系统分开。配电装置室通风系统的排风机可兼作排烟机。$SF_6$电气设备室应采用机械通风，排风口应分别设在室内下部和上部。

根据防火要求，在变电站通风系统的每一房间进出口风管上均安装防烟防火调节阀，在温度高于70℃时自动关闭阀门，同时发出电信号，并与消防报警系统联动。

地下变电站地上设置的油浸变压器室，当单台主变压器容量为125MVA及以上时应设置固定灭火系统；地下油浸变压器室应设置固定灭火系统。$SF_6$气体绝缘变压器室可不设置固定灭火系统。无人值班变电站可在入口处和主要通道处设置移动式灭火器。固定灭火系统可采用水喷雾或气体等灭火系统。地下变电站火灾自动报警系统保护对象为二级，其系统形式为区域报警系统。火灾探测器的选择应根据安装部位的特点采用不同类型的感烟及感温探测器。火灾探测报警装置应与固定灭火系统及通风设备联动。

**4.** 与其他建筑联合设计

随着城市建设的发展，城市建设用地越来越少，地下变电站与其他建筑联合设计愈来愈多，联合设计的其他建筑普遍选择非居建筑。此时，地下变电站电气设备往往布置在非居建筑的地下部分。

地下变电站与非居建筑联合设计需要适宜的结构柱网布置方案。一般在非居建筑给定的柱网内布置电气设备各功能房间，联合设计时尽量不去改变非居建筑给定的结构柱网设置，除非不能满足主变压器等电气设备的安装、检修试验和运行要求。当非居建筑给定的建筑层高和结构柱网不满足电气设备布置要求时，可与建筑设计方进行协商，寻求调整建筑层高和结构柱网布局的可能性与可行性，兼顾两者的需要，以适应地下变电站的建设要求，同时也不影响非居建筑的建设功能。

## 二、地下变电站站址选择的方法和步骤

总结上述地下变电站站址选择的特殊性，一般地，地下变电站站址选择采用以下方法和步骤：

(1) 地下变电站作为城市专项规划的组成部分，需要纳入所在城市相应的市政规划中，在规划选址的区域确定地下变电站大致位置。

(2) 标出地下变电站站址附近电力系统中的有关变电站、发电厂。

(3) 开展与变电站相关情况的调查研究，协调变电站建设涉及的各相关方之间的关系，选择地下变电站建设型式。确定地下变电站采用独立建设还是与其他建筑联合建设，是建设全地下变电站还是半地下变电站。

(4) 在已经取得的地形图、地质资料、区域规划图的基础上，确定地下变电站站址位置、变电站布置、进出线路径方向及与四邻的相互关系。

(5) 开展现场踏勘，落实地下变电站建设的外部条件，进行必要的调整和补充事宜。

(6) 列出可能的地下变电站建设方案，对各方案进行深入细致的技术经济比较和经济效益分析，提出地下变电站建设的推荐站址方案。

(7) 对推荐的地下变电站最佳站址方案，要全面落实建站条件。需要进行水文地质和工程地质的勘察工作。并且应取得有关方面正式的书面协议和文件。

(8) 与工业或民用建筑共同建设的联合建筑的地下变电站应向国家相应的消防主管部门提交规定的消防报审材料，以取得认可。

# 第二节　站　区　布　置

地下变电站的站区布置在满足工艺要求的前提下，应力求布局紧凑，并兼顾设备运输、通风、消防、安装检修、运行维护及人员疏散等因素综合确定。当变电站与其他建（构）筑物合建时，还应充分利用其建（构）筑物的相关条件，统筹设计。地下变电站的地上建（构）筑物、道路及地下管线的布置应与城市规划相协调，宜充分利用就近的交通、给排水、消防及防洪等公用设施。

地下变电站的总平面布置应按最终规模进行规划设计，土建工程应一次建设完成。有条件时，电气工程也可一次建设完成。

## 一、地上部分的平面布置

地下变电站作为工业建筑，应当满足电力系统各专业工艺要求，在最大程度使用和节约集约利用土地的基础上，不仅体现城市基本设施功能的综合利用，而且要带给民众良好的城市空间感受。

地下变电站的地上部分平面布置往往是功能性和城市景观要求相结合的产物。功能性体现在满足人员出入、设备的吊装运输、通风及检修运行维护使用要求上，景观性体现在与所处环境的协调和融入上，能够作为环境的重要组成部分。地下变电站与户内变电站一样，建筑设计要考虑立面处理、电磁环境影响、噪声控制及日照间距等方面内容，在地下变电站建成后需要进行环境影响的相关评价。地下变电站由于主设备布置于地下，地面以上的房间及设施相对较少，与户内变电站相比具有一定的优势。

**1.** 地上部分的平面布置设计原则

城市地下变电站地上部分的平面布置设计应当符合变电站站区的总体性规划，站区布置应满足运行巡视、检修、交通运输等要求。设计原则如下：

第一，布置紧凑合理，节省建设用地；

第二，按最终规模进行规划设计；

第三，充分共用市政设施资源，与周边环境相融合；

第四，科学利用站址条件，降低工程投资成本，缩短建设工期；

第五，绿化站区，保护生态环境，达到人与自然和谐发展。

在建筑物的平面、空间的组合上，应根据工艺要求，宜采用集中或联合布置，尽量减少地面建筑的数量及体量，将露出地面的通风口、人员出入口、设备吊装口等尽量合并布置，提高场地使用效益，节约集约用地，这正是城市地下变电站建设形式的优势所在。如图 2-5 所示地下变电站与写字楼构成联合建设的工程实例，变电站上部建设有商场和办公楼。

图 2-5　110kV 地下变电站与非居建筑合建外景

地下变电站运行时会产生大量热量，需要通过通风系统将热量散至室外，一般采用自然进风、机械排风的方式。地下变电站的进、出风口应分离设置。进风口通常与大吊装口合并设置，宜设置在夏季盛行风向的上风侧，在地上侧墙上设置通风百叶。排风主要通过机房内高速排风机组向室外排风，风速较高，如果变电站设置在城市中心区或景观区内，风速会对行人造成影响。出风口应避开人员频繁通过的区域，可通过提高排风百叶位置，设置在人员通行范围以上，或加高排风百叶，扩大排风面积来解决此问题。如图 2-6 所示是某 110kV 地下变电站通风口实景，掩映在绿色的冬青树丛中。

图 2-6　110kV 地下变电站通风口实景

**2.** 建（构）筑物的间距

建（构）筑物的间距、危险性分类及防火等级是消防部门对变电站的消防审查的重要内容。地下变电站的地上建筑物（含与其他建筑物结合的地上建筑物）与相邻建筑物之间的消防通道和防火间距，应符合现行国家标准 GB 50016—2014《建筑设计防火规范》及 GB 50229—2006《火力发电厂与变电站设计防火规范》的有关规定。根据多年的运行实践经验，结合城市地下变电站的特点，DL/T 5216—2017《35kV～220kV 城市地下变电站设计规程》确定了地下变电站的相应规定：

6.1.3　独立建设的地下变电站地上建筑与相邻建筑之间的防火间距，不应小于表 6.1.3 的规定。

**表 6.1.3**　独立建设的地下变电站地上建筑与相邻建筑的防火间距（m）

| 名称 | | 甲类厂房 | 乙类厂房（仓库） | | | 丙、丁、戊类厂房（仓库） | | | | 民用建筑 | | | | |
|---|---|---|---|---|---|---|---|---|---|---|---|---|---|---|
| | | 单、多层 | 单、多层 | | 高层 | 单、多层 | | | 高层 | 裙房，单、多层 | | | 高层 | |
| | | 一、二级 | 一、二级 | 三级 | 一、二级 | 一、二级 | 三级 | 四级 | 一、二级 | 一、二级 | 三级 | 四级 | 一类 | 二类 |
| 变电站丙类地上建筑 | 一、二级 | 12 | 10 | 12 | 13 | 10 | 12 | 14 | 13 | 10 | 12 | 14 | 20 | 15 |
| 变电站丁类地上建筑 | 一、二级 | | | | | | | | | | | | 15 | 13 |

注　1　表中的一级～四级为耐火等级，一类、二类为高层民用建筑的分类。

2　防火间距按变电站地上建筑的外墙与相邻地上建筑外墙的最近距离计算，如外墙有凸出的燃烧构件，应从其凸出部分外缘算起。

3　两座厂房相邻较高一面外墙为防火墙，或相邻两座高度相同的一、二级耐火等级建筑中相邻任一侧外墙为防火墙且屋顶的耐火极限不低于 1.00h 时，其防火间距不限。两座丙、丁、戊类厂房相邻两面外墙均为不燃性墙体，当无外露的可燃性屋檐，每面外墙上的门、窗、洞口面积之和各不大于外墙面积的 5%，且门、窗、洞口不正对开设时，其防火间距可按本表的规定减少 25%。

4　两座一、二级耐火等级的厂房，当相邻较低一面外墙为防火墙且较低一座厂房的屋顶无天窗，屋顶的耐火极限不低于 1.00h，或相邻较高一面外墙的门、窗等开口部位设置甲级防火门、窗或防火分隔水幕或防火卷帘时，丙、丁、戊类厂房之间的防火间距不应小于 4m。

建构筑物的火灾危险性分为甲、乙、丙、丁、戊五类。甲类危险性最大，变电站各设备房间的火灾危险性都属于丙、丁、戊类。

建构筑物的耐火等级由建筑构件的燃烧性能和最低耐火极限决定，分为一、二、三、四级。一级由钢筋混凝土楼板、屋顶和砌体墙组成，耐火极限为1.5h。二级和一级基本相同，但耐火极限为1.0h。三级由钢筋混凝土楼板、木结构屋顶和砖墙组成，耐火极限为0.5h。四级由难燃体（水泥和刨花混合板、经过处理的有机材料等）楼板和墙及木结构屋顶组成，耐火极限为0.25h。

一、二级耐火等级的建筑物防火条件好，变电站的建构筑物的最低耐火等级都属于一、二级。

6.1.4　地下变电站的建筑设计应根据工艺布置要求，设置主变压器室、配电装置室、二次设备室、电容器室等电气设备房间以及消防设备间、通风机房、工具间、吊装间、运输通道等。地下变电站各设备房间火灾危险性分类及其耐火等级应符合表6.1.4规定。

**表6.1.4　　地下变电站各设备房间的火灾危险性分类及其耐火等级**

| 设备房间名称 | | 火灾危险性分类 | 耐火等级 |
|---|---|---|---|
| 二次设备室 | | 戊 | 二级 |
| 配电装置室 | 单台设备充油量60kg以上 | 丙 | 二级 |
| | 单台设备充油量60kg及以下 | 丁 | 二级 |
| | 无含油电气设备 | 戊 | 二级 |
| 油浸变压器室 | | 丙 | 一级 |
| 干式变压器、电抗器、电容器室 | | 丁 | 二级 |
| 油浸电抗器、电容器室 | | 丙 | 二级 |
| 事故油池 | | 丙 | 一级 |
| 消防设备间、通风机房 | | 戊 | 二级 |
| 备品间、工具间 | | 戊 | 二级 |

**注**　干式变压器包括$SF_6$气体变压器、环氧树脂浇注变压器等。

**3.** 地下变电站融入城市环境的实例

地下变电站多建设于城市中心区，当今的中国城市基本上已经建设和改造完成，很少会出现自然环境，而是以人类长期活动所积累的物质、文化等元素形成的环境为主。以北京为例，城市环境大致可分为三类，即园林环境、人文环境和民用建筑环境。在设计地下变电站时，建筑专业最需要考虑并解决的问题是和已有的城市环境相融合，如何处理与各种环境之间的关系，达到“置身其中而不露”的效果，做到不张扬，不喧宾夺主，力求不破坏城市景观，是目前地下变电站建筑设计的主要方法。

地下变电站由于主要设备居于地下，具有更加容易融入城市景观要求等诸多优势，但由此产生变电站地面功能如何与城市景观结合的问题，也关系到设备地下后的成效体现程度。一般情况下，地下变电站在地面部分仍需有出入口、通风口、吊装口等设施的房间，这些设施常常为突出地面1～4m的低矮建（构）筑物，有时地面通风口也会采用阳光棚等形式，但这些样式与地面景观的协调效果一般，形式也比较古板。

位于北京市奥运场馆周边的某110kV地下变电站在环境协调性上做出了很好的尝试，用活泼的雨棚设计（如图2-7所示）充分体现了与人文环境的融合，这是建筑专业在地下变电站设计中的关注要点，设计巧妙地处理了与绿地的关系，将环境完全塑造成为居民活动场所。

图 2-7　某 110kV 地下变电站的地面设计

变电站周围为民用建筑，地上为公共绿地，地面出入口及通风口挡雨设施的设计应尽量使其体量淡化，成为融入周围环境的小精品工程，而不让其成为突出自我的庞大建筑物。在此设计理念下，为地下变电站做出了三种挡雨设施方案，经多次比选，确定了不锈钢和玻璃结合的雨棚设计为实施方案（如图 2-8 所示）。雨棚顶采用斜面设计，满足通风井高度要求的前提下，尽量降低棚顶高度，使其在环境中的体量减小、弱化。局部雨棚采用钢丝拉结，既有结构作用，又有装饰作用。

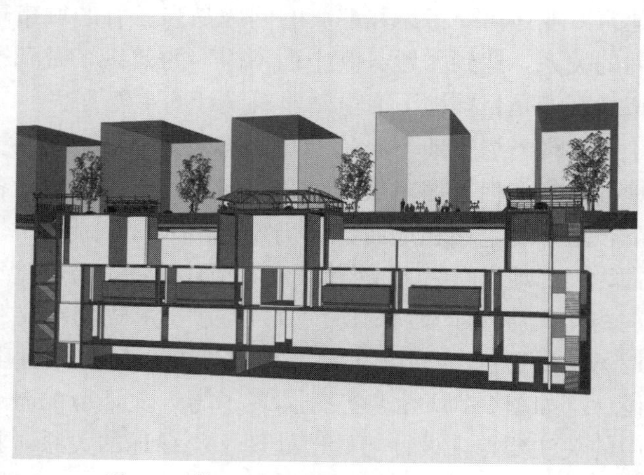

图 2-8　某 110kV 地下变电站的剖面设计

在如图 2-7 和图 2-8 所示的地下变电站建设中，找到了较好的地面景观模式，这种地下变电站的地上模式得到了当地居民的认可。由于该雨棚的材料通透、易维护，较适合北方地区气候，与大多数变电站周边环境也易协调。

随着城市的不断发展，特别是城市中心区繁华地带用电需求量的高速增长，变电站建设预留用地则会越来越紧张，220kV 及 110kV 的地下变电站也会越来越多，面对建设用地日益紧张的局面，不规则用地越来越普遍，地下站的布置必将形式多样，才可以适应不同用地情况的要求。同时，国家“资源节约型、环境友好型”建设的要求进一步深化，必须将节约变电站建设用地作为一项重点工作。对于北京地区而言，将现有的地下变电站及半地下变电站设计模式进行优化，减少其占地面积以满足建设用地紧张的要求，将会是一项十分有意义的工作。

北京某 110kV 变电站（如图 2-9 所示）位于朝阳区繁华地带。用地属于某广场建筑群地块，呈“L”型。土地的形状无法满足常规变电站布置所需的尺寸，需要因地制宜进行设计。建设场地东距二环约 200m，属于建设敏感地段，周边的老城胡同区密布，居民众多，对变电站的建设意见强烈，经多方沟通，地下变电站的建设模式成为了各方公认、无可争议的选择。

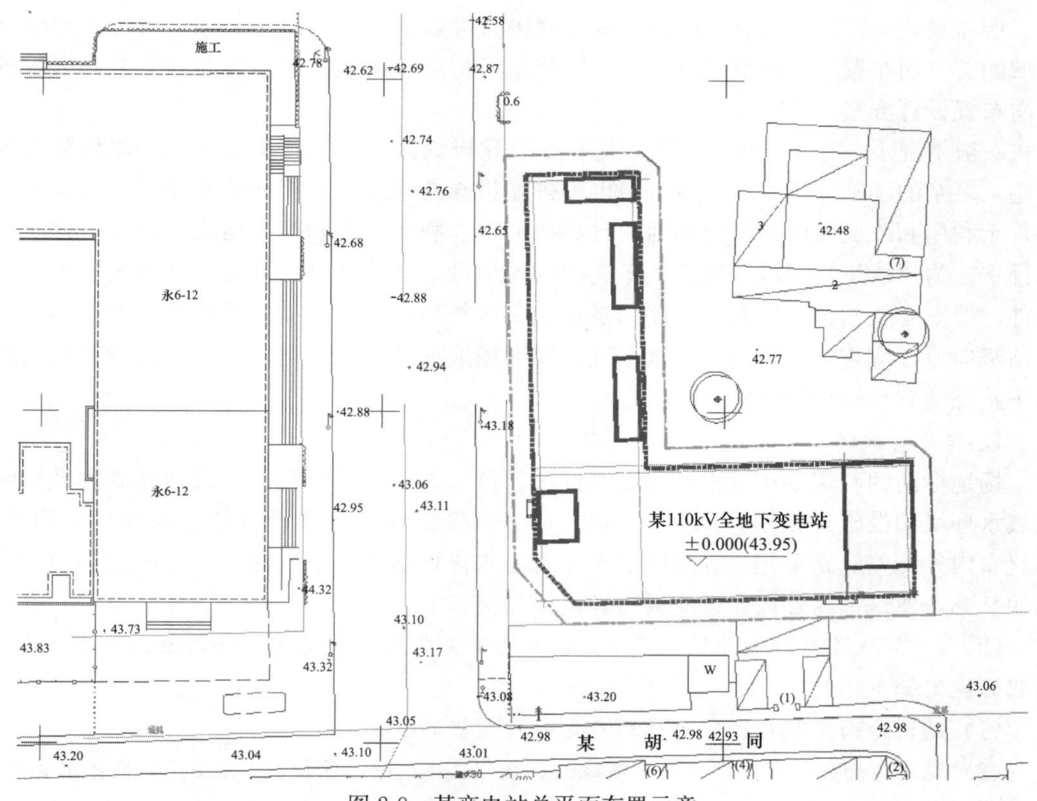


图 2-9　某变电站总平面布置示意

通过对设备的合理布置，建筑完全依据用地范围进行设计，一方面保护了“L”型里侧两棵古树，另一方面减轻了对某广场环境的影响。在用地环境处理中，依据“L”型用地，综合考虑变电站地上部分建筑与该广场的外立面风格的协调性，设计了通透式的“玻璃盒子”效果，让人在环境中体会穿越感，增加了趣味，如图 2-10 所示。

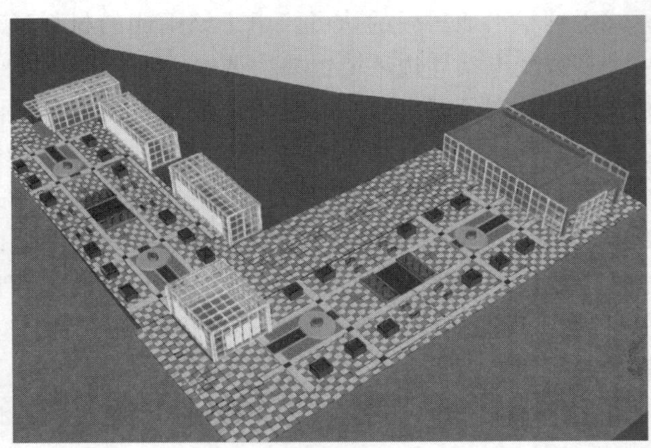

图 2-10　变电站鸟瞰效果

## 二、竖向布置设计

变电站区域的竖向布置设计，首先应当结合该区域的地形特征，对变电站工程的施工、所需设施的运输以及日后的检修等方面进行综合的考虑和研究。综合考虑了变电站区域的总平面布置、建筑群地基处理、区域地形特点等因素后，才能规划变电站区域的竖向布置设计方案。

一般情况下，地下变电站地面设施较少，建设地区多为城市中心区，平原地区较为普遍，复杂的场地处理工作较少，但也不排除特殊的地形、地貌和地质条件。竖向布置要善于利用和改变变电站建设场地的自然地形，以满足生产和交通运输的需要，便于场地排水，为建构筑物基坑深度和人工支挡构筑物创造合适条件。因此，针对大多数设计条件，地下变电站设计应重点关注的是建筑室内外高差、防雨措施及排水方案。地下变电站竖向设计应与站外道路、排水系统、周围场地标高等相协调。站区场地设计标高宜高于站外现有和规划的道路标高。

**1.** 确定场地的标高

场地标高的确定基于洪水和内涝水位评估值、周边环境高程、市政道路高程及影响区域水环境的设施等因素。DL/T 5056—2007《变电站总布置设计技术规程》中明确，建筑室内外高差应高于相应等级的洪水和内涝水位评估值，所以此数值是确定场地的高标的基础，建筑室内外高差也应通过场地标高来确定。

DL/T 5216—2017《35kV—220kV 城市地下变电站设计规程》中 3.2.5 对站区地面高程的规定如下：

（1）站区地面高程应按城市规划确定的控制标高设计；

（2）站区地面高程宜高于站外自然地面和相邻城市道路路面标高，以满足站区排水要求；

（3）220kV 地下变电站站区场地标高，应高于频率为 1%（重现期，下同）的洪水水位或历史最高内涝水位；110kV 及以下的地下变电站站区场地设计标高应高于频率为 2%的洪水水位或历史最高内涝水位。

在变电站竖向布置中，要合理确定场地标高和建筑物、构筑物、道路的标高，除了满足防洪标准外还要考虑排水系统对设计标高的要求。地上建筑物室内地坪高出室外地坪不应小于0.3m。当场地排水不畅或在湿陷性黄土地区，地上建筑物室内地坪应高出室外地坪0.45m。人员出入口标高宜高出室外地坪不小于0.50m。

一般平整场地的表面，均应具有0.5%～2%的坡度以保证自然排除雨水。在确定道路标高时，应使雨水从变电站内各建筑物、构筑物排向路面或道路两侧的雨水口。

**2.** 建筑防洪防雨、场地竖向布置

地下变电站一旦进水，会直接影响设备的正常运行，建筑防洪主要通过建筑室内外高差来保证，一般设置三步台阶，高度不低于0.45m。在屋面做好防水处理的同时，防雨应注意在外墙百叶上设置防雨措施，大吊装口可拆卸屋面的材质应选用防砸材料。

变电站的竖向坡度应当依据工艺设计要求进行设备的运行以及安装。场地设计综合坡度应根据自然地形、工艺布置、排水条件等因素综合确定，宜为0.5%～2%，局部最大坡度不宜大于6%。城市地下变电站给排水宜利用城市市政管网，当需要另行设置时，宜将给水建（构）筑物按工艺流程集中布置。站区排水一般采用平坡式排水，将雨水汇集至道路侧的雨水井，在将雨水统一收集至雨水收集装置或排放至市政雨水管网。

**3.** 道路

站区内地面道路的设置应根据运行、检修、消防和大件设备运输等要求，结合城市规划和站区自然条件等因素综合确定，并应符合现行电力行业标准DL/T 5056—2007《变电站总布置设计技术规程》的有关规定。变电站内的消防道路宜布置成环形，可利用临近城市道路成环；如成环有困难时，应具备回车条件。

地下变电站内道路应满足设备运输和消防要求，尽可能与市政道路公用。道路的设置一般为环形，转弯半径保证9.0m，当确实有困难无法满足环形要求时，应在道路尽头设置回车场，或在尽头设置“T”形或“十”字形路口，满足设备运输、运维检修、消防车辆的回车需要。

道路宽度应参照规范中各电压等级的路宽进行设置，站内道路路面宽度不应小于3.0m，转弯半径不宜小于7.0m；当用于消防道路时，道路路面宽度不应小于4.0m，转弯半径不宜小于9.0m。站内道路纵坡不宜大于6%。

## 三、绿化设计

城市地下变电站的绿化设计应纳入总体规划内统筹安排，绿化规划必须与总体规划及总布置设计同时进行。绿化设计的方案随着地区条件的差异而各不相同。除应根据当地植物的生态习性、防污性能、观赏特点及自然条件外，还应结合变电站生产特点，与环境保护密切配合，以达到有效地保护和改善站区环境的目的[10]。在DL/T 5216—2017《35kV—220kV城市地下变电站设计规程》中“3.2.12 当地下变电站覆土部分用于城市绿化或其他用途时，覆土深度应满足城市绿化和其他管理部门的要求。”

变电站绿化设计的原则如下：

(1) 因地制宜进行绿化，选择适宜的树种。

设计时需要满足周边市政规划需要，结合原地形和水体规划，对水文、地质、地貌、地下水位、冰冻线深度、土壤状况等详细了解，花草树木的种植需要符合植物的生

长规律要求。

变电站绿化树种应综合考虑养护管理，选择经济合理的本地区植物，但应注意绿化物种的选择，避免飞絮类树木可能造成絮毛堵塞通风口等问题。

（2）精心规划与城镇绿化的总体规划相协调。

变电站绿化规划应与当地城镇绿化规划相协调，并与邻近地区的绿化系统相呼应，综合考虑，统筹安排。城镇绿化是公用绿地，变电站绿化则是专用绿地，两者要密切结合起来，才能成为有机整体。由于空间是连续的，绿化的效果可以延续，两者结合的好就可以更有效地发挥绿化空间的作用，从而节约绿化用地，提高绿化效果，可以使城镇区域空间的艺术效果更为显著，使人们得到美的享受。

建筑的布局结合用地，在绿化带中形成可与景观相匹配的地上人员出入口、吊装口及排风竖井，主变压器的散热器隐藏其中，最大限度地降低对人视觉的影响。

（3）结合生产，按变电站总布置要求进行绿化设计。

在保证变电站安全运行的前提下，利用地下结构顶板上方的覆土厚度，也可在此范围内适当造坡[11]，利用高差的变化增加绿化的空间层次和绿化量，使垂直方向更加丰富，并且减少建筑立面的裸露，削弱建筑的体量。充分利用建（构）筑物周围和道路两旁进行绿化布置，并应与总布置图、竖向布置图和管线综合图等相配合，如图 2-11 所示。

(a)

(b)

图 2-11　地下变电站的地面绿化实景

## 四、与站外的电力电缆通道连接

城市地下变电站的进出线均采用电缆，合理安排电缆通道对于地下变电站布置非常重要，电缆夹层的位置一般布置在最底层，大量出线电缆会通过电缆夹层根据不同出线方向与电力隧道相连接，如图 2-12 所示。

图 2-12　敷设在电缆夹层的电缆

地下变电站的电缆沟、电力隧道与站外电缆沟、电力隧道的连接方式多种多样。从站内与站外电缆通道连接高程上区分，有两种形式：一是在相同高程直接连接，二是在不同高程通过电缆竖井连接。相同高程电缆通道连接简单，敷设电缆方便，而地下变电站往往较深，能够直接连接的情况较少，采用通过电缆竖井连接的方式相对普遍，但无论采用什么方式连接，设计高程及防排水设施应避免城市积水通过电缆通道倒灌入变电站建筑物内。

在同一高程连接的电力隧道，电缆构筑物应保证有不小于 0.5%的排水坡度，从设备专业而言，地下变电站应设置固定永久性自动排积水装置，并设有备用装置。自动排积水装置一般为集水坑内设固定式潜水泵的方式，也可考虑其他强制排水方式。在适当地点设置集水坑，将集水坑的水排到下水道或用水泵排出，水泵根据水位高低自动启停水泵。

在不同高程连接的电力隧道，通过电缆隧道竖井进行连接。电缆隧道竖井应便于电缆敷设，电缆竖井的面积应根据电缆竖井中安装电缆的数量来确定，应考虑电缆敷设的间距、转弯半径及运行维护距离，电缆竖井内宜预先设置便于安装的电缆支架，如图 2-13 所示。在电缆隧道竖井较低高程处安装排水设施，如图 2-14 所示。

图 2-13　变电站电缆隧道竖井

图 2-14　变电站积水汇流沟槽

在电力电缆出口处，电缆很多，需要预先设计各类敷设金具，便于同一回路电缆的相间距、不同回路间相互跨越以及各条电缆弯曲半径的设定，如图 2-15 所示。

图 2-15　电力电缆的敷设金具设计

城市地下变电站的电缆沟、电力隧道与站外电缆沟、电力隧道可靠分隔，一般在进入建筑物处应设置防火隔墙。一方面使变电站与站外有效分开，以利于运行管理的安全划分；另一方面防止火灾从沟道中串通，扩大事故。一般地，防火隔墙应在电缆敷设完毕后施工。同时，变电站分隔墙电缆进出线的孔洞需要采用有效的防水封堵。如图 2-16 所示。防水设施关键环节在于地下电缆隧道出入口的防水问题。其最大薄弱点在于电缆隧道与建筑对接点处的防水处理。一般的解决方法是将对接处的隧道结构外皮扩大，然后用止水带环抱住两侧结构的接缝。

图 2-16　变电站电缆隧道与夹层间分隔墙

变电站连接隧道处亦可以根据用地情况在站内设置隧道出入口，如图 2-17 所示。

图 2-17　变电站与电缆隧道连接处的出入口

## 第三节　设备运输与吊装

地下变电站的大件设备如主变压器、高压配电装置运输是非常重要的环节，需要在设计上予以特别关注。在设备运输路径上城市地下变电站与户内变电站设计[7]所涉及内容相同，此书不重复叙述。仅对地下变电站运输方式、吊装设置等特殊之处予以论述，供设计人员掌握其要义。

地下变电站大型设备需要开展吊装运输设计，使设备能够安装在地下的特定位置。地下变电站应设置设备吊装口，建设期内的设备进站，运行期内的设备维修、设备试验都需要通过吊装口进行吊装，其布置位置决定了变电站的空间布局。同时，设备运输吊装口处应具备大型运输起重车辆的工作条件。建筑设计应为各层设备的垂直运输及安装提供便利条件，有条件的地方可加设电梯；常设小吊装口上方宜设吊装钢梁。

### 一、大型设备的吊装设计

当主变压器、高压配电装置等大型设备置于地下时，应根据主变压器等大型设备的运输和吊装要求设计吊装方式，地下变电站一般分别设置大设备、小设备吊装口，也有仅设置大吊装口的变电站。

大设备吊装口供主变压器、高压配电装置等大型设备吊装使用。设计时应根据变电站主变压器等大型设备的运输和吊装要求以及所确定的吊装方式，注意变电站的设备吊装口处是否具备大型运输起重车辆的工作条件。

大设备吊装口的位置设计有集中设置和分散设置两种方式。集中设置的吊装口设备运输共用，只有一个，分散设置的吊装口则根据主设备数量而定，有多个吊装口。在每个主设备上方的顶板上各设置一个吊装口，主设备直接由该吊装口吊入。这两种吊装口的布置方式各有优缺点，设计时应根据站址条件、大型设备尺寸及运输和吊装要求等综合考虑选用。

集中设置吊装口时，吊装口宜布置于主要运输道路旁，按最大吊装设备外形四周各增加0.5m确定吊装口最小尺寸（如图2-18所示）。除吊装口上方为固定的吊装间外，吊装口在设备吊装后可恢复为道路、绿地或在吊装口上加通风百叶及活动屋顶兼作进风口（如图2-19所示）常年使用。分散设计的吊装口位于吊装设备的正上方，省去了运输通道，吊装口数量增多，吊运完成后吊装口封堵。

图2-18 建筑内部的大吊装口

图2-19 大吊装口兼做进风口

当地下变电站覆土部分用于城市绿化或其他用途时，覆土深度应满足城市绿化需要和其他管理部门的要求。

小设备吊装口为常设吊装口，供日常检修、试验设备及小型设备进、出变电站时吊装使用，一般设置在变电站主入口建筑内。也可以采用消防电梯兼顾小型设备运输。这种设计思路的目的是力求使用方便，并减少地面建筑数量，以利于地面建筑规划和观瞻。

## 二、大型设备的运输设计

地下变电站主变压器等大型设备运输方式分为垂直运输和水平运输两部分。垂直运输是指将设备由地面运输至地下各层的运输；水平运输是指在地下某一层内进行的运

输。在进行变电站电气布置时需选择好最佳运输方案，能使设备运输工作的完成安全、快捷、经济。

**1.** 设备垂直运输

主变压器等大型设备的垂直运输通常有三种方式：第一种为采用汽车起重机吊运方式；第二种为使用建筑结构起吊的方式；第三种为设置专用门式起重机吊运方式。

采用汽车起重机吊运：大吊装口宜靠近道路设置，其附近应留有停放汽车起重机和主变运输拖车（或停放主变压器）的空地，由汽车起重机吊起主变压器后转动吊臂置主变压器于大吊装口的上方，然后慢慢放下主变压器到其安装层，如图 2-20 所示。

图 2-20　地下变电站主变压器吊装现场

利用建筑结构吊运设备时，大吊装口可设在主建筑内部或外部，大吊装口上方设有专用吊装厂房（吊装间侧面可设置百叶窗兼作通风口），吊装间顶部设吊装梁和大型起重设备。运输主变压器时需先在大吊装口洞口上铺设一层支撑物，将主变压器拖至支撑物上，再用安装在吊装梁上的起吊装置将主变压器吊起，撤掉支撑物后，再将主变压器下放到设备安装层。

利用门式起重机吊运，需在大吊装口旁预留主变压器停放场地，并在大吊装口一侧铺设轨道至主变压器停放处，运输时先利用轨道将变压器移至吊装口上方，再利用门式起重机将主变压器下放到安装层。门式起重机可在运输工作完成后拆除。

三种主变压器吊运方式各有优缺点，可结合工程的具体情况进行选择。

汽车起重机方式采用的较多，相对其他的方案比较灵活、方便，缺点是需要的汽车起重机吨位较大。譬如，工程中利用 500t 的汽车起重机吊运 5 台 184t 重的 220kV 250MVA 主变压器，以及 3 台 72t 的 110kV 63MVA 主变压器；还使用过 350t 和 385t 的汽车起重机吊运过 16 台 64～72t 重的 110kV 50～63MVA 主变压器。110kV 主变压器吊运一般需 300t 起重机，起重机支座处需铺垫钢板；220kV 主变压器吊运一般需 600t 起重机，支座处需预先浇筑混凝基块，并在其上铺设 2×2m 的支腿垫铁，以防止支撑点土壤受压后下沉而引起吊车倾覆，当吊车站位处地基情况很好时，也可以不做混凝基础，直接在地面上铺设垫铁，起重机支腿处的下传荷载应由实施吊装单位的技术部门提出。

采用汽车起重机进行垂直作业时要求工作场地范围必须能够满足吊车站位、起重回转等的要求，当采用较大吨位的起重机（如500t起重机）时，应留有组装吊臂、支腿的作业场地（为安装吊臂，顺起重机最终摆放方向的车尾后部至少应留出30m的空间）。当大吊装口兼进出风口时需对进出风口的墙体与梁顶高度应使用起重机的相关参数进行校验，防止吊臂过长、水平吊距过大造成吊荷过载。通常起重机的安全系数应控制在75%～85%之间，如果安全系数超过85%应考虑加大起重机配重予以解决。北京地区在垂直运输变压器时对于下降速度通常控制在0.2m/min左右，以防止速度过快在刹车时吊荷重力对变压器和起重机产生冲击荷载。

利用建筑结构吊运也有实际采用，吊运的操作较麻烦，但对吊运操作场地要求最小。这种吊运的操作过程是：使用卷扬机和钢滚将变压器从吊装口外面水平拉运到吊装口上方预先铺设的可拆卸的工字钢平台上，再利用卷扬机和吊装口上部结构预留的吊环（或吊索孔）及吊索和滑轮组将变压器垂直吊起，然后将组成平台的工字钢撤出吊装口，最后完成垂直向下运输的作业流程。这种运输方式的整个操作过程繁杂，时间很长。但对操作场地范围要求最小，相对汽车吊垂直运输而言费用较低。采用这种方案时，大吊装口上部结构的高度需要满足变压器＋上下索具＋2个滑轮组＋拆卸工字钢的操作空间的总尺寸要求。

到目前为止，利用门式起重机吊运方法还未实际采用过，由于需订制特殊形式的门式起重机，首次使用投资较高（但可重复使用）。采用这种运输方式时，地下变电站大吊装口处的建筑结构设计要做特殊考虑和处理。曾经进行过调查，如果采用这种方案，需订制特殊形式的门式起重机，首次使用投资较高，如果类似工程较多可重复使用，但起重机的拼装与拆卸费用也很大，水平运输的速度很慢，整体作业时间较长，同时周围环境应该满足运输板车能够顺门式起重机水平行走的方向停放，否则必须先将变压器从运输板车上人工卸到预定的地点，撤离板车后再使用起重机完成水平运输。

**2.** 设备水平运输

大型设备运输通道的设置需考虑设备平行移动及调转运输的空间，由于运输方式的特殊性，除应考虑平行移动的运输尺寸外，还应考虑设备调转及斜向运输的空间，设计时应综合考虑这些因素。

主变压器及其他大型设备吊运至地下后，还需通过水平运输到达大型设备安装位置。关于主变压器在地下变电站内的水平运输方式，国内一般都采用变压器下方铺设滚杠，利用建筑结构中预埋的运输地锚辅以定滑轮组使设备缓缓滚动；近期变压器的水平运输工艺不断进步，运输器械和方法亦不断改进，如采用超重型液压推进器顶进工艺，敷设钢导轨，将变压器置于导轨后，利用液压机构，将变压器顶进到预定位置。日本的地下变电站中则还有利用气垫平台或地上涂润滑脂使设备滑动的运输方式。

为减少变压器运输的宽度，一般变压器均沿长轴方向在通道中运输，到达主变室位置后再沿短轴方向运进变压器室，所以主变压器室中设备的布置需考虑这种运输形式的影响。

为实现主变压器的水平运输，需要在主变压器运输道和主变压器间内设置运输地锚（即水平拉环），运输路径下的结构梁、板要达到足够的强度，还要考虑变压器在进行90°转向行走时，千斤顶的作用点位置和千斤顶对结构梁板的作用力，当使用4只千斤顶

顶起变压器时，宜按照三个顶起点承受变压器全重的原则考虑结构所受的垂直荷载。主变压器水平运输时需通过的梁底、门洞等，其净高应大于主变本体运输高加附加运输工具（枕木、滚杠或运输小车）的总高。同时，主变压器室宜具备安装吊装机具的条件。

气体绝缘金属封闭组合电器（GIS）配电装置一般采取整间隔运输方式，地下厂房内可以采用 GIS 下方铺设滚杠，利用建筑结构中预埋的运输地锚辅以定滑轮组进行运输。国内工程近期采用气垫平台运输方式逐渐增多，这种运输方式具有操作简单、对 GIS 设备振动冲击损害小等优点，且逐渐形成一种趋势。同时，GIS 室宜具备安装吊装机具的条件。

其他电气设备运输，如并联电抗器重量也很大，以 10kV 10MVA 干式铁芯并联电抗器为例，运输重量约 18t，同样也需要提前规划运输路径，并向土建专业配合提出运输荷载需求。35kV 电抗器也可由大吊装口吊入，由于 35kV 电抗器与主变压器可能不在一层，需要考虑能搁置钢梁敷设钢板，使电抗器吊装到这层后再运到电抗器室。

35kV GIS 开关柜等体积较小的设备，可以从小吊装口吊入，运输到各配电室。

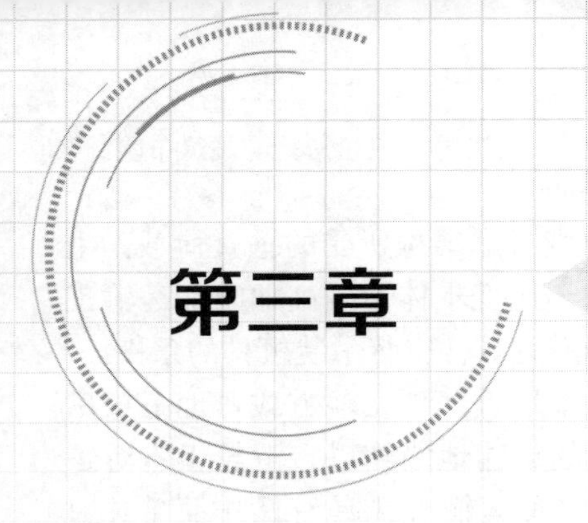

# 第三章

# 电气主接线及电气布置

为了传输和分配电能，变电站装设了母线、变压器、断路器和隔离开关等电气一次设备，这些电气一次设备之间要用导体连接起来，才能实现变电站的功能，这种电气一次设备之间相互连接的方式称为电气主接线。电气主接线的确定与电力系统整体及发电厂、变电站本身运行的可靠性、灵活性和经济性密切相关，并且对地下变电站的设备选择、电气布置等均有重要影响。因此，必须正确处理好各方面的影响，全面分析其相互关系，通过技术经济综合比较，合理确定电气主接线方案。

地下变电站电气设备布置在建筑物内，其电气平面包含地面层和地下各层平面的布置，电气平面应根据电力系统规划、进出线条件、交通条件、环境条件等因素，进行综合布置，电气各层平面的设备房间按功能划分分区布置。设计时应尽量压缩建筑面积和体积以节省建设用地并控制工程造价。

与二维设计理念中图纸信息相比，三维数字化设计包含了工程设计全部基础信息，将抽象的二维图纸转变为可视化三维模型，既能方便实现设备碰撞检查、带电距离校验，优化变电站的布置，又能精确计算工程材料量，从而节约工程投资。

## 第一节　电 气 主 接 线

一般地，地下变电站电气主接线的选择应根据变电站在电力系统中所处的地位、规划容量、电压等级、接入元件数量、设备特点等条件综合确定；应满足供电可靠、运行灵活、操作检修方便、节约投资和便于扩建等要求；并应符合 DL/T 5216—2017《35kV～220kV 城市地下变电站设计规程》的有关规定。

### 一、地下变电站电气主接线的选择原则

地下变电站和户内变电站电气主接线选择基本一致，均应满足可靠性、灵活性和经济性三项基本要素。在选择电气主接线时，应以下列各点作为设计依据：

（1）变电站在电力系统中的地位和作用[12]。

依据变电站在电力系统中地位的不同，通常分为系统枢纽变电站、地区重要变电站

和负荷（或终端）变电站三种类型。

系统枢纽变电站是电网的重要支撑结点，枢纽变电站之间通过多条输电线路相互连接，共同构成本地区的主网架。枢纽变电站还通过联络线与相邻电网连结，以实现地区电网间的互相支持，并构成规模更大的电网。枢纽变电站还接入了地区的主要发电厂，并向其他的变电站转送电力。枢纽变电站可靠性要求高，主接线相对复杂，建设规模较大，电压等级较高。

地区重要变电站不仅有向当地供电的任务，还要向其他变电站转送电力，进出线规模适中，电压等级一般为 220kV。

负荷变电站多为终端和分支变电站，其高压侧进出线路数较少，接线比较简单，电压等级为 35～220kV。

（2）供电负荷的数量和性质。

根据 GB 50052—2009《供配电系统设计规范》，电力负荷应根据对供电可靠性的要求及中断供电对人身安全、经济损失上所造成的影响程度进行分级，分为一级负荷、二级负荷及三级负荷。

符合下列情况之一时，应为一级负荷：①中断供电将造成人身伤害时；②中断供电将在政治上、经济上造成重大损失时；③中断供电将影响有重大政治、经济意义的用电单位的正常工作。

在一级负荷中，中断供电将造成人身伤亡或重大设备损坏或发生中毒、爆炸和火灾等情况的负荷，以及特别重要场所的不允许中断供电的负荷，应视为一级负荷中特别重要的负荷。例如：重要通信枢纽、重要交通枢纽、重要的经济信息中心、特级或甲级体育建筑、国宾馆、国家级及承担重大国际活动的大量人员集中的公共场所等用电单位中的重要电力负荷。

符合下列情况之一时，应为二级负荷：①中断供电将在政治上、经济上造成较大损失时；②中断供电将影响重要用电单位的正常工作。

不属于一级和二级负荷者应为三级负荷。三级负荷在供电突然中断时，造成的影响较小。

对于一级负荷必须有两个独立电源供电，且当任何一个电源失去后，能保证对全部一级负荷不间断供电。

对于二级负荷的供电系统，宜由两回线路供电，且当任何一个电源失去后，能保证全部或大部分二级负荷的供电。

对于三级负荷一般只需要一个电源供电。

（3）变电站的建设规模及系统备用容量。

变电站的建设规模应根据 5～10 年电力系统发展规划进行设计，并适当考虑到远期 10～20 年的负荷发展。对于地下变电站而言，总平面布置应按最终规模进行规划设计，以满足区域规划的要求，土建宜一次建设完成。变电站电气设计一般采用分期建设方式，初期装设 2 台主变压器，当地区负荷发展后，再按照最终规模进行建设。

装设有 2 台及以上主变压器的变电站，其中一台主变压器故障，其余主变压器的容量应仍能保证该站 70%～80%的负荷，在计及过负荷能力后的允许时间内，应仍能保持向用户的一级和二级负荷供电。

## 二、35～110kV 地下变电站常用电气主接线形式

一般地，城市 35～110kV 地下变电站大多为负荷（或终端）变电站。在满足电网规划、可靠性等要求下，宜减少电压等级和简化接线。而且，城市地下变电站可以引接的电源数量较多，设备水平较高，负荷侧网络比较完善，具备简化接线的条件。

在 DL/T 5216—2017《35kV～220kV 城市地下变电站设计规程》中规定：

35～110kV 地下变电站高压侧 35～110kV 配电装置，当进出线路为 2～4 回时，宜采用线路变压器组、桥形、扩大桥形、单母线分段或线路分支接线等简单接线。当 110kV 进出线路为 6 回及以上时宜采用双母线或单母线单元接线。

35～110kV 地下变电站装有两台及以上主变压器时，6～10kV 配电装置宜采用单母线分段接线，分段方式宜考虑当其中一台主变压器停运时，有利于其他主变压器的负荷均匀分配的要求。当变电站装有 3 台及以上主变压器时，6～10kV 配电装置可考虑采用单母线分段环形接线。

在 110kV 地下变电站中，具有转供出线回路的负荷变电站高压侧一般采用扩大桥形、单母线分段、单母线单元接线；终端变电站高压侧一般采用单元接线。低压侧一般采用单母线分段或单母线分段环形接线。譬如北京航华变电站高压侧采用扩大内桥接线，低压侧采用单母线分段接线；国贸变电站高压侧采用单母线分段接线，低压侧采用单母线分段环形接线；上海自忠变电站高压侧采用单母线单元接线，低压侧采用单母线分段环形接线。110kV 地下变电站电气主接线示例如图 3-1～图 3-3 所示。

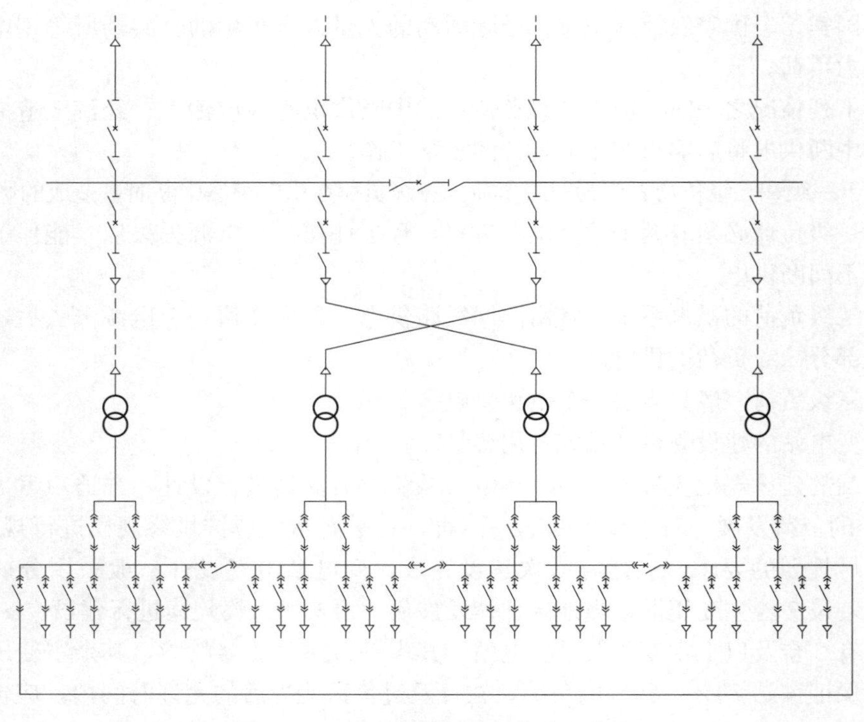

图 3-1　110kV 侧采用单母线分段接线

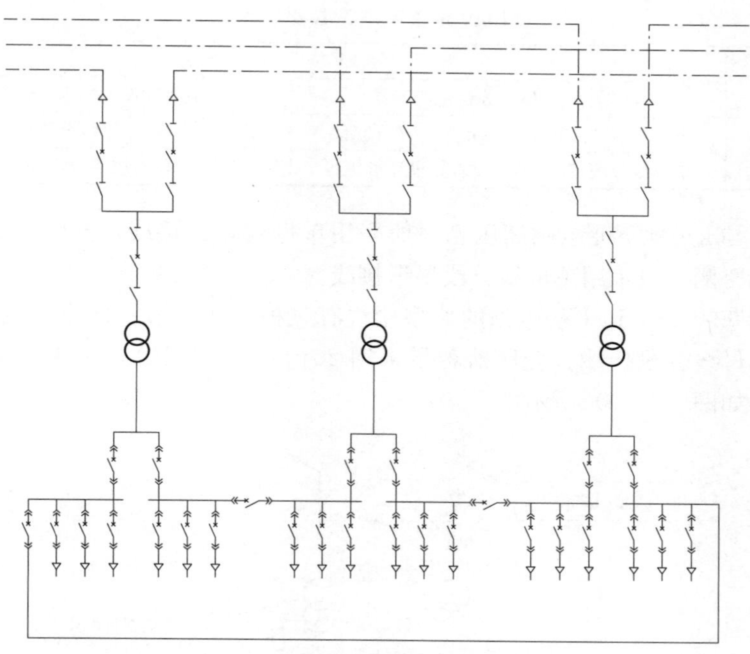

图 3-2 110kV 侧采用单母线单元接线

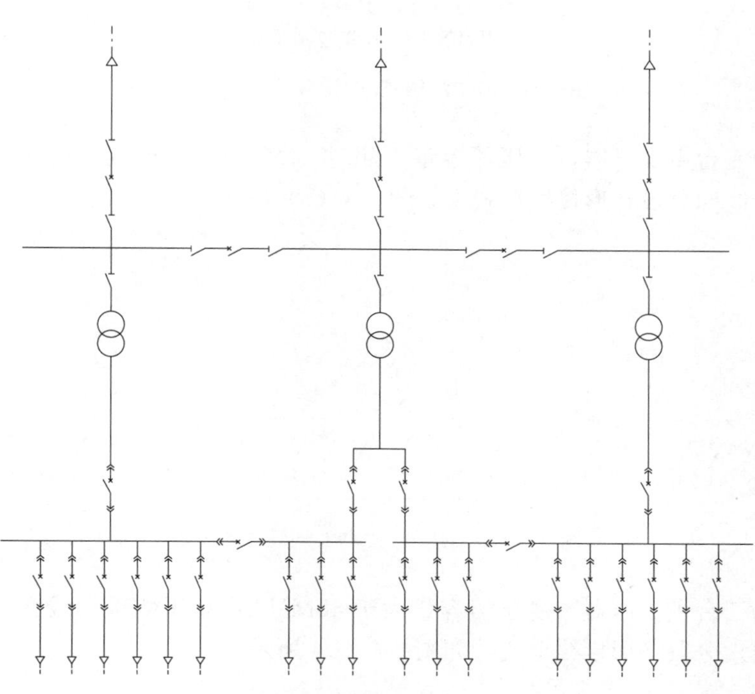

图 3-3 110kV 侧采用扩大内桥接线

根据电网自身特点及 110kV 地下变电站的特殊性，目前，各地区所建设的地下变电站主要采用的电气主接线形式如表 3-1 所示。

表 3-1　　110kV 地下变电站各侧接线

| 电压等级 | 110kV 变电站接线形式 | |
|---|---|---|
| | 最终建设规模为 3 台主变压器 | 最终建设规模为 4 台主变压器 |
| 110kV | 扩大桥接线/单母线单元接线/单元接线 | 单母线分段接线 |
| 10kV | 单母线分段接线/单母线六分段环形接线 | 单母线八分段环形接线 |

日本东京 66kV 地下变电站高压侧一般采用单母线单元接线，与图 3-2 所示高压侧接线类似，低压侧一般采用单母线分段星形接线。

法国巴黎 63/90kV 地下变电站的典型接线有三种形式：第一种为双主变压器情况，高压侧采用单母线分段接线，变压器容量采用 20、36、70MVA，中压侧采用单母线分段接线形式，如图 3-4（a）所示。

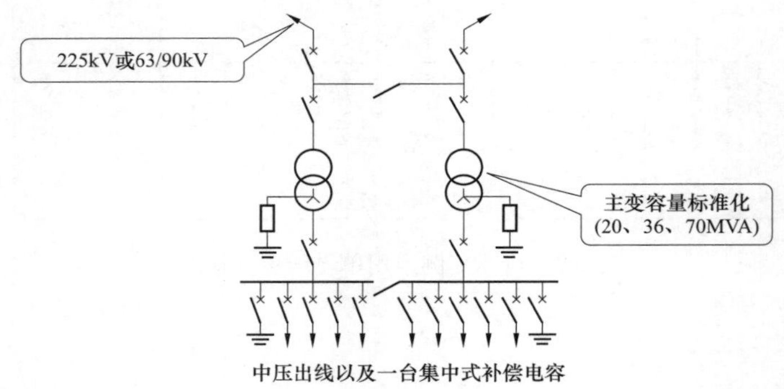


图 3-4（a）　法国高/中压典型主接线 1

第二种为三台主变压器，变压器容量不超过 40MVA：高压侧采用线变组接线，中压侧采用单母线四分段环形接线形式，如图 3-4（b）所示。

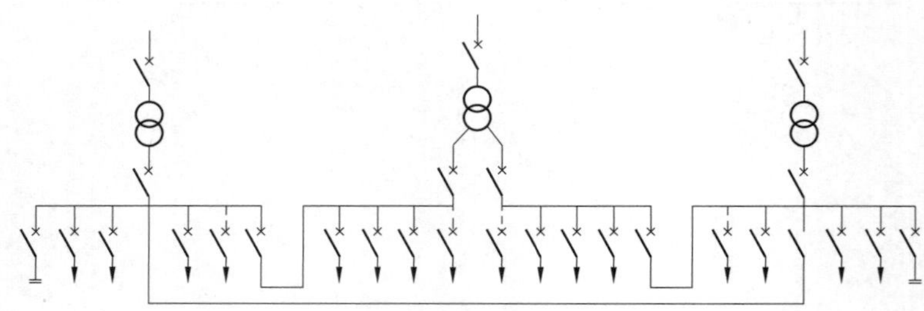

图 3-4（b）　法国高/中压典型主接线 2

第三种为三台主变压器，变压器容量大于 40MVA：高压侧采用线变组接线，中压侧采用单母线六分段环形接线形式，如图 3-4（c）所示。

## 三、220kV 地下变电站常用电气主接线形式

一般地，城市 220kV 地下变电站隶属于地区重要变电站和负荷（或终端）变电站范围。在满足电网规划、可靠性等要求下，宜减少电压等级和简化接线。

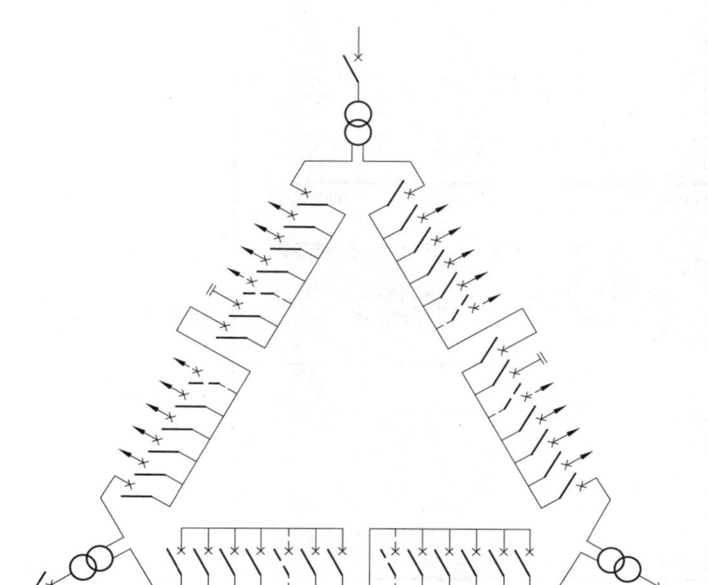

图 3-4（c） 法国高/中压典型主接线 3

在 DL/T 5216—2017《35kV～220kV 城市地下变电站设计规程》中规定：220kV 地下变电站中的 220kV 配电装置宜按以下原则选择接线形式：

（1）当 220kV 出线回路数为 4 回及以下时，可采用线路变压器组、桥形及单母线分段等接线形式；

（2）当在系统中居重要地位、220kV 出线回路数为 4 回以上时，宜采用双母线接线；

（3）当 220kV 出线和变压器等连接元件总数为 10～14 回时，可在一条母线上设分段断路器；

（4）当 220kV 出线和变压器等连接元件总数为 15 回及以上时，可在两条母线上设分段断路器；也可根据系统需要将母线分段；

（5）当 220kV 地下变电站处于系统终端时，在满足运行要求的前提下，其 220kV 配电装置可采用少设或不设断路器的接线，如线路变压器组或桥型接线等。

220kV 地下变电站中的 66kV 或 110kV 配电装置，当出线回路数在 6 回及以下时，宜采用单母线或单母线分段接线；6 回以上时，可采用双母线或单母线分段接线。

220kV 地下变电站中的 10kV、35kV 配电装置宜采用单母线分段接线。当主变压器低压侧无出线时，应采用单母线接线。

在已建成的 220kV 全地下变电站中，上海人民广场的高压侧单元接线不设断路器，北京王府井和朝阳门高压侧采用扩大内桥接线；西大望半地下变电站是枢纽变电站，高压侧采用双母线分段接线。

220kV 地下变电站主接线为内桥接线、单母线分段和双母线单分段的示例分别如图 3-5～图 3-7 所示。

根据电网自身特点及 220kV 地下变电站的特殊性，目前北京地区所建设的地下变电

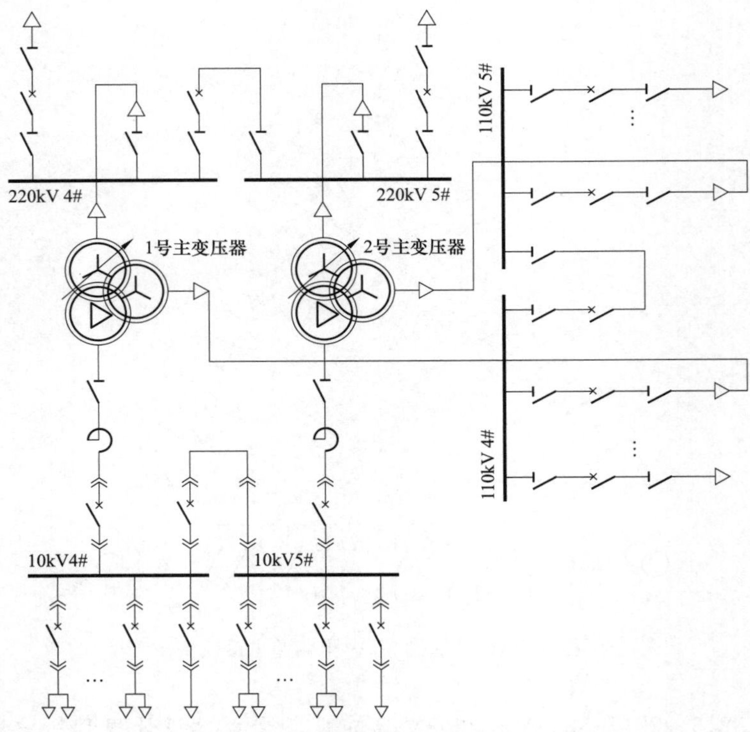


图 3-5　220kV 侧采用内桥接线的电气主接线示意图

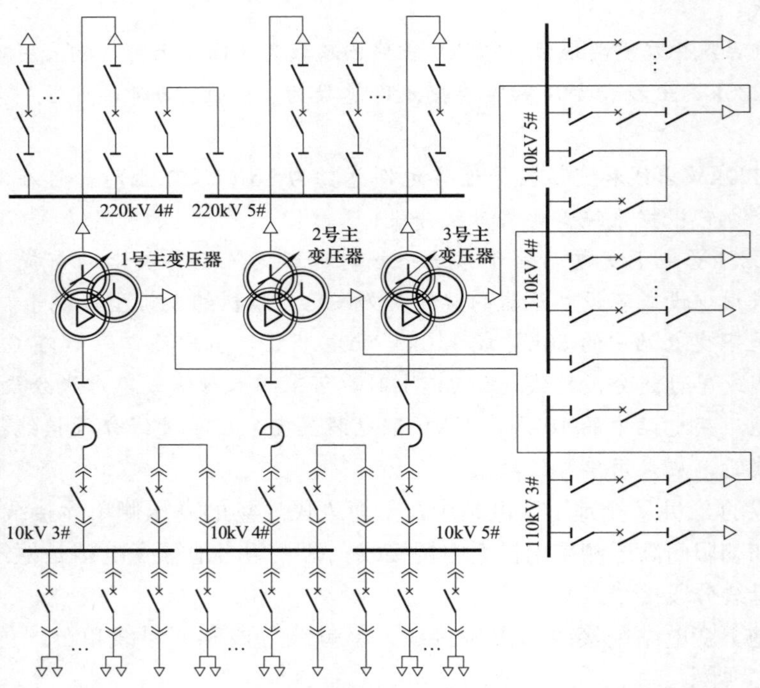


图 3-6　220kV 侧采用单母线分段的电气主接线示意图

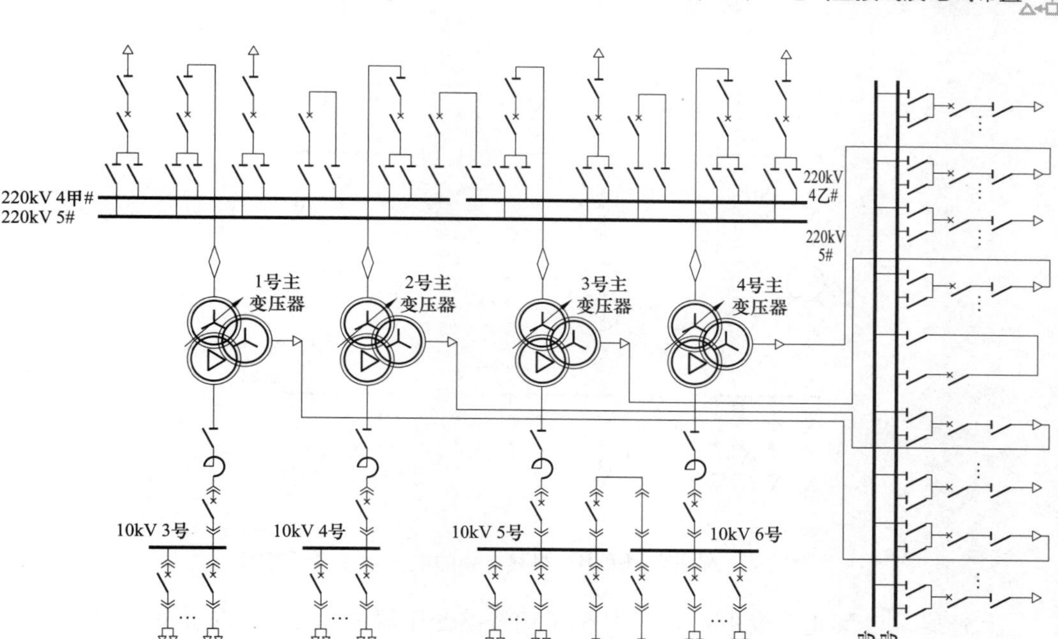


图 3-7　220kV 侧采用双母线单分段的电气主接线示意图

站主要采用接线形式如表 3-2 所示。地下变电站一般位于城市负荷中心区，变电站可以分期建设，一期建设规模为 2 台主变压器，二期按最终规模建设，为 3～4 台主变压器。但是，受外部环境影响，地下变电站选址困难，应充分考虑变电站负荷发展，同时避免短期内扩建改造，变电站设计水平年应考虑长远些，必要时可以按最终规模一次上齐。

**表 3-2　　北京地区的 220kV 地下变电站各侧接线示例**

| 电压等级 | 220kV 变电站接线 | |
|---|---|---|
| | 最终建设规模为 3 台主变压器 | 最终建设规模为 4 台主变压器 |
| 220kV | 扩大桥接线/单母线分段接线 | 单母线分段接线 |
| 110kV | 单母线三分段接线 | 单母线四分段环形接线 |
| 10kV | 单母线六分段环形接线 | 单母线八分段环形接线 |

日本东京 275kV 地下变电站高压侧一般采用单母线单元接线，特殊情况下增加分段连接，如图 3-8 所示。

法国巴黎 252kV 地下变电站的高压侧采用单母线分段接线，如图 3-4（a）所示。

## 四、330～500kV 地下变电站的主接线

一般地，城市 330～500kV 地下变电站隶属于地区重要变电站范围。在满足电网规划、可靠性等要求下，宜简化接线。目前，国内外 330～500kV 地下变电站工程建设较少，其变电站电气主接线的选择都是与地区电力系统要求相适应。

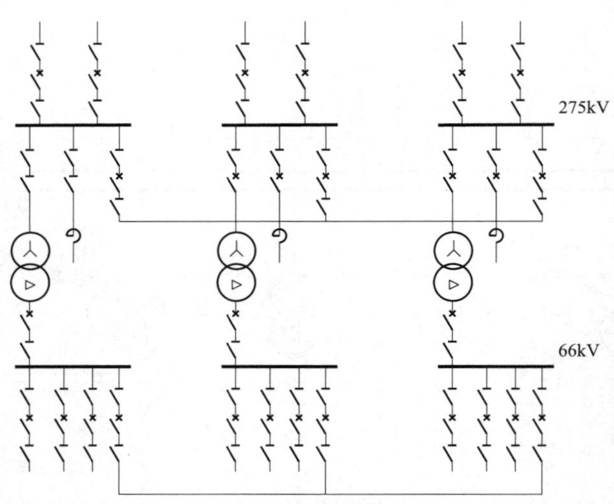


图 3-8　275kV 侧采用单母线接线的电气主接线示意图

上海某 500kV 地下变电站 500kV 侧采用线路变压器单元接线，500kV 进出线一期 2 回，终期 3 回；220kV 侧采用双母线双分段接线，一期出线为 14 回，终期出线 20 回，直接带一座 220kV 变电站。变电站采用了 3 台 500kV/220kV、1500MVA 大容量主变压器，如图 3-9 所示。

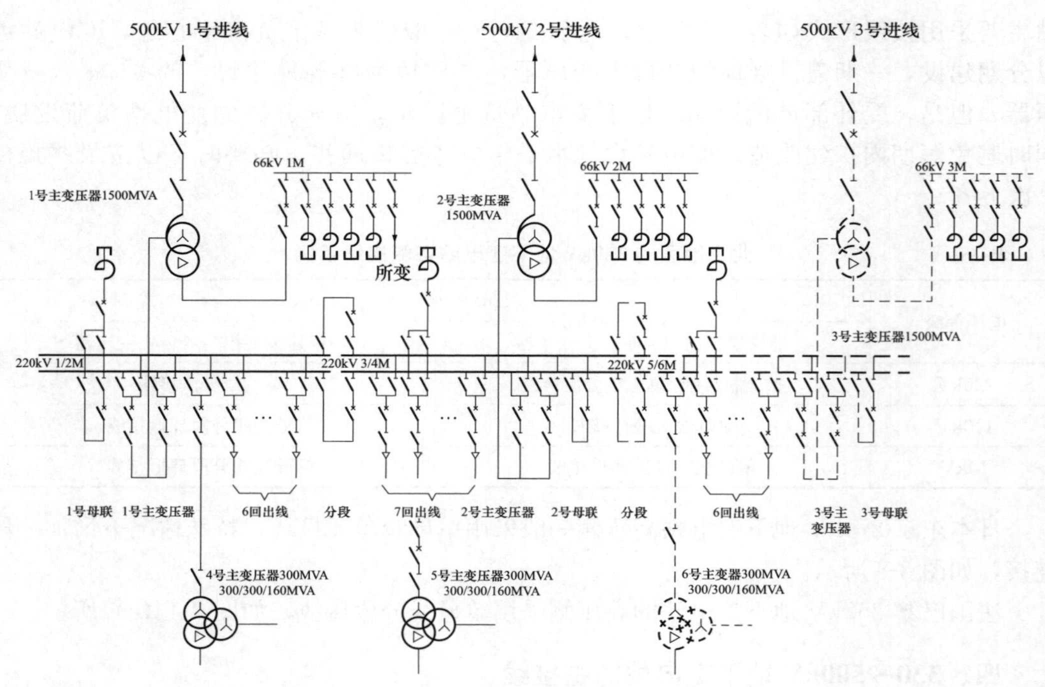


图 3-9　某 500kV 地下变电站电气主接线

日本东京 500kV 地下变电站 500kV 侧采用单母线单元接线，500kV 进出线一期 2 回，终期 6 回；275kV 侧采用双母线双分段接线，一期出线为 6 回，终期出线 18 回，直

接带两座 275kV 变电站。变电站采用了 3 台 500kV/275kV、1500MVA 大容量主变压器，如图 3-10 所示。

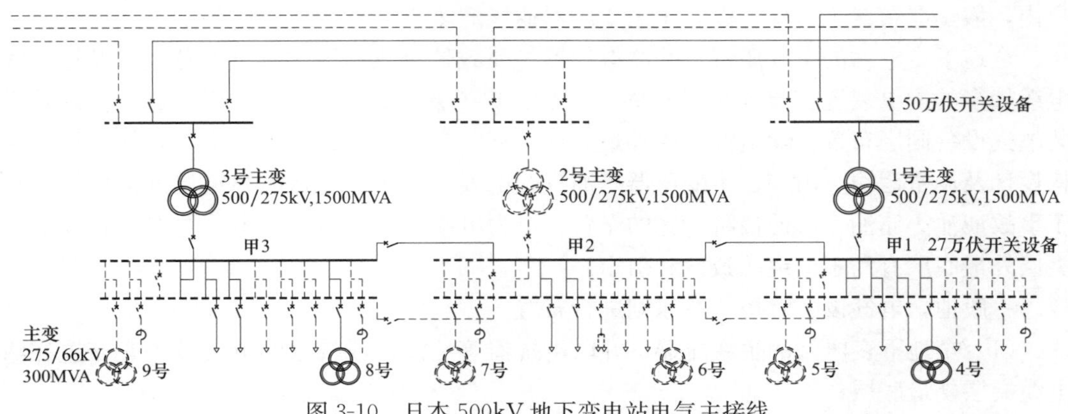


图 3-10　日本 500kV 地下变电站电气主接线

## 五、地下变电站集中建设的电气主接线

多电压等级变电站集中建设可以更大程度节约土地，在城市高度发展时将得到较多应用。因此，在《35kV～220kV 城市地下变电站设计规程》4.1.2 中规定：地下变电站在满足电网规划、可靠性等要求下，宜减少电压等级和简化接线；当不同电压等级的变电站集中布置时，相应的电压等级电气接线可简化。

一般地，当两个及以上电压等级的变电站集中建设时，由于变电站位于同一建设地点，其下一级变电站的高压侧电气设备与上一级变电站的出线设备共用，在保证变电站可靠性的前提下，电气主接线可以得到大大简化。同时也极大地节省了高压侧电气设备，相应地，继电保护装置设置与电气二次设计也得到大幅度简化。

目前，工程建设实例中集中建设变电站的电气主接线均采用单元接线，共用一台断路器设备。如图 3-9 和图 3-10 所示的 500kV 地下变电站电气主接线均为集中建设变电站的实例。如图 3-9 所示的 500kV 地下变电站下一级 220kV 侧采用的单元接线，2 回电源直接由本站引入，不重复带断路器，1 回电源由站外引接，设置断路器。如图 3-10 所示的 500kV 地下变电站下一级 275kV 侧采用的单元接线，两座 275kV 变电站的 3 回电源直接由本站引入，不重复带断路器。

# 第二节　电　气　布　置

城市地下变电站的电气布置包含地面层和地下各层平面和立面的布置，应分析电气设备荷载、吊装及运输方式、内部联系、进出线等因素，优化电气设备布置方式，最大可能地减少变电站占地面积和体积。除特殊情况外，地下变电站的电气设备一般布置在建筑物内，电气设备可以分期安装，土建设施应一次建成。

## 一、电气布置基本设计原则

地下变电站包括半地下变电站和全地下变电站两种类型，其电气布置既有共同点又存在差异。

通常情况下，半地下变电站通常将主变压器布置于地上一层，主变压器本体布置于户内，散热器布置于户外，以利于主变压器通风散热。

全地下变电站的主变压器、并联电抗器等荷载较重或油浸式电气设备，以及进出线电缆较多的配电装置宜布置在变电站厂房除电缆夹层外最底层。将主变压器等荷载较重的电气设备同层布置在除电缆夹层外最底层，避免布置在其他设备层上方，便于厂房结构设计及设备运输、吊装；主变压器等油浸式电气设备布置在除电缆夹层外最底层有利于事故油池等储油、排油消防设施的布置；电力电缆出线较多的配电装置布置在除电缆夹层外最底层有利于电缆的敷设和引出。

一般地，电气设备宜按下述原则进行布置：

（1）全地下变电站的主变压器、并联电抗器等油浸式或较重的电气设备宜布置在除电缆夹层外最底层；

（2）全地下变电站进出线电缆较多的配电装置，宜布置在除电缆夹层外最底层；

（3）全地下变电站大件设备吊装口和厂房内部运输通道，应靠近变电站地面运输道路布置；

（4）装配式电容器组、干式站用变压器、干式接地变及消弧线圈（电阻柜）等电气设备可视情况布置在各层；

（5）电气连接紧密的设备尽量靠近布置；比如：主变压器与限流电抗器、蓄电池室与二次设备室；

（6）地下各层平面运输通道的宽度应按可能通过的最大设备外形两侧净距不小于0.5m确定。

## 二、电气设备房间布置

地下变电站各层平面的各个房间宜按功能划分分区布置。变电站的电气设备布置在建筑物内，各层平面的房间较多，按功能划分分区布置，可使平面布置清晰，利于运行巡视，减少内部设施的相互干扰。

地下变电站各电气设备房间布置的长宽高尺寸主要与设备本身的大小有关，设备带电安全距离的要求影响房间的空间尺寸，主变压器、配电装置等电气设备尽量减少带电部分外露。

### （一）变压器室

各电压等级的变压器室主要根据主变压器的选择型式、室内变压器外廓与四壁的最小净距和中性点设施的布置确定[13]。半地下变电站若主变压器布置在地上，变压器室布置与城市户内变电站要求相同。下面主要叙述全地下变电站500、220、110、35kV和10kV变压器室的布置选择及示例。

500kV变压器一般采用单相变压器组，风冷却器与主变压器本体纵向分体布置，主变压器本体户内布置，风冷却器设置在户外。主变压器三侧进出线均可考虑采用GIS管道母线连接；考虑GIS管道占用主变压器室高度，主变压器室高度约为13m，长度约为14m，宽度约为12m。

220kV 变压器的水冷却器与主变压器本体上下分体布置，主变压器本体地下布置，水冷却器设置在地上户外。主变压器高中压侧采用 GIS 管道母线或电力电缆连接。主变压器室高度约为 11m，长度约为 14m，宽度约为 10m。

110kV 油浸式变压器的散热器与主变本体披挂式一体布置。主变压器高压侧一般采用电力电缆或 GIS 管道母线连接。主变压器室高度约为 10m，长度（包含散热器）约为 10m，宽度约为 8.5m。

110kV 气体绝缘变压器的冷却器与主变本体上下分体布置。主变压器高压侧一般采用电力电缆或 GIS 管道母线连接。主变压器室高度约为 10m，长度约为 10m，宽度约为 9m。

油浸式变压器室变压器外廓与四壁的净距不应小于表 3-3 所列数值。就地检修的室内油浸式变压器，室内高度可按吊芯所需的最小高度再加 700mm，宽度可按变压器两侧各加 800mm 确定。地下变电站变压器室内布置有中性点接地开关、放电间隙、避雷器或电缆终端时，除满足上述要求外，还应考虑这些设备布置和做试验所要求的电气距离。

**表 3-3　室内油浸式变压器外廓与变压器室四壁的最小净距**　mm

| 变压器容量 | 1000kVA 及以下 | 1250kVA 及以上 |
|---|---|---|
| 变压器与后壁、侧壁之间 | 600 | 800 |
| 变压器与门之间 | 800 | 1000 |

35kV 及以上屋内油浸式电力变压器，以及其他单台油量超过 100kg 的充油电气设备，应安装在单独的防爆间内，并应设置灭火设施。同时应设置储油设施或挡油设施。挡油设施应按能容纳 20%油量设计，并应能将事故油排至安全处，排油管的内径不应小于 100mm，管口应加装铁栅滤网；否则应设置能容纳 100%油量的储油设施。当变压器采用水喷雾自动灭火装置，并设置有油水分离的总事故储油池时，考虑到变压器事故灭火时，水喷雾水量和事故排油的累加因素，其容量应按电气设备最大一个油箱的 100%油量设计。储油池内一般铺设厚度不小于 250mm 的卵石层，卵石直径为 50～80mm。

变压器室顶部一般应装设工字钢梁或吊钩，用于变压器安装或检修时起吊油枕、电缆终端等部件。

干式变压器可与高低压配电装置布置于同一室内，也可单独布置于变压器室内，其防护类型有网型、箱型，也可作敞开式布置。设置于室内的无外壳干式变压器，其外廓与四周墙壁的净距不应小于 600mm，干式变压器之间的距离不应小于 1000mm，并应满足巡视维修的要求。对于全封闭型干式变压器可不受上述距离限制，但应满足巡视维护的要求。

### （二）高压配电装置室

高压配电装置是接受和分配电能的电气设备，包括开关设备、监视测量仪表、保护电器、连接母线及其他辅助设备。高压配电装置是 1kV 以上的电气设备按一定接线方案，将有关一次、二次设备组合起来。各电压等级的高压配电装置布置根据高压配电装置型式、进出线规模、运输条件、试验空间、设备与四壁的最小净距等确定。

配电装置布置要整齐清晰，并满足对人身和设备的安全要求，如保证各种电气安全净距，采取防火、防爆和蓄油、排油措施。在配电装置发生事故时，能将事故限制到最小范围和最低程度，并使运行人员在正常操作和处理事故的过程中不发生意外情况，以及在检修维护过程中不损害设备。此外，还应考虑方便设备维护和检修，如合理确定电气设备的操作位置，设置操作巡视通道。对于各种型式的配电装置，应考虑检修和安装条件，设置设备搬运通道、起吊设施。此外，配电装置的设计还必须考虑分期建设和扩建过渡的方便条件。

**1.** 气体绝缘金属封闭组合电器（GIS）布置

气体绝缘金属封闭组合电器（GIS）布置应考虑其安装、检修、起吊、运行、试验、巡视以及气体回收装置所需空间和通道。GIS 配电装置室应设置起吊工具挂点，其能力应能满足起吊最大检修单元要求，并满足设备检修要求。

采用气体绝缘金属封闭组合电器（GIS）时应留有进行试验的必要空间。$SF_6$ 全封闭组合电器（GIS）若采用全电缆进出线，现场试验时一般要加装试验套管，应校核试验套管带电部位与气体绝缘金属封闭组合电器（GIS）室内部隔墙、柱子、梁、通风管道等物体的安全净距满足相关规程要求。

一般气体绝缘金属封闭组合电器（GIS）配电装置室高度设计为 10m 左右，主要考虑 GIS 室检修用吊车的有效吊高和高压电气试验套管或试验 PT 的高度及安全距离。以 220kV 和 110kV 气体绝缘金属封闭组合电器（GIS）为例：220kV GIS 本身高约 4m 左右，安装试验套管后试验时对地高度至少要 8m（如图 3-11 所示）；110kV GIS 本体高度约为 3.5m，安装试验套管后试验时对地净高要求达到 6.5m；若采用封闭式现场试验装置（又称为 $SF_6$ 试验变压器）较为简单可行，GIS 厂家也已经研发出这样的试验装置，如 HighVoltage 公司的 GLX600/7 型和思源公司的 GZF-I 型；但需单独购买。设想如果采用这种设备来进行现场试验，则 110kV GIS 室净高可降至 4.5m，220kV GIS 室净高可降至 5.0m，采用封闭式试验装置在变电站建设成本上具有独特的优势，既满足了试验需求，也节省了建筑投资，可谓一举多得，是值得推荐的办法。

图 3-11　安装试验套管进行加电压试验的照片

$SF_6$ 试验变压器耐压试验系统包括控制柜、低压调压器、低压滤波器、低压补偿电抗器、高压 $SF_6$ 试验变压器等部件。

其中：$SF_6$ 试验变压器，额定电压 600kV，额定频率 50Hz，最大输出容量 15min 100kVA、2min 260kVA，重量 1000kg，高度 1600mm，宽度 1400mm。

额定输入 380V 工频交流电，经过低压调压器变为 0～380V/50Hz 电压可调的电源送入滤波器滤波。高压试验变压器采用单相 $SF_6$ 气体绝缘试验变压器，试验变压器低压侧与调压器、滤波器、补偿电抗器连接，调压器接收控制台发来的升压或者降压信号进行电压调节，达到规定的耐受电压值。

由于高压回路封闭在 $SF_6$ 气体中，且采用了滤波器，因此高压试验回路可满足无局放的要求，这种装置可与耐压同步进行局部放电的定量测量。$SF_6$ 试验变压器与 GIS 试验品的连接通过 $SF_6$ 气体绝缘连接筒实现。此连接筒的设计需考虑满足不同 GIS 制造厂家的接口的对接问题，满足各种电压等级和形式的 GIS 的测试要求。连接筒通常需要制造厂家配合提供。

如果将气体绝缘金属封闭组合电器（GIS）室检修用吊车改为在顶板预埋吊环（钩），同时考虑将高压电气试验套管通过 $SF_6$ 管道母线引接至吊装口竖井位置或采用 $SF_6$ 气体绝缘的专用 GIS 试验设备，省去空气绝缘试验套管，GIS 室层高可大大减小，比如：220kV GIS 室层高可以减为 6.5m；110kV GIS 室层高可以减为 6.0m。

一般地，各电压等级高压配电装置 GIS 室的布置尺寸如下：

500kV GIS 室：厂房高度约 13m，宽度约 14m，长度取决于进出线规模。

220kV GIS 室：厂房高度约 10m，宽度约 12m，长度取决于进出线规模。

110kV（或 66kV）GIS 室：厂房高度约 10m，宽度约 9m，长度取决于进出线规模。

配电装置室内通道应保证畅通无阻，不得设立门槛，并不应有与配电装置无关的管道通过。为满足安装、检修、运行巡视的要求，GIS 配电装置室两侧应设置安装检修和巡视通道，主通道宜靠近断路器侧，其道路宽度应满足 GIS 设备中最大设备单元搬运所需空间和 $SF_6$ 气体回收装置所需宽度，宽度宜为 2000～3500mm；另一侧通道供运行巡视用，其宽度应满足操作巡视和补气装置对每个隔室补气的要求，巡视通道不应小于 1000mm。

**2.** 35、10kV 配电装置室

35、10kV 配电装置室内各种通道的最小宽度（净距）不宜小于表 3-4 所列数值。

**表 3-4　配电装置室内各种通道的最小宽度（净距）**　mm

| 布置方式 | 通道分类 | | |
|---|---|---|---|
| | 维护通道 | 操作通道 | |
| | | 固定式 | 移开式 |
| 设备单列布置 | 800 | 1500 | 单车长＋1200 |
| 设备双列布置 | 1000 | 2000 | 双车长＋900 |

注　1. 在建筑物的墙柱个别突出处通道宽度允许缩小 200mm。
2. 手车式开关柜不需进行就地检修时，通道宽度可适当减小。
3. 固定式开关柜靠墙布置时，柜背离墙距离宜取 50mm。
4. 当采用 35kV 开关柜时，柜后通道不宜小于 1000mm。
5. 移开式 10kV 开关柜单车长按照 800mm 考虑。

一般各电压等级配电装置室的布置尺寸如下：

35kV 配电装置室：厂房高度约 6m，单列布置宽度约 7m，双列布置宽度约 12m，长度取决于进出线规模。

10kV 配电装置室：厂房高度约 5m，单列布置宽度约 5m，双列布置宽度约 10m，长度取决于进出线规模。

**3.** 配电装置围栏及配电装置对建筑的要求

配电装置围栏系指栅状遮拦、网状遮拦或板状遮拦。配电装置中电气设备的栅状遮拦高度不应小于 1200mm，栅状遮拦最低栏杆至地面的净距，不应大于 200mm。

配电装置中电气设备的网状遮拦高度不应小于 1700mm，网状遮拦网孔不应大于 40mm×40mm，围栏门应装锁。

长度大于 7m 的配电装置室应有 2 个出口。长度大于 60m 时，宜再增设 1 个出口。屋内配电装置应考虑设备搬运的方便，如在墙上或楼板上设置搬运孔洞等，搬运孔尺寸一般按设备外形加 0.3m 考虑。搬运设备通道的宽度，一般可比最大设备的宽度加 0.4m，对于电抗器加 0.5m。地下变电站大型设备（比如主变压器和 GIS）设置在墙上的运输孔洞，一般采取后砌墙或防火卷帘门方式。

配电装置室的门应为向外开的防火门，应装弹簧锁，严禁用门闩，相邻配电装置室之间如有门时，应能向两个方向开启。配电装置室的顶棚和内墙应作耐火处理，耐火等级不应低于二级。

为了保证 GIS 配电装置安全运行，要求 GIS 配电装置室内应清洁、防尘，室内地面应采用耐磨、防滑、高硬度地面。当 GIS 配电装置主母线跨越土建结构缝时，安装时应注意在 GIS 运行中因土建基础的不均匀沉降所造成的位移，并应满足 GIS 设备对基础不均匀沉降的要求。半地下变电站配电装置布置在地上时，其楼面应有防渗水措施。

配电装置室应按事故排烟要求，装设足够的事故通风装置。GIS 配电装置发生故障造成气体外逸时，人员应立即撤离现场，并立即采取强力通风，换气控制不得小于 15min 一次；事故时换气次数应每小时不少于 4 次。GIS 设备发生事故时，在现场将 GIS 设备中的 $SF_6$ 气体由专用设备吸出，并装好另行处理，再检修 GIS 设备。GIS 配电装置室内应在低位区配置 $SF_6$ 泄漏报警仪及事故排风装置。GIS 配电装置室正常运行时，排风管的吸气口应贴近地面，距离地面高度不应大于 300mm；而排风口应避开人行通道，采用机械方式排出室外。

GIS 配电装置室一般需要埋设一定数量的地锚用于设备安装就位。另一种安装就位方式，是在 GIS 室内采用气垫运输，气垫运输可以减少运输过程中对 GIS 设备的震动和损伤，而且可以节省安装就位时间。采用这种安装就位方式，GIS 室内可不埋设地锚。

（三）无功补偿设备室和空芯限流电抗器室

无功补偿设备有无功静止式补偿装置和无功动态补偿装置两类，前者包括并联电容器和并联电抗器，后者包括同步补偿机（调相机）和静止型无功动态补偿装置（SVG）。无功静止式补偿装置在变电站中应用较为普遍。

地下变电站的无功补偿设备有条件时宜选择无油型产品；目前国内生产的干式电容

器因产品质量不稳定已退出市场，电抗器目前已有干式（如环氧树脂浇注）设备可供选用。

**1.** 并联电容器成套装置室

并联电容器组一般可采用装配式布置形式或大容量集合式设备；前者布局较紧凑，适合在户内和地下安装；后者为油浸式设备，在地下变电站也有采用。

35kV 并联电容器组，可选用油浸式集合电容器或油浸组装式电容器。油浸式集合电容器布置紧凑、体积小，但油量大，每组集合式电容器需要设置单独防爆隔间，一般与主变压器同层布置。油浸组装式电容器配干式空心串联电抗器，多组布置在同一房间，并联电容器室高度约 7m，宽度约 12.5m（含通道），长度取决于安装规模。

10kV 并联电容器组，可选用油浸组装式电容器，配干式铁芯串联电抗器，多组布置在同一房间，如图 3-12 所示，并联电容器室高度约 5m，宽度约 9m（含通道），长度取决于安装规模。

图 3-12　并联电容器组

**2.** 并联电抗器室

目前国内铁芯电抗器采用的有油浸式和环氧树脂浇注式两种。考虑到尽量简化地下站的通风系统，对地面允许布置散热器的 35kV 及以上电压等级的并联电抗器，只有油浸铁芯电抗器具备采用分体结构的条件，故推荐采用油浸式。

35kV 并联电抗器可选用油浸式，布置在独立房间。以单台容量 10Mvar 为例，采用散热器与本体上下分体布置，散热器设置在地上，并联电抗器本体地下布置。并联电抗器室高度约 7m，长度约 5.5m，宽度约 7.5m。

10kV 并联电抗器一般选用环氧浇注干式，可多台并联电抗器布置在同一房间，并联电抗器室高度约 5m，宽度约 9m，长度取决于安装规模。

并联电抗器重量大、发热量大，以 10kV 10MVA 干式铁芯并联电抗器为例，单台运输重量约 18t，发热量约 50kW，所以布置时应与全站电气设备统筹考虑运输荷载和通风散热问题。

**3.** 空芯限流电抗器室

空芯限流电抗器应严格按照产品资料要求的相间距离、安装高度进行布置，并保持与周围闭合铁磁材料足够的安全距离，避免周围铁磁材料严重发热。因空芯电抗器磁路是在电抗器外部流通并形成回路，所以应禁止将二次设备室布置在空芯电抗器室的正上方或正下方，以避免电抗器磁场对二次设备形成电磁干扰。一般情况下，对于三相"一"形、"△"形和垂直布置的空心限流电抗器，相间净距离为电抗器直径的 0.7 倍，距边墙或不形成闭环的金属部件的距离为电抗器直径的 0.6 倍，距地面和距顶板或不形成闭环的金属部件的距离为电抗器直径的 0.5 倍。

空心限流电抗器室可以设置玻璃钢等非铁磁性材质的围栏，层高一般为 5m。一般顶部设置吊钩用于设备安装或检修时起吊设备。由于空心限流电抗器布置占用空间大，且漏磁场较强，易引起周围铁磁材料发热。而地下变电站要求布置紧凑、占地小，故在地下变电站不推荐使用。

（四）站用电设备

站用电设备的布置应符合电力生产工艺流程的要求，做到设备布局和空间利用合理。

站用配电装置操作、维护走廊尺寸及离墙尺寸如表 3-5 所示。

**表 3-5　站用配电装置操作、维护走廊及离墙尺寸**　mm

| 配电装置型式 | 操作走道 | | | | 背面维护通道 | | 侧面维护通道 | | 靠墙布置时离墙常用距离 | |
|---|---|---|---|---|---|---|---|---|---|---|
| | 设备单列布置 | | 设备双列布置 | | | | | | | |
| | 最小 | 常用 | 最小 | 常用 | 最小 | 常用 | 最小 | 常用 | 背面 | 侧面 |
| 固定式高压开关柜 | 1500 | 1800 | 2000 | 2300 | 800 | 1000 | 800 | 1000 | 50 | 200 |
| 手车式高压开关柜 | 车长+1200 | 2300 | 两台车长+900 | 3000 | 800 | 1000 | 800 | 1000 | — | 200 |

站用配电装置室门的宽度，应按搬运设备中最大的外形尺寸再加 200～400mm，但门宽不应小于 900mm，门的高度不得低于 2100mm。维护门的尺寸可采用 750mm×1900mm。

站用配电屏的选型应综合环境条件、安全可靠供电、维修方便和运行要求等因素予以确定。站用电宜采用封闭的固定式配电屏；当站用电馈线多，且要求尽量压缩占地面积和空间体积时，也可采用抽屉式配电屏。当采用抽屉式配电屏时，应设有电气联锁和机械联锁。站用配电屏室的操作、维护通道尺寸见表 3-6。

**表 3-6　配电屏前后的通道最小宽度**　m

| 配电屏种类 | | 单排布置 | | | 双排面对面布置 | | | 双排背对背布置 | | | 多排同向布置 | | |
|---|---|---|---|---|---|---|---|---|---|---|---|---|---|
| | | 屏前 | 屏后 | | 屏前 | 屏后 | | 屏前 | 屏后 | | 屏间 | 屏后 | |
| | | | 维护 | 操作 | | 维护 | 操作 | | 维护 | 操作 | | 前排 | 后排 |
| 固定式 | 不受限制 | 1.5 | 1.0 | 1.2 | 2.0 | 1.0 | 1.2 | 1.5 | 1.5 | 2.0 | 2.0 | 1.5 | 1.0 |
| | 受限制 | 1.3 | 0.8 | | 1.8 | 0.8 | | 1.3 | 1.3 | | 2.0 | 1.3 | 0.8 |
| 抽屉式 | 不受限制 | 1.8 | 1.0 | | 2.3 | 1.0 | | 1.8 | 1.0 | | 2.3 | 1.8 | 1.0 |
| | 受限制 | 1.6 | 0.8 | | 2.0 | 0.8 | | 1.6 | 0.8 | | 2.0 | 1.6 | 0.8 |

注　1. 受限制是指受到建筑平面的限制、通道内有柱等局部突出物的限制。
2. 控制屏、柜前后的通道最小宽度可按本表的规定执行或适当缩小。

（五）二次设备室

二次设备室布置应统筹考虑控制电缆敷设路径和空间；一般二次设备室下方应设置控制电缆夹层，如果控制电缆数量不多，可将控制电缆夹层设置在降板后的活动地板下方，一般适用于220kV及以下电压等级变电站。

二次设备室层高一般不小于4m。屏柜前后距离和通道宽度应满足表3-7要求。

**表3-7　二次设备室的屏间距离和通道宽度**　mm

| 距离名称 | 采用尺寸 | |
|---|---|---|
| | 一般 | 最小 |
| 屏柜正面至屏柜正面 | 1800 | 1400 |
| 屏柜正面至屏柜背面 | 1500 | 1200 |
| 屏柜背面至屏柜背面 | 1000 | 800 |
| 屏柜正面至墙 | 1500 | 1200 |
| 屏柜背面至墙 | 1200 | 800 |
| 边屏至墙 | 1200 | 800 |
| 主要通道 | 1600～2000 | 1400 |

注　1. 复杂保护或继电器凸出屏面时，不宜采用最小尺寸。
2. 直流屏、事故照明屏等动力屏柜的背面间距不得小于1000mm。
3. 屏柜背面至屏柜背面之间的距离，当屏柜背面地坪上设有电缆沟盖板时，可适当放大。
4. 屏柜后开门时，屏柜背面至屏柜背面的通道尺寸，不得小于1000mm。

（六）蓄电池室

蓄电池室中若布置有多组蓄电池，每套蓄电池组之间应加装防爆隔墙。单套蓄电池组中的单只蓄电池若采用双列布置，应考虑在蓄电池组两侧设置检修通道。单套蓄电池组中的单只蓄电池若采用单列布置，可单面靠墙布置。采用多层布置的蓄电池组，应特殊考虑蓄电池室楼板荷载。

蓄电池室内应设有运行和检修通道。通道一侧装设蓄电池时，通道宽度不应小于800mm；两侧均装蓄电池时，通道宽度不应小于1000mm。

（七）电缆夹层

地下电缆夹层或电缆沟道的设置应根据电缆进出线方向和回路数量确定。按照如下原则进行设计：

（1）电缆夹层的高度设置应满足电缆施工和运行时的转弯半径要求；

（2）大截面电缆与气体绝缘金属封闭组合电器（GIS）的连接可采用GIS电缆终端下伸到电缆夹层内横置方式。

电缆夹层层高一般按照220kV变电站4m，110kV变电站3m进行设计。如果由于一些大截面电缆转弯半径过大导致电缆夹层层高过高，可采用GIS电缆终端下伸到电缆夹层内横置方式（如图3-13所示），使电缆无需转弯即可接入电缆终端，从而避免电缆夹层层高过高，影响变电站厂房总体布置。

电缆夹层内电力电缆和控制电缆一般优先考虑各自单独路径敷设，如果同路径敷设，应按照GB 50217—2016《电力工程电缆设计规范》要求设置防火隔离措施，也可将控制电缆敷设在独立的防火槽盒内。

图 3-13　电缆与 GIS 电缆终端在电缆夹层横置连接

电缆夹层与出站电缆隧道连接部位应设置电缆套管，如图 3-14 所示。电缆套管具有防止火灾延燃、防止雨水倒灌的隔离功能；单芯电缆套管应具备防止铁磁发热效果。

图 3-14　电缆夹层电缆套管工程应用照片

电缆竖井是全站各层电缆连接的重要通道，应在各层平面布置时，根据通过电缆竖井的电缆数量和去向，提前考虑其位置和大小。

## 三、各层平断面的电气布置

城市地下变电站设计一般采用各相关专业协同设计的工作方法，提出各电压等级地下变电站各层平断面合理布局的设计方案。

**1.** 各层平断面合理布置的设计原则

通过总结和凝练已经建设的地下变电站设计经验，一般地，合理开展各层平断面布置所采用的设计原则如下：

（1）各层平面的各个房间宜按功能划分分区布置。使平面布置清晰，利于运行巡视，减少内部设施的相互干扰。

(2) 主要电气设备即主变压器和高压配电装置对变电站平面、断面布置的影响很大，对其平断面布置应给予特殊设计，确定吊装及运输方案，将主要电气设备布置在运输通道附近，并预留合理的运行维护空间。

(3) 电气设备带电安全距离的要求影响房间的空间尺寸，主变压器、配电装置等电气设备尽量减少带电部分外露。

(4) 地下变电站基础开挖的深度对地下建筑整体造价影响较大，应优化布置各房间的长宽高三维尺寸。

(5) 通风管道的高度影响房间的高度尺寸，应充分优化通风管道布置方案。

**2.** 220kV 地下变电站和 110kV 地下变电站的电气布置

在工程实践中，已经取得了 220kV 地下变电站和 110kV 地下变电站的电气布置的工程实践经验。以下的具体示例就是工程中总结出来的性价比高的布置方案。

220kV 全地下变电站建筑物一般为地下四层布置。220kV 主变压器一般采用水冷却方式，主变压器本体及油水交换器布置于地下厂房内，水冷却器则布置于地面或建筑物屋顶，通过这种立体布置的方式，既节省了变电站占地面积，又利于主变压器通风散热。

220kV 半地下变电站建筑物一般为地下三层、地上一层布置。通常选用油浸式变压器，将主变压器布置于地上一层，主变压器本体布置于室内，可把主变压器本体的噪声封闭在室内，又因为主变本体散热量很小，只占整体发热量的 10%，一般情况下采用自然通风方式即可满足通风散热要求，只在少数情况下需要辅以机械排风。而散热器散发的热量占整体发热量的 90%，因此将其布置在户外，可使其自然散发热量，一般散热器本身不产生噪声，即使有的散热器上装有风扇也是低速低噪声风扇，噪声会很小。这种布置方式很好地解决了城区变电站降低噪声与排散热量这一对矛盾，同时也减少了运行费用并提高了可靠性。

110kV 全地下变电站建筑物一般为地下三层布置。将主变压器本体布置于地下厂房内，冷却器分体布置于同一层或接近地面层，利于主变压器通风散热及噪声处理。冷却器也可采用披挂式与主变压器本体一起布置在地下厂房内。

110kV 半地下变电站建筑物一般为地下三层、地上一层布置。通常将主变压器布置于地上一层，主变压器本体布置于室内，散热器布置于户外，以利于主变压器通风散热。

一般情况下，主变压器和高压配电装置 GIS 占用建筑二层层高，将主变压器与 GIS 同层布置，有利于两者共用运输通道。这种布置形式不但可以有效地减小地下变电站的占地面积，同时还可以降低变电站的地下埋深，大大地提高经济性能。

10kV 配电装置一般与主变压器在同一楼层布置。10kV 配电装置室一般占一层层高，其下部往往是电缆夹层，便于电缆进出线和缩短连接距离。

警卫控制室（一般包括消防控制室）等房间宜布置在地上一层的主入口处，如条件不允许则应布置在最靠近地面的房间内。其他设备房间如电容器室、并联电抗器室、接地变压器及接地电阻室、站用变压器室、消防泵房、排风机房等，这些房间的布置应充分利用大型设备位置确定后的地下建筑剩余空间，综合考虑设备连接、运输等因素，合理、适当布局。

各功能房间的布置要求及合理的楼层分布如表 3-8 所示。

表 3-8　各功能房间的布置要求及合理的楼层分布

| 房间名称 | 占用层数 | 推荐布置层 |
|---|---|---|
| 主变压器室 | 2 | 地下二层/地上一层 |
| 220kV 配电装置室 | 2 | 地下二层 |
| 110kV 配电装置室 | 2 | 地下二层 |
| 35（10）kV 配电装置室 | 1 | 地下一层、地下二层 |
| 接地变压器及接地电阻室 | 1 | 地下二层、地下一层 |
| 电容器室 | 1 | 地下二层、地下一层 |
| 并联电抗器室 | 1 | 地下二层、地下一层 |
| 站用变压器室 | 1 | 地下二层、地下一层 |
| 二次设备室 | 1 | 地上一层、地下一层 |
| 蓄电池室 | 1 | 地下二层、地下一层 |
| 水泵房 | 1 | 地下二层 |
| 排风机房 | 1 | 地下三层 |
| 警卫控制室/消防室 | 1 | 地上一层、地下一层 |
| 电缆夹层 | 1 | 地下三层 |
| 主变储油池 | 1 | 地下三层/地下一层 |

与非居建筑结合建设的地下变电站一般建在非居建筑大厦的地下部分，变电站采用地上一层、地下三层建筑，地上一层设施可独立建设，也可与非居建筑结合建设，地下部分局部或者全部与非居建筑合建，其结构柱网平面布置、楼梯间等设置均需适应非居建筑已有的设置，各类电气设备功能房间布置在给定的结构柱网内；如若给定的结构柱网不满足变电站布置需要，可以协商确定兼顾变电站和非居建筑两者的结构柱网布置方案。其层高、地下深度设置也要适应非居建筑已有的设置，当非居建筑给定的建筑层高不满足电气设备布置要求时，可调整其层高以适应地下变电站的需求。

## 第三节　三维数字化设计

三维数字化设计通过建立空间模型实现了工程设计项目的虚拟展现，将抽象的二维图纸转变为可视化的三维模型。区别于二维设计理念中单一的表达图纸信息特征，三维数字化设计包含了工程设计全部基础信息，既能方便实现设备碰撞检查、带电距离校验，从而优化变电站的布置，又能精确计算工程材料量，有助于实现工程精准投资。三维数字化设计中的数字化信息可贯通全业务数据，方便上下游业务的对接和数字化移交，达到工程数据全过程应用，实现工程数据全寿命周期应用价值最大化。

### 一、三维数字化设计平台及应用

#### （一）三维数字化设计特点

三维数字化设计是一种设计手段，它是在真实的三维空间中去表达设计，这种理念引入到变电站设计中，将会引起变电站建模、设计流程、设计成果等方面发生变化。相

对于传统的二维设计，三维数字化设计主要具备以下几个特点[14]。

**1.** 设计对象标准化

设计对象的标准化是一项系统的工程，其包含多方面的内容。从对电气设备、建构筑物的编码，到对设计对象模型的建立、各类电气计算，以及软件平台的接口、设计流程的规范等各个阶段，标准化工作都贯穿其中。设计对象的标准化是三维数字化设计的基础工作，标准化确保设计信息的共享及协同能够应用在整个工程设计过程中，进而规范设计成果，提高设计成果的质量。

**2.** 可视化

设计过程的可视化即在设计阶段将变电站建筑模型和设备模型以三维方式呈现出来，是三维数字化设计的最直观的特点。对于传统二维设计过程中难以表达的空间相对位置、钢筋排布、交叉跨越等，三维数字化设计以直观清晰的方式展现在工程人员面前，既能帮助设计人员运用三维思考方式有效地完成工程设计，同时也减小了业主与设计人员之间的沟通障碍。

在传统的二维设计图纸中，不同专业之间需要反复互提资料才能有效减少机电管线的碰撞现象，比如检查电气设备与通风管道的碰撞，需要将两个专业的图纸叠加在一起，仔细核对才能查找出来，这种作业方式效率低，漏查的情况也比较普遍。但在三维数字化设计中，设计人员能够直观地了解其他专业的设计内容，并且可以在真实的三维空间中找出碰撞点，并针对碰撞点及时进行局部微调，以达到最佳的设备安装位置，如图 3-15 所示。

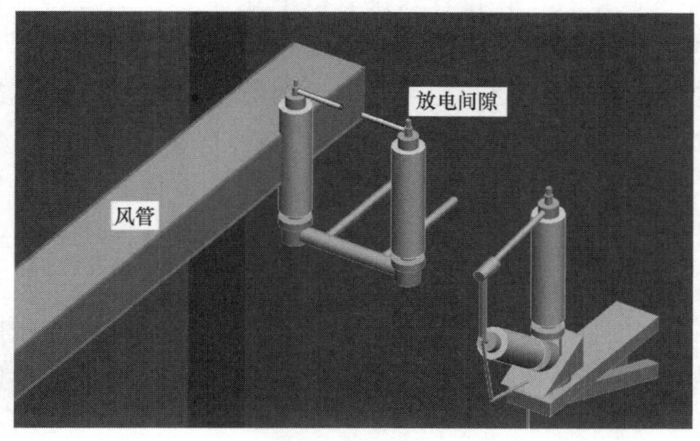


图 3-15　设备碰撞现象

**3.** 多专业协同化

并行化设计也是输变电工程三维数字化设计的主要特点之一。开展一座变电站的设计需要会同电气一次、电气二次、建筑、结构、水工、暖通等专业共同协作完成。在传统的二维设计领域，通常采用串行工作模式，各专业间的工作通过反复的互提资料开展设计，不同专业的设计人员之间不能及时获得其他专业的最新信息。而三维数字化设计则调整串行模式为并行模式，多专业都在一个虚拟的空间中同时开展设计工作，每个专业可及时观察到其他专业的作业情况，达到实时发现问题，及早沟通，有效解决碰撞。

**4.** 绘图自动化

三维数字化设计中，表达电气逻辑意义的模型与表达空间布置的模型都可以通过数字化处理进行相互的关联，实现绘图自动化表现在多个方面。

设备的参数化建模，设计人员既可以通过绘图界面进行绘图操作，同样也可以通过输入参数自动生成模型，实现绘图操作。

自动表达逻辑意义，即在更改电气主接线中任一设备的同时，在三维图纸中可自动对设备模型进行替换，实现不同图纸间的联动修改。

根据不同的电压等级，在三维数字化设计中会自动寻找三维设备之间的最短带电距离，自动将不满足各种限定数据的信息标识出来，保证设计的安全性，提供最优的解决方案。

此外，还可以在三维模型中实现对间隔断面的任意剖切，自动生成平断面图、安装图，自动进行尺寸标注，以及自动统计材料，形成材料清册，确保设计的正确性，大大缩短设计时间。

（二）三维数字化设计平台应用

作为专业设计平台，变电站三维数字化设计平台采用的三维技术不是单纯地建立三维模型，而是构建了一个包含所有专业信息的对象。这样的三维对象是可以计算的模型、统计的模型、提取施工图的模型，是专业的设计结果在三维形态下的真实调控体现。三维数字化设计平台集成了电气、结构、建筑、总图、水工和暖通全部专业设计，目前变电站比较常用的三维数字化设计软件有以下几种：

**1.** Bentley 公司的 Substation Solution

该软件在电力行业中有着广泛的应用，以项目数据库为唯一的数据源，所有图纸上的设计信息都和数据库中的设计数据实时同步，能够保证设计数据的准确性和唯一性。在功能上有着丰富的三维设计工具、界面展示工具和参数化的建模工具，并且具有较为完整的电气化设计模块，包括三维设备导线模块、接地设计模块、防雷设计模块、照明设计模块、消防设计模块、断面图生成模块等，在建筑、结构、暖通专业也有相应的设计模块。可以实现部分电气计算、二维系统设计、三维空间布置、碰撞检查、部分协同及材料统计，也可实现实时剖切断面和尺寸标注，进行浏览漫游、投标动画、施工进度模拟。

**2.** AVEVA 公司的 PDMS 设计系统

PDMS 设计系统由三维工厂设计系统发展起来，可分为二维设计、三维设计、材料管理和数据仓库四大部分。其广泛应用于电气设备、建筑、管道、结构、暖通仪表等专业，也可对施工材料采购、运行和使用进行详细的规划和管理，通过对设计文档和数据的整合，采用编码连接，数据挖掘等方式统一管理，最终实现数字化移交。PDMS 设计系统可以实现全比例三维实体模型，通过网络实现多专业的协同设计，自动实现各专业设计之间的碰撞检查，在整体上保证设计结果的准确性。

**3.** 博超公司的 STD 设计平台

可以实现参数化建模，平台内置了变电站常用设备，输入其设备属性参数，即生成设备模型，速度快，操作简单。并且基于 AutoCAD 平台作为图形平台进行开发，设计人员容易上手。STD 软件通过数字化技术实现设计信息的共享，具有较强大的全专业协同设计能力，并且拥有较完整的电气设计专业模块和丰富的参数化构件族，能够高效地完成电气、建筑、结构、水暖等专业的建模。还可以实现三维空间的安全间距检查、防雷、电缆敷设、接地等方面的电气设计。在出图方面能够对三维模型进行各个角度的图纸抽取，自动生成平断面图及材料统计，体现了设计的精细化和成果的可视化。

**4.** 基于 Revit 三维设计软件平台的三维协同数据库系统

三维协同数据库系统是基于 Revit 三维设计软件平台的数据库管理系统，如鹏宇成等公司开发的三维协同数据库系统，主要分为族库数据库、项目数据库、成品数据库，对项目文件和相关文档进行存储和管理。其中族库数据库是用于存储使用 Revit 软件制作的电气设备、土建构件等三维模型和电气原理符号、详图构件等二维视图的数据库，族文件涵盖了名称、型号、规格、属性、说明等大量信息，工程师能够通过型号、规格等限制条件快速查找需求的族文件，方便设计人员进行共享和调用。项目数据库以当前项目为单位，记录不同阶段、不同版本的项目数据，包括主接线设计图、三维布置图、防雷接地设计图等，并且可以对设计人员的权限进行划分，项目完成后转存到成品数据库。成品数据库存储项目的最终版本，供设计人员进行查看和套用。该三维设计软件平台使工程师在设计项目的同时方便共享、调用项目文件和相关文档，提高了设计效率。

## 二、地下变电站电气专业三维数字化设计

设计是工程建设的起点，设计环节工作越精细，对后期施工就越便利。地下变电站与户内变电站类似，其主要电气设备包括变压器、GIS、开关柜、电容器等。地下变电站空间布置紧凑，设计时经常发生基础碰撞、电气距离紧张的情况，如何在保证安全可靠的前提下，使地下变电站平断面布置合理，运输方便，减小体量，节省投资，是地下变电站设计的核心工作之一。三维数字化设计提供了一个良好的解决手段。

### （一）电气主接线

不同于传统设计的电气主接线，三维数字化设计中电气主接线包含了更多的属性信息。变电站的接线关系和设备参数都将在电气主接线这个阶段建立完成，所以电气主接线是变电站电气设计的核心。

在设计开始阶段，将电气主接线中的二维符号作为模型考虑，包含对象属性信息及设备间的关联信息，简单说就是建立带属性的设备符号库，这些符号库与实体模型库形成一一对应的关系，相互关联，实现计算机的辨识。

如图 3-16 所示为某 110kV 变电站电气主接线中的一部分，包括 GIS 设备、主变压器以及连接导线。在传统二维设计中，图中所有符号仅表示一种设备的抽象示意，设计人员在图纸上更改电气主接线时，仅对图纸本身进行一种修改，而不会引起其他相关的变化。而在三维数字化设计中，电气符号与设备实体模型相互关联。

以变压器设备为例，110kV 三相双绕组变压器在图纸上的逻辑符号如图 3-17 所示，三维数字化设计在逻辑符号的基础上增加了关于变压器属性的选项。

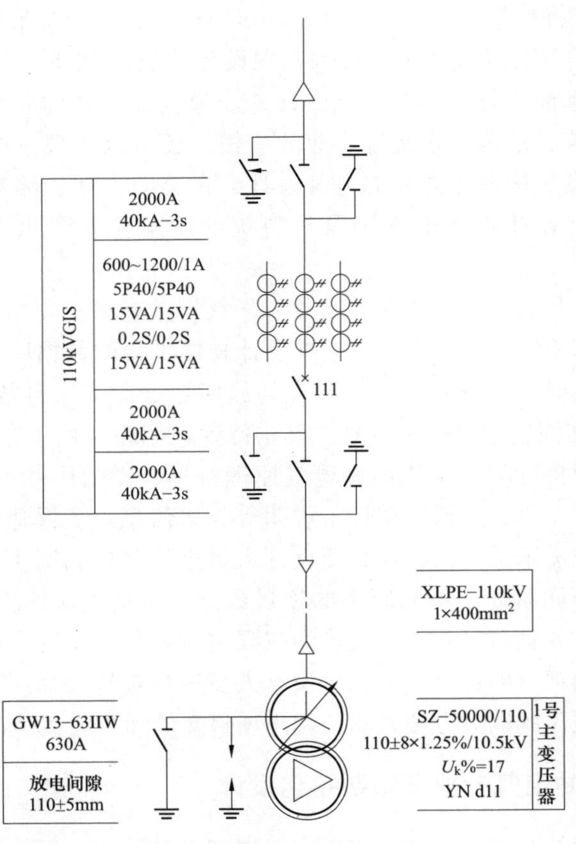


图 3-16　局部电气主接线图

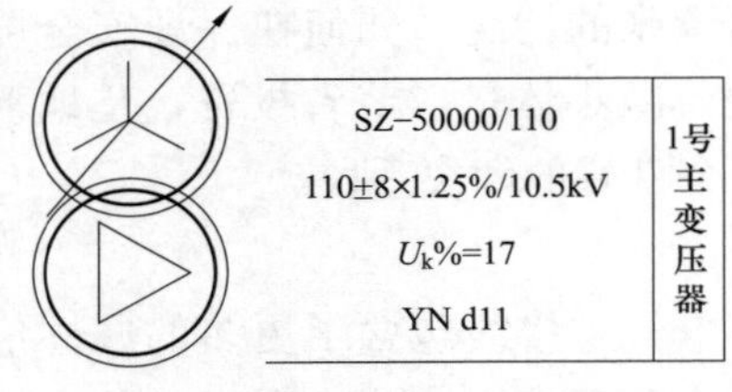


图 3-17　主接线中变压器符号表示图

结合国家电网公司通用设备的应用要求，变压器的属性可按以下选项进行表征：型号、安装位置、额定电压、容量、相数、绕组数、阻抗值、中性点引出方式、冷却方式。通过在电气主接线图中修改属性值，可实现变压器符号的自动更新，并且对应于布置图中的变压器实体模型也自动更新，也可以根据目标值在软件的符号库中直接选用所需的变压器。

同样对于GIS设备而言，其属性值可用以下选项进行表征：额定电压、额定电流、额定开断电流、安装位置、结构形式（GIS或HGIS）、出线方式、间隔类型。

对于开关柜设备，其属性值可用以下选项进行表征：额定电压、额定电流、额定开断电流、出线方式、间隔类型。

在三维数字化设计中，设备的每一种属性组合都对应着一个三维实体模型。通过对设备的逻辑符号赋予属性值，建立了电气主接线图与三维布置图之间的联系，使两种不同表现形式的图纸实现了统一，不同图纸上的同一设备间可导航关联。当电气主接线和三维布置模型中更换设备或修改关联关系时，两者更改信息可以相互传递，并自动更改，如图 3-18 所示。

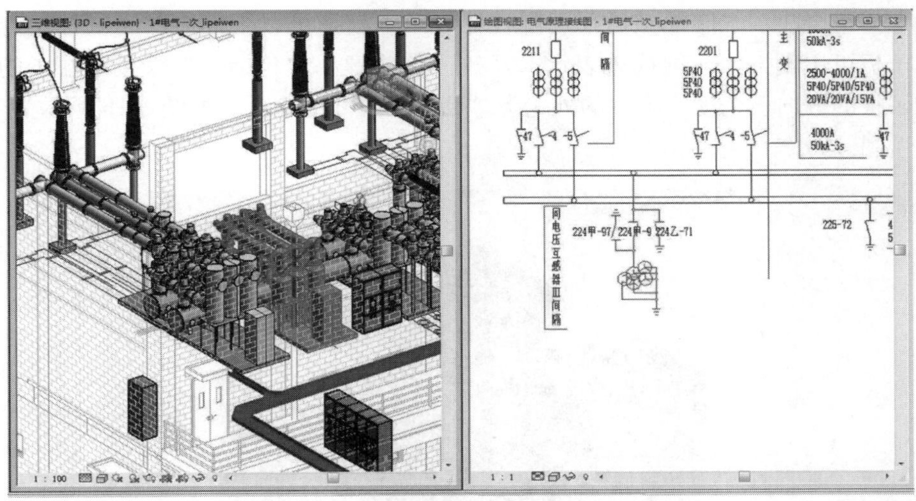

图 3-18　主接线与设备布置对应关系图

各设备的属性值确定后，设计电气主接线的过程就和传统二维设计类似了，通过各种元件进行逻辑连接，形成完整的电气主接线图。

完成一次主接线后，可形成典型化设计方案，此后具有相似特点的变电站工程即可以反复使用，仅需简单的修改即可，提高了设计效率。

（二）电气布置

地下变电站主要由变压器、GIS、开关柜、无功补偿及辅助设施构成，不同电压等级的变电站有不同的特点，但设计流程是相似的。在完成电气主接线后，电气一次专业可根据电气主接线选择的设备进行调取和布置。

**1.** 电气设备的建模

对电气设备进行实体建模是三维数字化设计的基础工作，在对地下变电站进行空间布置之前需要对所有电气设备进行建模。电气设备的建模不仅要考虑实体模型的要求，还要结合电气设备的属性进行建模，这样才能和电气主接线统一起来。

三维数字化建模的基本要求有以下几点：

（1）三维模型应能准确表达对象的关键尺寸信息、主要属性信息，具有可识别性；

（2）三维模型应满足可靠性要求，即模型应具备稳定、可靠的信息表达，具备在保证设计意图的情况下能够被正确更新或修改的能力；

（3）三维建模应考虑数据间的链接和引用关系，如：模型的几何要素、纹理要素、属性要素、元数据和辅助文件之间的逻辑关系和引用关系，应满足模型各类信息实时更新的需要；

（4）设备模型满足多级编码要求。

主要电气设备的建模特点[14]如下：

（1）主变压器：变压器为多组件设备，包括变压器本体、套管、储油柜、油管、散热器、接线端子板、操作箱、底座等组件，对变压器的建模宜将变压器拆分为多个组件，针对每个组件分别建模，再通过拼接完成整体的变压器建模。本体模型可采用长方体或长方体组合表示，储油柜可采用圆柱体表示，套管可以不同直径的圆柱组合表示，接线端子板可用长方体或圆柱体表示。其建模的关键部位包括：套管接线端子的位置，接线端子板的方向及角度，本体的外轮廓，储油柜尺寸的定位。如图 3-19 所示为变压器三维模型图。

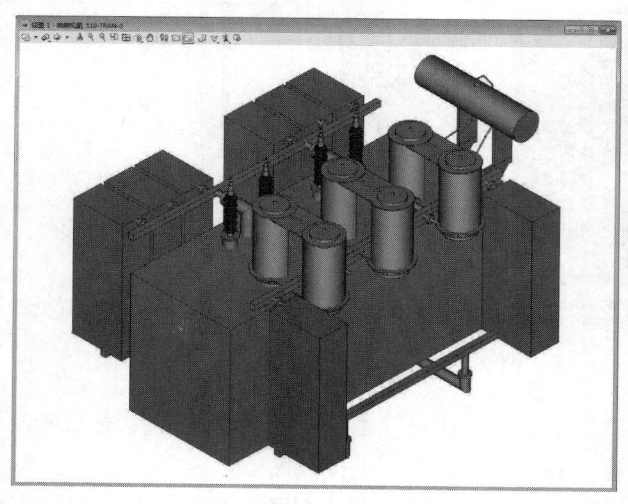

图 3-19　变压器三维模型图

（2）GIS：GIS 设备由本体、出线套管、操动机构箱、接线端子板、支架、法兰等组件组成，也可以采用组件拼接进行建模。其建模的关键部位包括：GIS 外形尺寸，套管高度、位置、角度，进出线套管间相互关系，相间尺寸关系、间隔间尺寸关系、接线端子板尺寸及空间位置、电缆引出线位置。如图 3-20 所示为 GIS 三维模型图。

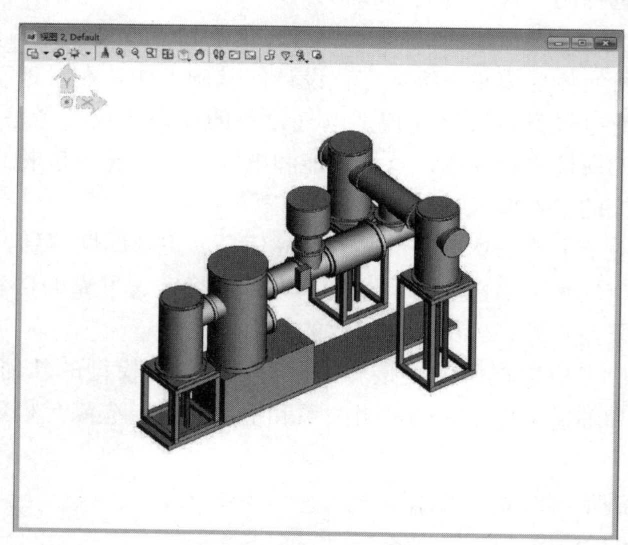

图 3-20　GIS 设备三维模型图

（3）开关柜：开关柜的建模比较简单，可以采用长方体进行建模。关键点包括：开关柜的长、宽、高，开关柜的进出线方式。如图 3-21 所示为 10kV 开关柜三维模型图。

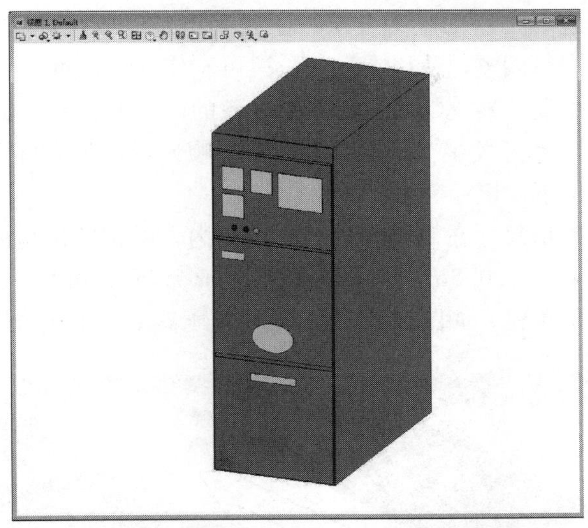

图 3-21　10kV 开关柜三维模型图

**2.** 空间布置设计

地下变电站在空间布置上应满足各种过电压条件下的安全净距要求，满足巡视、运行的安全要求，满足大件设备的运输，以及电气设备与暖通设备的带电距离要求。地下变电站不同功能的电气设备宜集中布置、合理分区，同时预留好变压器、GIS 等大件设备的吊装口和运输通道。

电气主接线中各电气设备连接关系确定后，可以通过电气主接线图和三维布置图之间的导航切换，直接点取电气主接线中的逻辑符号选取设备模型。

以 110kV 地下变电站设计为例，在设计时，可先进行各层的轴网绘制，先不用考虑土建专业的墙体、柱体结构。根据地下变电站的特点，可划分为 0m 层、−3m 层（过渡层，部分覆土处理）、地下一层、地下二层和地下三层。电气设备的各层可以先通过轴线表示分隔开，然后再逐层进行电气设备的布置，如图 3-22 所示。

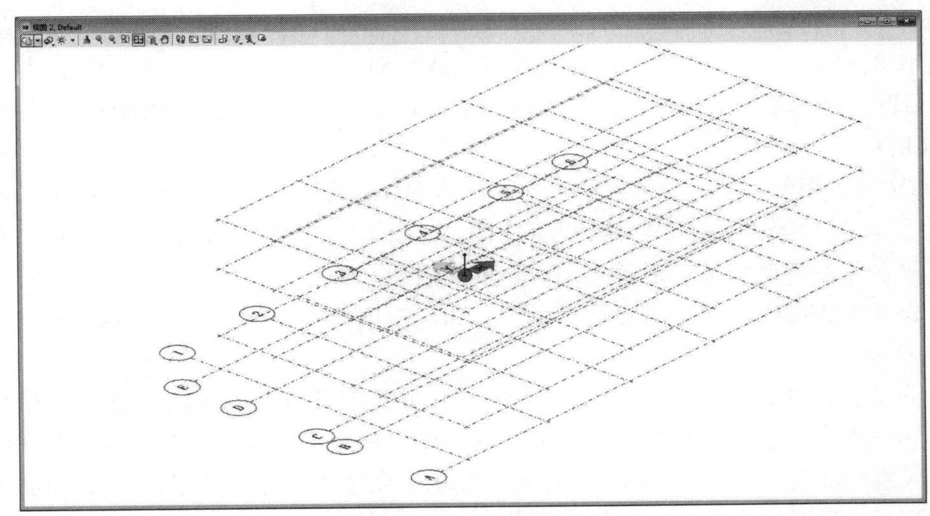

图 3-22　地下变电站轴网图

（1）地下三层。地下三层为电缆夹层，主要为电缆和支架，对整体布置影响不大，且跟随其上一层布置进行调整，所以在最初阶段可不作为设计重点。

（2）地下二层。主变压器、GIS和开关柜设备的出线和连接方式主要为电缆，并且有大量的电缆进出GIS和开关柜。考虑到电缆路径顺畅，此类大件设备的布置宜靠近电缆夹层，一般布置在地下二层。

110kV变压器的外形尺寸在7.2m×5.5m范围内，考虑留出检修和运行的通道，主变压器室在长方向上不小于9.2m，宽方向上不小于7.5m，可按10m×8.4m设计，主变压器室高度可按两层布置。如图3-23所示为主变压器室三维布置图。

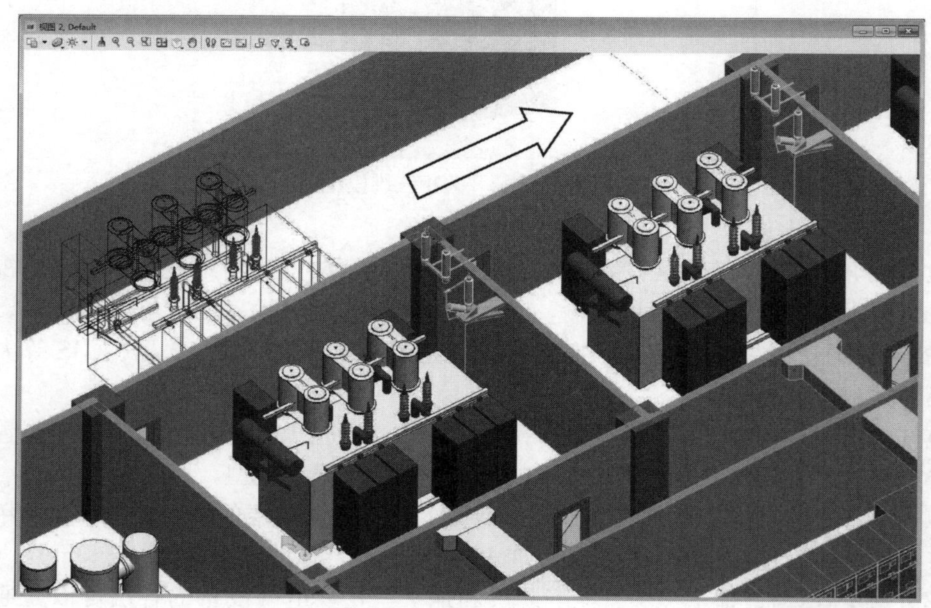

图3-23　主变压器室三维布置图

110kV GIS间隔长度可按不大于6m考虑，结合操作通道和巡视通道，GIS室的宽方向可取9～10m，长方向上可根据GIS间隔数量而定。考虑到尽量减少地下站的建筑体量，GIS室内吊装方式可采用固定的吊钩来代替工字钢梁，层高可按6～7m设计，如图3-24所示。

10kV开关柜的尺寸可分为三种，主变压器进线柜为1.8m×1.0m×2.26m，分段开关柜为1.5m×1.0m×2.26m，其他开关柜为1.5m×0.8m×2.26m。开关柜采用双列面对面布置，开关柜柜后维护通道可取1m宽，两列开关柜间距离按双车长＋900mm设计，综合考虑10kV开关室宽度可确定为9m，长度方向可结合开关柜数量确定，如图3-25所示。

地下二层为整个地下变电站的主要设备层，必须要留有大件运输通道。运输通道宜紧临主变压器室，兼顾GIS室，这样可以减少运输通道的长度，节省空间。10kV开关柜可布置主变的低压侧方向，与主变压器室隔出一条走廊通道，或者也可以紧临主变压器室，缩短变压器到开关柜的距离。如图3-26所示为地下二层的三维布置图。

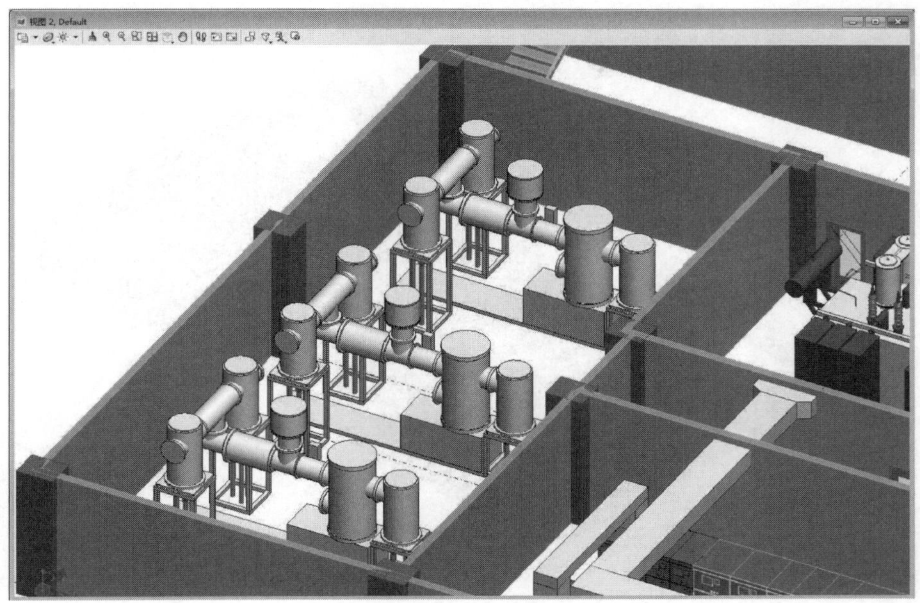

图 3-24　GIS 室三维布置图

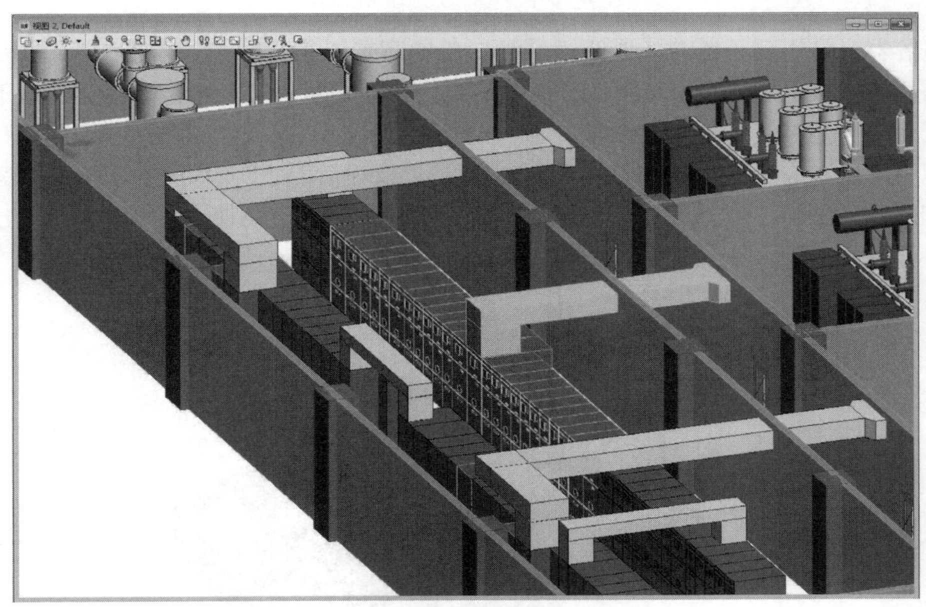

图 3-25　10kV 开关室三维布置图

（3）地下一层。二次设备室、蓄电池室等功能房间布置在地下一层，方便运行人员进出的需求。同时电容器、接地变压器、站用变等体积小、重量轻的电气设备，一般也布置在地下一层。

二次设备室布置的电气设备主要有二次设备屏、通信设备屏及直流设备屏。在布置屏柜时，屏柜的三维实体模型可用长方体及部分附件组成，屏柜的相对位置满足规程要求即可，相对比较简单。二次设备室的长度和宽度随着屏柜的数量进行调整，层高无苛刻的要求。

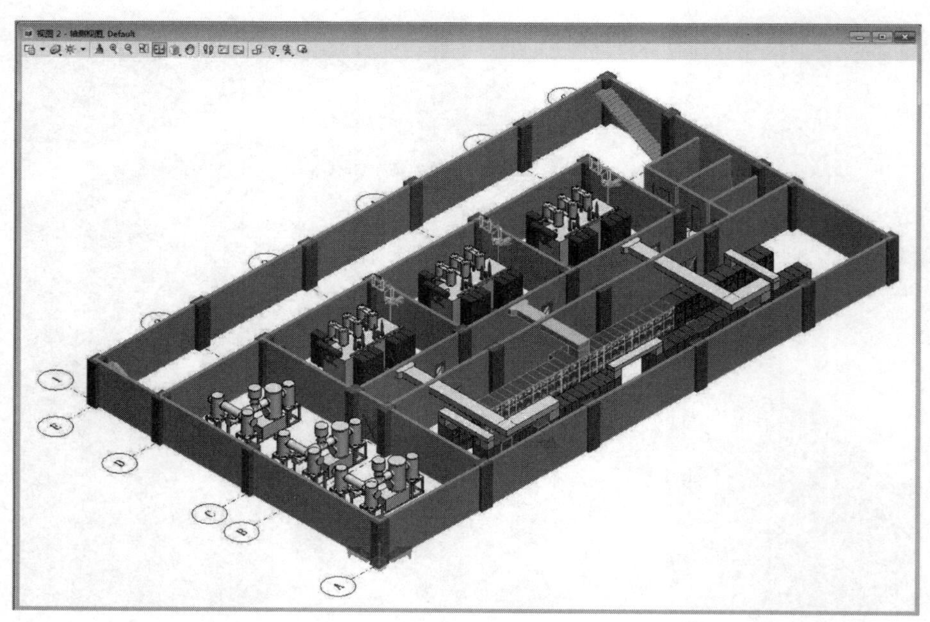

图 3-26　地下二层三维布置图

电容器、站用变压器、接地变压器等设备的布置以靠近地下一层的外廓围墙为宜，因其需要有连接电缆通过沿墙敷设至地下三层，在外围布置时，连接电缆穿过地下二层时可避免与其他电气设备发生碰撞。

地下一层还应考虑吊装口在本层的位置，以及电容器、二次屏柜等设备的运输通道，如图 3-27 所示。

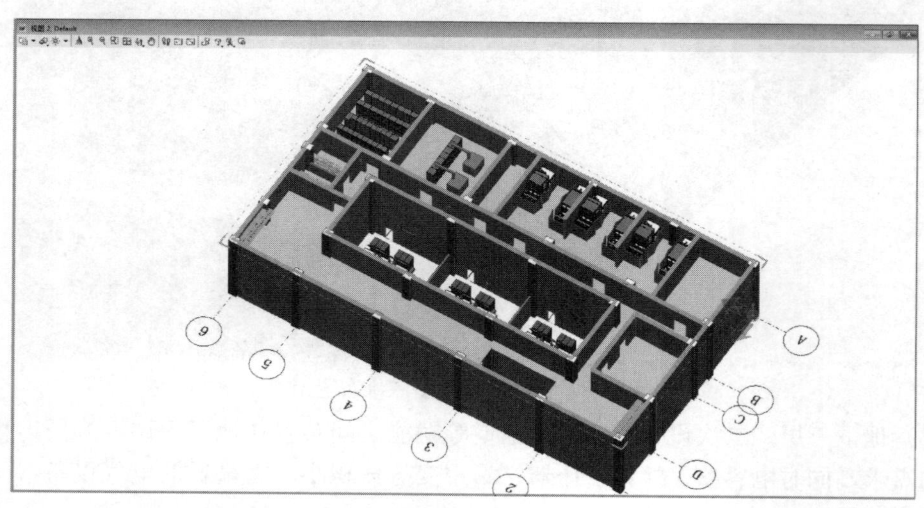

图 3-27　地下一层三维布置图

（4）其他层。0m 层和－3m 层包含的电气设备较少，主要是涉及消防控制室的布置，以及满足下面各层设备运输需求的吊装口布置，主要的设计工作集中在建筑、结构和暖通专业。

以上为各层主要电气设备的布置设计，形成的地下变电站整体三维透视如图 3-28 所示。在整体格局确定后，建筑、结构、水工和暖通等专业根据电气布置的要求进行相关专业设计，并与电气专业进行配合调整。

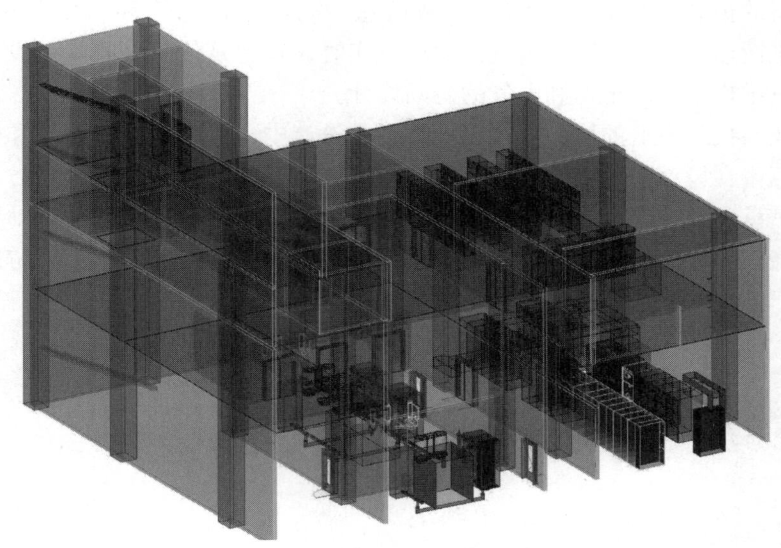

图 3-28　地下变电站整体三维透视图

当完成一项地下变电站三维数字化设计工程后，再进行其他类似规模的地下变电站三维数字化设计时，可直接在已有工程的图纸上进行修改，整体结构直观、清晰，电气专业与土建专业配合起来更加容易。

## 三、多专业的协同化设计

地下变电站设计的过程是一个多方参与的过程，包括多个专业，如建筑、结构、电气、暖通、给排水等，各专业的模块需要建立在同一个工作平台上，设计人员在同一设计平台上并行工作，协作完成一项设计任务。

三维数字化设计中的地下变电站模型是全信息、立体、可视、能多方位查看浏览的，专业间的工作成果相互透明，当一个专业占用了某一空间位置时，其他专业将无法占用，这种信息可在设计过程中实时反馈。专业人员可根据需要随时随地以智能参考的方式将其他专业内容同步参考进自己设计的部分。同时采用一个数据库，各专业可以做到一次输入多次利用数据。

电气主接线与三维布置图的协同在前面已经提到，在三维数字化设计中，电气主接线的电气逻辑符号与布置图中的实体模型是一一对应的，电气主接线图中任何一次修改，均可以导航关联到布置图中，实现布置图中的同步修改，避免了设计遗漏现象。

三维布置图与间隔断面图的协同：三维数字化协同设计可以实现工程设计数据及设备数据在三维布置图、间隔断面图等不同图纸之间的共享和动态关联。间隔断面图可以从三维图中剖切后得到，当发生设计修改时，只需要在三维布置图上进行调整，各间隔断面都可以自动刷新。

电气与建筑、结构专业的协同：当电气专业草图完成后，各专业都基于电气专业绘制的轴网，同时开展设计图纸。电气一次人员在需要的位置上放置一个符合要求的设备模型并保存到服务器后，建筑和结构专业设计人直接以可视化的方式获取到该提资信息，知道设备的位置、型式，再结合荷载信息，完成结构计算和力学分析，形成梁、板、柱等三维图形的搭建，同时电气专业可以实时获得建筑信息，同步对设备布置进行微调，实现三维模型下的土建和电气的协同设计。

技术专业与技经专业的协同：在三维数字化设计中，所有的电气设备和建构筑物均含有属性信息，在设计的过程中，三维数字化平台已经实时更新并保存设备和建构筑物的所有数据信息。在需要技术专业向技经专业提资时，三维设计模型可自动导出符合技经系统软件格式要求的设备材料表和工程量清单，实现了不同专业及上下游之间在同一个模型中工作，使整个流程更加便利化和智能化。

# 电　气　设　施

地下变电站设备选型具有特殊性，如果地下变电站建设沿用常规一次设备直接使用的做法，将引起整体建筑体量庞大、通风消防等辅助设施繁杂、设备维护检修对变电站周边环境产生影响等一系列问题。为此，必须全面研究采用适合地下变电站建设、运行要求的设备。

适合地下变电站的电气设施——主变压器和高压配电装置等是地下变电站建设的主要关键技术之一。主变压器、高压配电装置的设计应根据电力负荷性质、容量、环境条件、运行维护等要求，合理地选用设备和制定布置方案。地下变电站用电系统是保证其正常运行的电源，在供电负荷类别、建设时段上具有特殊性。因此，接地系统在设计方式、材料选择等方面需要采用一些特殊措施。

电气设施的选型应根据工程特点、建设规模和地区发展规划，做到远近结合，统筹安排，并以近期为主进行设计工作。在技术经济合理时，应选用效率高、能耗小的电气设备和材料。

## 第一节　主　变　压　器

电力变压器是具有两个或两个以上绕组的静态装置，用于传输电力，通过电磁感应在同一频率下把交流系统的电压和电流传输到通常有不同电压和电流的另一个系统。主变压器是变电站内最主要的电气设备。

目前，国内城市地下变电站主变压器一般采用油浸式变压器，少量 110kV 变电站工程与其他建筑相结合建设，或者在当地消防主管部门特别提出要求时，采用 $SF_6$ 气体绝缘变压器。

### 一、变压器容量和台数选择

在 DL/T 5216—2017《35kV～220kV 城市地下变电站设计规定》中规定：“地下变电站主变压器的台数和容量应根据地区供电条件、负荷性质、用电容量和运行方式等条件综合考虑确定。变电站的主变压器台（组）数不宜少于 2 台。”变压器容量和台数一般按变电站建成后 5～10 年的规划负荷选择，并适当考虑到远期 10～20 年的负荷发展。对于城市地下变电站设计、变压器容量应与所在地区城市发展规划相结合，以满足城市建设的需要。

（一）变压器容量的确定

根据变电站所带负荷的性质和电网结构来确定变压器的容量。在DL/T 5216—2017《35kV～220kV地下变电站设计规定》中规定："装有2台及以上主变压器的地下变电站，当断开1台主变压器时，其余主变压器考虑过负荷能力，应满足全部负荷用电要求。"这是对地下变电站的特殊要求。一般地，对于重要负荷变电站，考虑当一台变压器停运时，其余变压器容量在计及过负荷能力后的允许时间内，应保证用户的一级和二级负荷；对一般性变电站，当一台变压器停运时，其余变压器容量应能保证全部负荷的70%～80%。

地下变电站单台变压器容量的选择与其他类型变电站并无差异。同级电压等级的单台降压变压器容量的级别不宜太多，应从全地区电网实际出发，推行系列化、标准化的电压等级序列。

在GB/T 1094《电力变压器》中，变压器系列化额定容量（MVA）为：1500、1200、1000、750、500、360、300、240、180、150、120、90、63、50、40、31.5、25、20、16、12.5、10、8、6.3、5、4、3.15、2.5、2、1.6、1。

国内一些企业推行电气设备标准化，如国家电网公司通用设备中的变压器容量（MVA）：1500、1200、1000、750、360、240、180、150、120、100、80、63、50、40、31.5、20、10、6.3、1。

每一地区的变压器系列化选择略有差异，经过多年的生产、建设和运行实践，通常采用本地区较为典型的容量系列，无孰是孰非。譬如，北京地区的变电器容量与上海地区的变电器容量选择习惯就不相同。北京地区的主变压器容量一般为：1200、750、240、180、120、50、31.5、20MVA；上海地区的主变压器容量一般为：1500、1000、300、240、180、150、50、31.5、20MVA。变压器容量选择需要在尊重历史的前提下，不断规范化、系列化，为设备运行创造便利条件。

（二）变压器的过负荷能力

考虑事故情况下的变压器容量时，可利用变压器的短时过负荷能力。不同类别的变压器的过负荷能力是不相同的。

**1.** 油浸式变压器的过负荷能力

（1）正常运行允许的过负荷。

高峰负荷时，油浸式变压器正常允许的过负荷可参见表4-1。

**表4-1　油浸式变压器正常允许过负荷时间**　h

| 过负荷倍数 | 过负荷前上层油温（℃） | | | | | | |
|---|---|---|---|---|---|---|---|
| | 17 | 22 | 28 | 33 | 39 | 44 | 50 |
| | 允许连续运行 | | | | | | |
| 1.05 | 5.50 | 5.25 | 4.50 | 4.00 | 3.00 | 1.30 | |
| 1.10 | 3.50 | 3.25 | 2.50 | 2.10 | 1.25 | 0.10 | |
| 1.15 | 2.50 | 2.25 | 1.50 | 1.20 | 0.35 | | |
| 1.20 | 2.05 | 1.40 | 1.15 | 0.45 | | | |
| 1.25 | 1.35 | 1.15 | 0.50 | 0.25 | | | |
| 1.30 | 1.10 | 0.50 | 0.30 | | | | |
| 1.35 | 0.55 | 0.35 | 0.15 | | | | |
| 1.40 | 0.40 | 0.25 | | | | | |
| 1.45 | 0.25 | 0.10 | | | | | |
| 1.50 | 0.15 | | | | | | |

（2）事故时允许的过负荷。

事故时，油浸式变压器允许的过负荷见表 4-2。

**表 4-2　　油浸式变压器事故允许过负荷**

| 过负荷倍数 | | 1.3 | 1.6 | 1.75 | 2.0 | 2.4 | 3.0 |
|---|---|---|---|---|---|---|---|
| 允许时间（min） | 室内 | 60 | 15 | 8 | 4 | 2 | 50（s） |

**2.** 环氧树脂浇注式变压器的过负荷能力

环氧树脂浇注式变压器的过负荷能力和时间，取决于生产厂家的负荷曲线。一般生产厂家采用风冷却（AF）的方式，应急状态下可将变压器的过载能力提高 50%，但风冷却（AF）的方式下，变压器的负载损耗和阻抗电压会大幅度增加，不推荐风冷却（AF）长时间连续过负荷运行。

**3.** $SF_6$ 气体绝缘变压器的过负荷能力

由于 $SF_6$ 气体的散热能力较差，$SF_6$ 气体绝缘变压器的过负荷能力仅为油浸变压器的 2/3 左右。

（三）变压器台数的确定

地下变电站位于城市负荷密集地区，一般情况下，一级电压等级的变电站装设 2～4 台变压器为宜。

国内和国外对变压器负载率的取值有两种观点，一种观点认为大为好，即高负载率；另一种观点认为小为好，即低负载率。我国《城市电力网规划设计导则》推荐采用高负载率。

持高负载率观点者认为，根据变压器负载能力中的绝缘老化理论，允许变压器短时间过负荷不会影响变压器的使用寿命。一般以油浸式变压器取过负荷倍数为 1.3、持续时间 2h 为例。按照供电“$N-1$”准则，当变电站中一台变压器因故障停运时，剩余变压器承担全部负荷而过负荷运行。如取变压器过负荷倍数为 1.3，假定变压器均分负荷，当变压器台数 $N=2$ 时，变压器正常运行负载率 $T=65\%$；当 $N=3$ 时，则 $T=87\%$。

高负载率的使用可减少电网建设投资，降低变压器损耗（变压器取高负载率时，为保障系统的可靠供电，在变电站的低压侧应有足够容量的联络线，在故障发生后 2h 之内经过操作把变压器过负荷部分通过联络线转移至相邻变电站）。

变压器取低负载率时，不考虑变压器的过负荷能力。若变电站中有一台变压器因故障停运，剩余变压器必须承担全部负荷而不过负荷运行，假定变压器均分负荷，当 $N=2$ 时，$T=50\%$；当$N=3$ 时，$T=67\%$。

对变压器负载率取值的不同看法导致了设计观念和经济评价标准上的差别。各地区可根据实际情况进行选择使用。

## 二、变压器参数选择

变压器重要参数有阻抗、电压调整方式、冷却方式等，对变压器的性能起着重要作用。

（一）变压器阻抗的选择

变压器阻抗实质就是绕组间的漏抗。阻抗的大小主要决定于变压器的结构和采用的材料。当变压器的电压比和结构、型式、材料确定之后，其阻抗大小一般和变压器容量关系不大。

从电力系统稳定和供电电压质量考虑，希望变压器的阻抗越小越好；但阻抗偏小又会使电力系统短路电流增加，高、低压电气设备选择变得困难；另外，阻抗的大小还要考虑变压器并联运行的要求。

一般地，变压器阻抗的选择要考虑如下原则：

第一，各侧阻抗值的选择必须从电力系统稳定、潮流方向、无功分配、继电保护、短路电流、系统内的调压手段和并联运行等方面进行综合考虑，并应以对工程起决定性作用的因素来确定。

第二，对双绕组普通变压器，一般按标准规定值选择。

第三，对三绕组的普通型变压器，其最大阻抗是放在高、中压侧，还是高、低压侧，必须按第一条原则来确定。降压变压器的绕组排列顺序为自铁芯向外依次为低、中、高，所以高、低压侧阻抗最大。

以各电压等级的降压变压器为例。

500kV 三相双绕组变压器阻抗电压一般采用 14%～16%；单相自耦三绕组常规阻抗变压器阻抗电压一般高-中 14%～15%、高-低 46%～48%、中-低 28%～30%；单相自耦三绕组高阻抗变压器阻抗电压一般高-中 18%～20%、高-低 58%～62%、中-低 38%～40%。

330kV 三相双绕组变压器阻抗电压一般采用 14%～15%；三相三绕组变压器阻抗电压一般高-中 24%～26%、高-低 14%～15%、中-低 8%～9%；三相自耦三绕组变压器阻抗电压一般高-中 10%～11%、高-低 26%～28%、中-低 16%～17%。

220kV 三相双绕组变压器阻抗电压一般采用 12%～16%；三相三绕组常规阻抗变压器阻抗电压一般高-中 12%～14%、高-低 22%～24%、中-低 7%～9%；三相三绕组高阻抗变压器阻抗电压一般高-中 14%、高-低 35%～54%、中-低 20%～38%；三相自耦三绕组变压器阻抗电压一般高-中 8%～11%、高-低 28%～34%、中-低 18%～24%。

110kV 双绕组变压器阻抗电压一般 63000kVA 及以下采用 10.5%，63000kVA 以上采用 12%～14%，三绕组变压器阻抗电压一般高-中 10.5%、高-低 17%～18%、中-低 6.5%。

66kV 双绕组变压器阻抗电压一般 6300kVA 及以上容量采用 9%；6300kVA 以下容量采用 8%。

35kV 双绕组油浸式变压器阻抗电压一般 12500kVA 及以上容量采用 8%；6300～10000kVA 容量采用 7.5%；3150～5000kVA 容量采用 7%；2500kVA 及以下容量采用 6.5%。

35kV 双绕组干式变压器阻抗电压一般 8000～10000kVA 容量采用 9%；3150～6300kVA 容量采用 8%；2000～2500kVA 容量采用 7%；1600kVA 及以下容量采用 6%。

10kV 双绕组变压器阻抗电压一般采用 4%～5.5%。

（二）变压器电压调整方式的选择

变压器的电压调整是用分接开关切换变压器的分接头，从而改变变压器变比来实现的。切换方式有两种，一种是不带电切换称为无励磁调压，调整范围通常在±5%以内；另一种是带负载切换，称为有载调压，调整范围可达 20%。

对于 220kV 及以下变压器，宜考虑至少有一级电压的变压器采用有载调压方式。

**1.** 带分接的绕组的选择

分接头一般按以下原则布置：

（1）在高压绕组上而不是在低压绕组上，电压比大时更应如此。

（2）在星形联结绕组上，而不是在三角形联结的绕组上（特殊情况下除外，如变压器 $D_{yn}$联结时，可在 D 绕组上设分接头）。

（3）在网络电压变化最大的绕组上。

**2.** 调压方式的选用原则

一般调压方式的选用原则如下：

（1）无励磁调压变压器一般用于电压波动范围较小，且电压变化较少的场所。

（2）有载调压变压器一般用于电压波动范围较大，且电压变化频繁的变电站。

（3）在满足使用要求的前提下，能用无励磁调压的尽量不采用有载调压。无励磁分接开关应尽量减少分接数目，可根据电压变动范围只设最大、最小和额定分接。

（4）自耦变压器采用公共绕组调压者，应验算第三绕组电压波动不致超出允许值。在调压范围大，第三绕组电压不允许波动范围大时，推荐采用中压侧线端调压。

**3.** 分接开关位置及范围

（1）有载调压变压器。

1）对 500kV 电压等级变压器，采用中压线端调压，其有载调压范围推荐为±8×1.25%。

2）对 330kV 电压等级变压器，采用高压侧串联绕组末端调压或中压线端调压，其有载调压范围推荐为±8×1.25%。

3）对 220kV 电压等级变压器，采用高压侧中性点调压或高压侧串联绕组末端调压（对应自耦变压器），其有载调压范围推荐为±8×1.25%，正、负分接档位可以改变。

4）对 66～110kV 电压等级变压器，采用高压侧中性点调压，其有载调压范围推荐为±8×1.25%，正、负分接档位可以改变。

5）对 35kV 电压等级变压器，其有载调压范围推荐为±3×2.5%，并且在保证分接范围不变的情况下，正、负分接档位可以改变，如（−4～2）×25%。

（2）无励磁调压变压器。

对 500kV 电压等级变压器，采用中压线端调压，调压调整范围为±2×2.5%；对 330kV 电压等级变压器，采用高压中性点调压或高压侧串联绕组末端调压（对应自耦变），调压调整范围为±2×2.5%；对 220kV 电压等级变压器，采用高压中性点调压，调压调整范围为±2×2.5%；其他电压等级变压器，无励磁调压调整范围通常为±5%或±2×2.5%。

## 三、变压器绝缘及冷却方式

（一）变压器绝缘型式

电力变压器绝缘是由变压器绝缘材料组成的绝缘系统，它是变压器正常工作和运行的基本条件，变压器的使用寿命是由绝缘材料的寿命所决定的。变压器从绝缘介质来分，一般有油浸纸绝缘式、环氧树脂浇注式和 $SF_6$ 气体绝缘式等型式。根据变压器的安装位置和消防要求，地下变电站可以选择油浸纸绝缘式、环氧树脂浇注式变压器。特殊情况下，可以选择 $SF_6$ 气体绝缘变压器。

**1.** 油浸纸绝缘式变压器

油浸纸绝缘式变压器是目前技术最成熟应用最广泛的一种绝缘型式，具有良好的导热和绝缘性能，能够适用于各种环境条件。油浸变压器主要的绝缘材料是绝缘油及绝缘纸、绝缘板、绝缘垫、绝缘卷、绝缘绑扎带等固体绝缘材料。

变压器绝缘油具有以下几种主要作用：

（1）绝缘作用。绝缘油能将不同电位的带电部分隔离开来，增加绝缘强度，使其不致形成短路，从而不会击穿放电。变压器油的绝缘强度要比空气的大，空气的介电常数是 1，而变压器油的介电常数是 2.25。由于变压器油能充填在绝缘材料的空隙中，可起到使线圈和铁芯等组件与水和氧隔离的作用，从而避免锈蚀和直接受潮。

（2）散热冷却作用。变压器油的比热大，常用作冷却剂。变压器运行产生的热量使靠近铁芯和绕组的油受热膨胀上升，通过变压器油的上下对流，使热量通过散热器散发出去，从而保证变压器的安全运行。

（3）消弧作用。在变压器的有载调压开关上，触头切换时会产生电弧。由于变压器油导热性能好，且在电弧的高温作用下能分解出大量气体，产生较大压力，从而提高了介质的灭弧性能，使电弧很快熄灭。

（4）信息载体作用。油是变压器的“血液”，变压器内不正常运行状态都可以通过不同的方法检测出来。如油中气体成分异常是反映设备内部潜伏故障的征兆，绝缘老化反映在油中水分、酸值等含量的增加等。

绝缘油是从石油中提炼制取的各种烃、树脂、酸和其他杂质的混合物，其性质不都是稳定的，在温度、电场及光合作用等影响下会不断地氧化。正常情况下绝缘油的氧化过程进行得很缓慢，如果维护得当甚至使用几十年还可保持应有的质量而不老化，但混入油中的金属、杂质、气体等会加速氧化的发展，使油质变坏，颜色变深，透明度浑浊，所含水分、酸价、灰分增加等，使油的性质劣化。对变压器油的性能通常有以下要求：

（1）密度尽量小。一般要求在 20℃密度不大于 895kg/m$^3$，与水的密度保持较大差距。易与水分和杂质分离。

（2）黏度适中。黏度过小安全性降低，黏度过大影响散热。尤其在寒冷地区较低温度下油的黏度不能过大，仍然具有循环对流和传热能力，才能使设备正常运行，或停止运行后再启用时能顺利安全启动。

（3）闪点尽量高。闪点是保证绝缘油在储存和使用过程中安全的一项指标。

(4) 凝固点尽量低。凝固点在一定程度上反映绝缘油的低温性，根据我国气候条件，变压器油按凝点分 10、25、45 三种牌号。

(5) 酸值与水溶性酸碱越低越好。油中所含酸性产物与水溶性酸会使固体纤维质绝缘材料老化和金属产生腐蚀，降低电气设备的绝缘性能，缩短设备使用寿命。

**2.** 环氧树脂浇注变压器

环氧树脂浇注变压器具有良好的电气和机械性能、较高的耐热等级，并且是一种可靠的安全性的环保、节能型产品，能适应多种恶劣环境。目前制造能力和技术水平一般仅限于 35kV 及以下电压等级变压器。环氧树脂是难燃、阻燃、自熄、安全、洁净的固体绝缘材料，同时是经过 40 多年已经验证的具有可靠的绝缘和散热技术的固体绝缘材料。

环氧树脂浇注变压器具有如下特点：

(1) 防火性能好，适用于对防火要求高的场所；

(2) 高、低压绕组全部在真空中浇注环氧树脂并固化，构成高强度刚体结构；线圈内、外表面由玻璃纤维网格布增强，机械强度好，抗短路能力强；

(3) 防潮湿，抗腐蚀能力强，当空气相对湿度为 100%时，仍可长期运行；

(4) 高、低压绕组根据散热要求设置有纵向通风气道，散热效果好；具有较强的过载能力；

(5) 体积小、重量轻；布置方式多种多样，可与其他无油电气设备同室布置。

环氧树脂浇注变压器上可安装温度显示控制器，对变压器绕组的运行温度进行显示和控制，保证变压器正常使用寿命。其测温传感器 PT100 铂电阻插入低压绕组内取得温度信号，经电路处理后在控制板上循环显示各相绕组温度。环氧树脂浇注变压器配置有低噪声轴流风机，由温控器启动后可降低绕组温度，提高负载能力，延长变压器寿命，采用强迫风冷时，额定容量可提高 40%～50%。

**3.** $SF_6$ 气体绝缘变压器

$SF_6$ 气体绝缘变压器（Gas Insulated Transformer，GIT）使用不燃的、防灾性与安全性都很好的 $SF_6$ 气体作为绝缘介质，是一种防灾性能优越且技术成熟的电力变压器。GIT 采用各种耐热性能和绝缘性能好的固体绝缘材料。例如匝间绝缘一般采用对苯二甲酸乙二醇聚酯（PET）或聚苯硫（PPS），近期又使用价格较低的 PEN 类聚酯薄膜，撑条采用聚酯玻璃纤维，垫块采用聚酯树脂。

$SF_6$ 气体绝缘变压器价格昂贵，防火性能最优，安全可靠性高，适用于对消防要求高的特殊场合。目前，$SF_6$ 气体绝缘电力变压器在国外已有 30 多年安全运行的经验，无论制造与维护都已有成熟的技术。特别适用于地下变电站以及人口密集的居民区、场地狭窄的城市变电站使用。

（二）变压器冷却方式

变压器运行时，绕组和铁芯中的损耗所产生的热量必须及时散逸出去，以免过热而造成绝缘损坏。对小容量变压器，外表面积与变压器容积之比相对较大，可以采用自冷方式，通过辐射和自然对流即可将热量散去。由于变压器的损耗与其容积成比例，所以随着变压器容量的增大，其容积和损耗将以铁芯尺寸三次方增加，而外表面积只依尺寸的二次方增加。因此，大容量变压器铁芯及绕组应浸在油中，并采取以下各种冷却措施。

变压器常用的冷却方式有以下几种：

（1）油浸自冷（ONAN）；

（2）油浸风冷（ONAF）；

（3）强迫油循环风冷（OFAF）；

（4）强迫油循环水冷（OFWF）；

（5）强迫导向油循环风冷（ODAF）；

（6）强迫导向油循环水冷（ODWF）。

第一个字母：与绕组接触的内部冷却介质。

O：矿物油或燃点不大于300℃的合成绝缘液体；

K：矿物油或燃点大于300℃的合成绝缘液体；

L：无可测量燃点的绝缘液体；

G：起绝缘和冷却作用的气体。

第二个字母：内部冷却介质的循环机理。

N：经冷却设备在绕组中自然温差流动；

F：经冷却设备强迫循环，在绕组中温差流动；

D：经冷却设备强迫循环，从冷却设备导向进入主绕组。

第三个字母：外部冷却介质。

A：空气；

W：水。

第四个字母：外部冷却介质的循环机理。

N：自然对流；

F：强迫循环（风扇、泵等）。

按变压器选用导则的要求，冷却方式的选择推荐如下[15]：

**1.** *油浸自冷*（ONAN）

通过油在变压器和散热器之间自然循环进行冷却，散热器的布置使油以对流方式循环。

大多数配电变压器和许多电力变压器都采用这种方式。容量较小的变压器，光滑油箱表面就足以将油冷却；中等容量变压器，油箱表面要做成皱纹形以增加散热面，或加装片式或扁管散热器，使油在散热器中循环流动；大容量变压器油箱表面应加设辐射散热器。

适用于31.5MVA及以下、35kV及以下的产品；80MVA及以下、110kV产品；180MVA及以下、220kV产品。

**2.** *油浸风冷*（ONAF）

用鼓风机或小风扇将冷空气吹过散热器，以增强散热效果。这种冷却方式的变压器有两种额定容量。在自然通风下额定容量较小，在鼓风机冷却下额定容量则较大。

适用于12.5～80MVA、35～110kV产品；240MVA及以下、220kV产品；334MVA及以下、500kV单相变压器等。

**3.** 强迫油循环风冷（OFAF）

绕组内的油循环靠对流进行冷却。散热器中的油冷却引起黏度增大，这对冷却系统的效率有不利影响，应在油浸风冷的基础上增加循环泵加以改进。散热器中的油—空气交换得到改进的同时，散热器底部和顶部的温度差大大降低，从而降低了油箱顶部的温度。

选用强油风冷冷却方式时，当油泵与风扇失去供电电源时，变压器不能长时间运行。即使空载也不能长时间运行。因此，应选择两个独立电源供冷却器使用。

适用于240MVA及以上、330kV产品；400MVA及以上、500kV单相变压器等。

**4.** 强迫油循环水冷（OFWF）

在强油强风循环的基础上把空气冷却器换为水冷却器。

强迫油循环水冷适用于水力发电厂的升压变220kV及以上、60MVA及以上产品采用。选用强油水冷方式时，当油泵冷却水失去电源时，不能运行。电源应选择两个独立电源。

**5.** 强迫导向油循环风冷或水冷（ODAF或ODWF）

对大容量变压器，经过绕组的油也需要强迫循环。在强油强风循环的基础上增加一些导向设施迫使油经绕组内部循环。绕组中的油流速增加10倍，实际上使铜和油之间的热转换增加1倍，并降低了铜—油的温度梯度。

强迫油循环冷却将热变压器油用油泵送往外部冷却器，通过吹风冷却或用水冷却，通常多为水冷却。它适用于75MVA及以上、110kV产品；120MVA及以上、220kV产品；330kV级及500kV级产品。

目前，地下变电站安装的220kV变压器容量一般在120MVA以上，总损耗也在600kW以上，地下安装时用风冷系统冷却难度较大，故全地下变电站一般采用水冷却方式。全地下变电站主变压器本体及油水交换器布置于地下厂房内，水冷却器则布置于地面或建筑物屋顶，如图4-1所示。通过这种立体布置的方式，既节省了占地，又利于主变压器通风散热。半地下变电站通常将主变压器布置于地上一层，故一般采用风冷却方式。变压器本体布置于户内，散热器布置于户外。

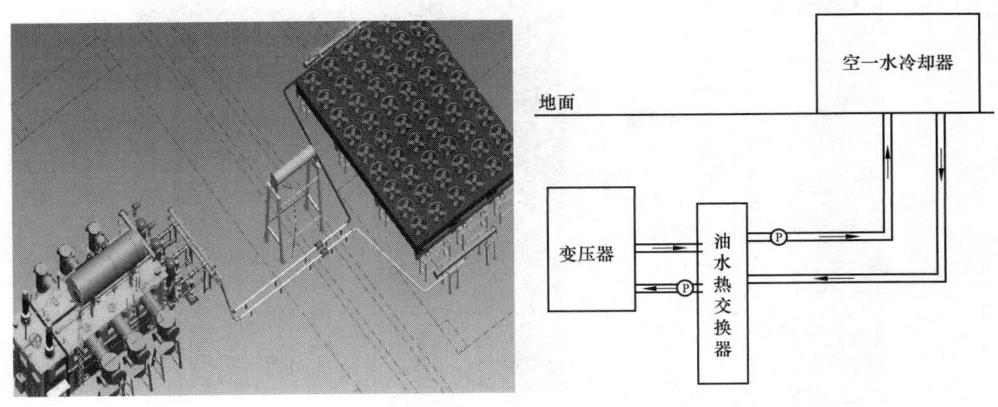


图4-1 全地下变电站主变压器本体及油水交换器布置图

通常110kV变电站安装的变压器最大容量即为63MVA，故一般110kV地下变电站采用风冷或自冷变压器。110kV全地下变电站一般将本体布置于地下厂房内，冷却器分体布置于同一层或接近地面层，亦可采用披挂式与主变压器本体一起布置在地下厂房内。

## 四、$SF_6$ 气体绝缘电力变压器

随着我国城市的大规模建设，城市电网地下变电站和非居建筑结合建设愈来愈多。因此，对防火的要求愈加严格。小型的配电变压器可以做成干式，但制造大型干式变压器仍然困难，在这种情况下，$SF_6$ 气体绝缘电力变压器日益受到人们的关注。

**1.** $SF_6$ 气体绝缘电力变压器在国内外应用情况

据文献[16]记载，第一台 $SF_6$ 气体绝缘的变压器 2000kVA/69kV（Gas Instilated Transformer，GIT）诞生于1956年，由美国GE公司年生产，西屋公司也有同类产品问世。欧洲于20世纪60年代初开始生产，但迄今为止，美国和欧洲的 $SF_6$ 气体绝缘电力变压器的生产和制造还都较少。日本于1967年研制出首台 $SF_6$ 气体绝缘电力变压器，由于日本的特殊国情，如土地狭窄、人口密集、负荷密度高，城市地下变电站大量建设促使 $SF_6$ 气体绝缘电力变压器在日本自20世纪80年代中期得到了迅速发展。到1994年末，日本的 $SF_6$ 气体绝缘电力变压器产量达18000MVA，在世界上形成了“一枝独秀”的局面。

日本的 $SF_6$ 气体绝缘电力变压器以单台容量在30MVA以下，电压为22、33、66、77kV着占绝大多数，而生产110kV及以上电压的 $SF_6$ 气体绝缘电力变压器仅东芝、三菱、日立和富士等4家。目前，$SF_6$ 气体绝缘电力变压器最大为电压等级275kV，变电容量为300MVA。在日本全地下变电站已有采用，如日本东新宿275kV变电站[35]，如图4-2所示。但日本不是所有的地下变电站都采用 $SF_6$ 气体绝缘电力变压器，如东京地区共有13座275kV的地下变电站，仅有2座变电站采用 $SF_6$ 气体绝缘电力变压器。在大阪、名古屋等城市也有类似情况。可见，日本的 $SF_6$ 气体绝缘电力变压器也仅应用在一些特殊场所。

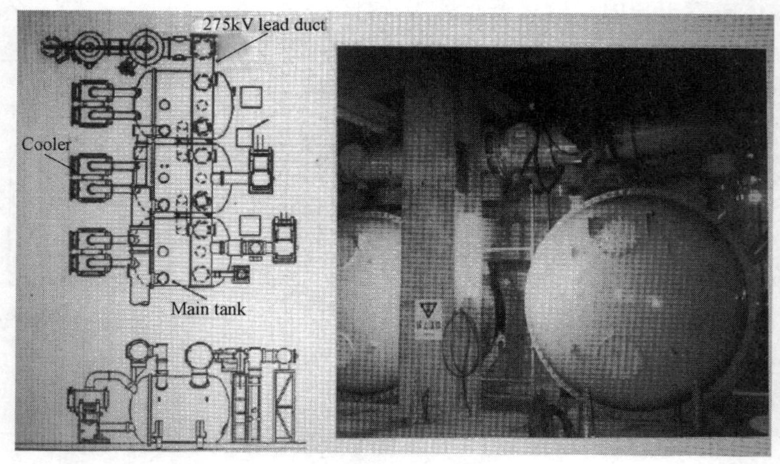


图4-2　275kV $SF_6$ 气体绝缘电力变压器（变电容量为300MVA）

目前，国内110kV电压等级的GIT全部为进口或合资设备，价格高，生产及供货周期较长。国内110kV $SF_6$ 气体绝缘电力变压器（如图4-3所示）在北京和上海的全地

下 110kV 变电站也有一定数量的使用，如北京白家庄、北太平庄以及隆福寺等 110kV 变电站。综上所述，虽然 $SF_6$ 气体绝缘电力变压器设备价格比同容量国产油浸电力变压器价格贵，约为同类型油浸变压器价格的 3～3.5 倍，但其在技术上已比较成熟，考虑到采用气体变压器可节省消防设备购置、占地及运行维护等费用，且有免除火灾危险性保证运行安全的社会效益，$SF_6$ 气体绝缘电力变压器也是一种比较理想的变电设备，在地下变电站中的应用将具有较好的前景。

图 4-3　110kV $SF_6$ 气体绝缘电力变压器

**2.** $SF_6$ 气体绝缘电力变压器的特点

普通的油浸式变压器本体铁芯产生的低频噪声传播较远且难以消除，一旦因故障着火，将对人身财产安全构成严重的威胁。$SF_6$ 气体绝缘变压器以其独有的优势受到了人们的关注。$SF_6$ 气体绝缘变压器充气压力根据电压不同一般为 0.3～0.5MPa。除了用 $SF_6$ 气体代替变压器油以外，$SF_6$ 气体绝缘变压器在结构上与油浸变压器基本相同，只是根据气体的特点配备辅助和保护设施，取消与油有关的辅助和保护设施。

与传统油浸式变压器相比，它有以下特点：

(1) 防火性能最优，安全可靠性高。$SF_6$ 气体属于惰性气体，分子结构非常稳定，是不燃性气体；当变压器内部发生电弧时，内部升高的压力会被 $SF_6$ 气体体积的变化而抵消，防爆性较好。

油浸式电力变压器承受的绝缘温度等级为 A 级，线圈耐受温升为 65℃；$SF_6$ 气体绝缘变压器承受的绝缘温度等级为 E 级或 B 级，线圈耐受温升可达 75℃以上。发生事故时，油浸式变压器油箱内压力上升很快；而 $SF_6$ 气体绝缘变压器箱体的压力上升缓慢，留给操作人员充足的补救时间，可以最大限度减少事故发生以及带来的影响。油浸式变压器与气体绝缘变压器的事故时油箱或气箱内压力上升示意如图 4-4 所示。

气体变气箱按压力容器标准设计制造，采用独立式箱体设计理念，将本体、有载开关、高压电缆箱各自布置在独立的气室内，便于独立监测各个部分的实时运行数据，所有带电部分全部密封在箱体内，灰尘和水分不易渗入。

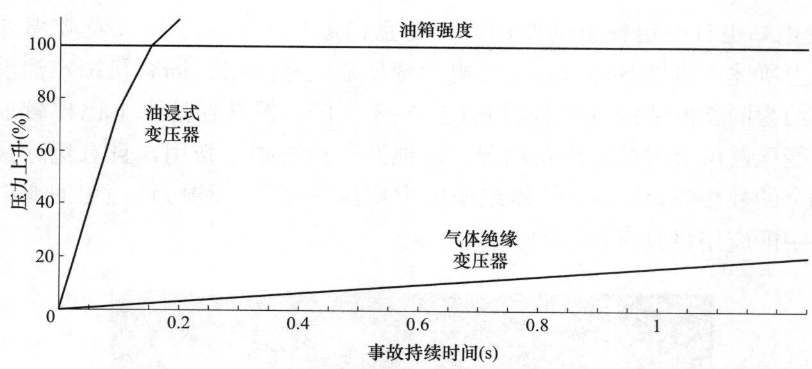


图 4-4　事故时油箱或气箱内压力上升示意图

（2）所需的附属设备和辅助建筑少，节省空间，降低了相关的土建费用。与油浸式变压器相比，$SF_6$ 气体变压器不需要油枕与压力释放阀等附件，以 300MVA/275kV 变压器为例，可以降低变压器高度 2～2.5m，如图 4-5 所示。变电站可取消变压器之间的防火隔墙，可将变压器与 GIS 近距离排列，使变电站设计紧凑化。不需要消防喷淋系统、蓄水池、储油池等消防设施。散热器可装在主变压器本体顶部或远离本体安装，可解决场地限制问题，减少占地面积。

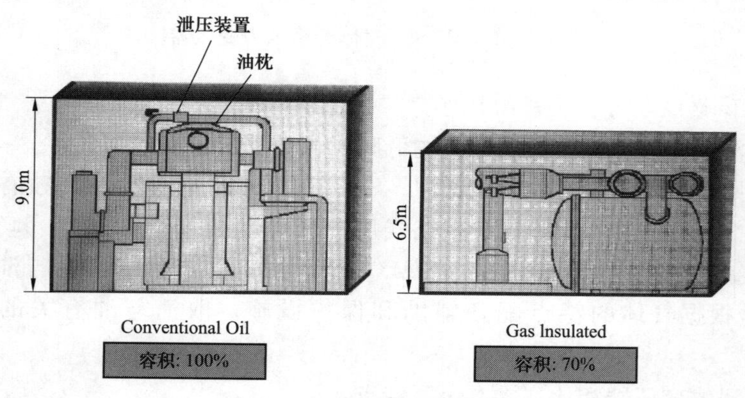


图 4-5　油浸式变压器与 $SF_6$ 气体变压器比较

气体绝缘变压器的引线结构也与常规变压器相同，可以采用套管引出、电缆引出，更可以采用盆式绝缘子引出而与 GIS 管道直接相连，从而大大节约变电站的建设空间。

（3）绝缘性能好，价格高。由于 $SF_6$ 的负电性（即吸附电子的能力），使其具有极好的介电绝缘性能。$SF_6$ 气体绝缘变压器完全密封在箱体里，没有接触端子暴露在空气中，减少了由受潮和灰尘积累引起的事故。气箱中 $SF_6$ 气体不活泼，其惰性与 $N_2$ 相似，干燥的 $SF_6$ 气体最大限度降低了绝缘材料的老化，延长变压器的运行寿命。因此，$SF_6$ 气体绝缘变压器有着很好的绝缘性能。

但 $SF_6$ 气体的绝缘特性受气压大小、电场均匀度、尘埃含量等的影响较大，致使 $SF_6$ 气体绝缘变压器不仅结构复杂，而且对生产的环境条件与加工工艺要求高。再者，

$SF_6$气体的散热冷却能力较变压器油要差，具体来说，在大气压力下，$SF_6$气体的绝缘强度仅相当于绝缘油的2/3，随着压力的增高，它的绝缘强度将不断增大。同时，外壳箱体为压力容器，66～110kV的$SF_6$气体绝缘变压器一般采用的气体压力为0.13～0.14MPa（满载时最大压力可以升至0.18MPa），而275kV级为0.4MPa。因此，所有这些使变压器的原材料成本增加，因而，$SF_6$气体绝缘变压器价格高。

（4）本体噪声低，整体需注重风机选择。$SF_6$气体密度比变压器油密度小，声音通传送比较慢，中间铁芯发出的声音很少能够传到罐体，这样，$SF_6$气体绝缘变压器本体产生的噪声可较油浸式变压器平均降低3dB左右。但是，风机的噪声较大，不能笼统得出$SF_6$气体绝缘变压器噪声较低的结论。在噪声要求严格的区域，只有选择低噪声风机才能从整体上满足要求。

（5）安装方便，且易于维护检修。GIT在出厂时已完整组装，$SF_6$气体已注入其中，使得安装过程简化，同时，由于$SF_6$气体在冷却管中压力下降很小，这样散热器可以水平安装或脱离变压器垂直安装，同样的环境下，$SF_6$气体比油浸式变压器的变压器油消耗慢得多。GIT使用真空有载调压开关，无须带电滤油器，相应减少了储油柜和压力-释放设备，设备外形简洁，对站内平面布置及今后维护运行带来了方便。

（6）过负荷能力低。由于$SF_6$气体的散热能力较差，$SF_6$气体绝缘变压器的过负荷能力仅为油浸变压器的三分之二左右。

在结构上，$SF_6$气体绝缘电力变压器与油浸式变压器的不同点见表4-3。

**表4-3　气体绝缘电力变压器与油浸式变压器的差异**

| 序号 | 油浸式变压器 | 气体绝缘变压器 |
|---|---|---|
| 1 | 矿物油是可燃的 | $SF_6$气体是不可燃的 |
| 2 | 油泄露污染环境 | 气体泄漏不污染环境 |
| 3 | 绝缘的温度等级A级（绕组温度65℃） | 绝缘的温度等级E级（绕组温度75℃） |
| 4 | 冷却器（片式散热器） | 冷却器（片式散热器） |
| 5 | 油位计 | 气体密度开关 |
| 6 | 线圈温度计 | 线圈温度计 |
| 7 | 储油柜 | — |
| 8 | 储油柜胶囊 | — |
| 9 | 吸湿呼吸器 | — |
| 10 | 气体检出继电器 | — |
| 11 | 油温度计 | 气体温度计 |
| 12 | 气体继电器 | — |
| 13 | 突发压力继电器 | 冲击气压继电器 |
| 14 | 压力释放阀 | — |
| 15 | 油有载分接开关 | 真空有载分接开关 |
| 16 | 在线滤油机 | — |

**3. 冷却系统及保护装置**

$SF_6$气体绝缘电力变压器容量在30MVA及以下时采用自冷（GNAN），随着容量的不断增加，可采用强气强风（GFAF）和强气强水（GFWF），在很大容量时采用冷却液体（碳氟化合物 $C_8F_{16}O$）冷却气体[17]。因此，片式散热器、风冷却器、水冷却器都可以作为气体绝缘变压器的外部冷却装置。大型 $SF_6$ 气体绝缘电力变压器冷却系统如图 4-6 所示。

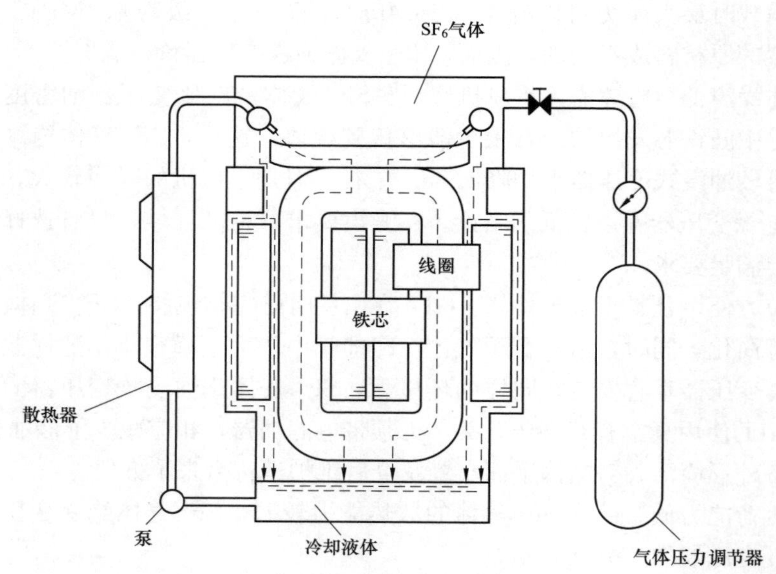


图 4-6　大型 $SF_6$ 气体绝缘电力变压器冷却系统

$SF_6$ 气体的散热性能较差，相应 $SF_6$ 气体绝缘变压器的散热器的尺寸就较大。当采用强气循环方式时，要求采用高可靠性、低噪声、耐腐蚀的专用风机。

$SF_6$ 气体绝缘电力变压器的保护装置具有变压器和 GIS 的特点。测量 $SF_6$ 气体绕组温度的温度计结构与油浸变压器使用的温度计类似。检测 $SF_6$ 气体泄漏的温度补偿压力开关（密度计）与 GIS 使用的密度计一样。

防止内部故障引起的压力突然升高的突发压力继电器：当 $SF_6$ 气体绝缘电力变压器内部发生故障时，由于充入的气体热膨胀和绝缘材料分解，油箱内的压力将突然增加。突发压力继电器是一种快速检测这种不正常的压力升高，把变压器与电力系统断开或发出警报的一种保护继电器。例如，在压力增加为 1kPa/s 时，开关在 0.2～0.37s 之间接通。

$SF_6$ 气体不含氧气，如发生泄漏会有窒息作用，在高温作用下会分解一些低氟化合物，这些分解物会进一步反应组合成其他有毒物质。变压器室内需采取有效通风措施，将 $SF_6$ 气体浓度限制在 1000$\mu$g/L 之内，且应安装 $SF_6$ 泄漏仪和氧气含量监测装置。

**4.** 环境保护对 $SF_6$ 气体绝缘电力变压器的发展带来的影响

1900 年，法国化学家 H. Moissan 和 P. Lebeau 在实验室中将硫在氟气中燃烧以制备 $SF_6$ 气体，因 $SF_6$ 气体的化学稳定性，优异的绝缘和灭弧性能，1940 年开始作为绝缘介质，迄今已被广泛地应用在电力设备中，如高压断路器、变压器、互感器、电容器、避雷器等。但是，$SF_6$ 是化学上稳定的一种气体，是一种无色、无嗅、基本无毒、不可燃的卤素化合物，在空气中不燃烧，不助燃，与水、强碱、氨、盐酸、硫酸等不反应；在大气中的寿命约为 3200 年。特别是 $SF_6$ 具有很强的吸收红外辐射的能力，也就是说，$SF_6$ 是一种有很强温室效应的气体。

近百年来，地球气候正经历一次以全球变暖为主要特征的显著变化。这种全球性的气候变暖是由自然的气候波动和人类活动所增强的温室效应共同引起的。减少温室气体排放、减缓气候变化是《联合国气候变化公约》和《京都议定书》的主要目标，而我国在减少温室气体排放方面所面临的国际压力越来越大。

温室效应是指大气中的 $CO_2$ 等气体能透过太阳短波辐射，使地球表面升温。同时阻挡地球表面向宇宙空间发射长波辐射，从而使大气增温。由于 $CO_2$ 等气体的这一作用与“温室”的作用类似，故称之为“温室效应”，$CO_2$ 等气体被称为“温室气体”。目前，发现人类活动排放的温室气体有六种，它们是 $CO_2$、$CH_4$、NO、氢氟碳合物、$CF_4$、$SF_6$，其中 $CO_2$ 对温室效应影响最大，占 60%，而 $SF_6$ 气体的影响仅占 0.1%，但 $SF_6$ 气体分子对温室效应具有潜在的危害，这是因为 $SF_6$ 气体一个分子对温室效应的影响为 $CO_2$ 分子的 23900 倍，同时，排放在大气中的 $SF_6$ 气体寿命特长，约 3200 年。现今，每年排放到大气中的 $CO_2$ 气体约 210 亿 t，而每年排放到大气中的 $SF_6$ 气体相当于 1.25 亿 t $CO_2$ 气体。

现在全球每年生产的大约 8500t $SF_6$ 气体中，约有一半以上用于电力工业。因此，随着 $SF_6$ 气体使用量的增加，合理、正确的使用和管理 $SF_6$ 气体，减少排放量已到了非整治不可的地步。保护好我们赖以生存的环境及人身安全等问题被提到了重要的议事日程上来。一是减少 $SF_6$ 气体在制造过程中由于充气、排气、试验往大气中的排放量，产品在安装及现场调试时的排放量，以及运行时设备检修的排放量等，并通过专用回收装置加以回收，提高气体的回收率，并经处理后得以再利用。二是研究 $SF_6$ 气体的代用气体。但迄今为止尚未取得突破性成果，还未找到比 $SF_6$ 气体的综合性能更好的单独气体和混合气体。

随着人们环境保护意识的增强，基于上述不确定性，在今后相当长一段时期，少用和不用 $SF_6$ 气体的电器设备才是电力制造行业的发展方向。因此，今后应当更加慎重地采用 $SF_6$ 气体绝缘电力变压器。

## 第二节 高压配电装置

高压配电装置是接受和分配电能的电气设备，包括开关设备、监察测量仪表、保护电器、连接母线及其他辅助设备。地下变电站 66kV 及以上高压配电装置应选用气体绝缘金属封闭组合电器，35kV 及以下高压配电装置一般选用空气绝缘或气体绝缘成套高压开关柜。

### 一、66～500kV 配电装置

地下变电站一般位于建设场地受限制地区、环境较差地区（如沿海、工业污秽区等）。为减少占地和建筑体量应采用小型化设备和紧凑型布置。

地下变电站 66～500kV 配电装置应选用 $SF_6$ 气体绝缘金属封闭组合电器（简称 GIS）。GIS 是将母线、断路器、隔离开关、电流互感器、电压互感器、避雷器等电气设备，密封于充有 $SF_6$ 绝缘气体的金属外壳的不同气室内，构成的紧凑型电气装置。GIS 自 1965 年商业化运行以来，由于具有体积小、占地面积少、不受外界环境影响、运行安全可靠、维护简单和检修周期长等优点，深受电力行业和用户的欢迎，经过五十多年，GIS 得到了很大发展。GIS 断面示意如图 4-7 所示。

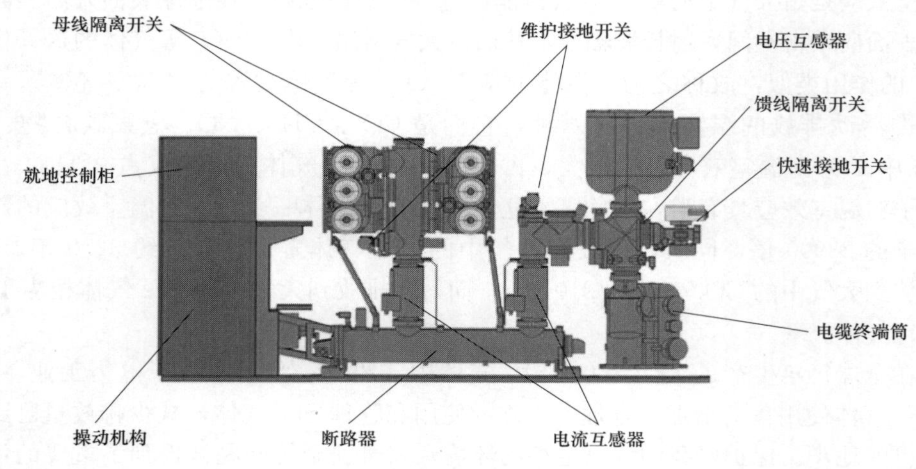


图 4-7　GIS 断面示意图

配电装置各回路的相序排列一般按顺电流方向从左到右、从远到近、从上到下顺序，相序为 A、B、C。A、B、C 相色标志应为黄、绿、红三色。

近年来，高压 GIS 配电装置在设备小型化方面做了大量的工作，在电网建设的实际工程中得到广泛应用。例如，220kV GIS 小型化设备一般间隔宽度 1.5～2m，其间隔高度约为 3.4～4.3m、间隔长度约为 4.5～6m。110kV GIS 小型化设备指间隔宽度 0.8～1m，其间隔高度约为 3～3.5m、间隔长度约为 4～5m。

**1.** GIS 配电装置

GIS 配电装置应按照额定电压、额定电流、频率、绝缘水平、热稳定电流、开断电流、动稳定电流、短路持续时间、机械荷载、机械和电气寿命、分合闸时间等进行选择，并按照环境温度、相对湿度、海拔高度、地震烈度等环境条件进行校验。

(1) 额定电压。

GIS 的额定电压选取电气设备的最高电压。按照 GB 156—2007《标准电压》规定，GIS 的额定电压为：72.5kV，126kV，252kV，550kV。GIS 中的元件可按照有关标准具有各自的额定电压值。

(2) 额定绝缘水平。

按照 GB/T 11022—2011《高压开关设备和控制设备标准的共用技术要求》中表 1 选取 GIS 的额定绝缘水平 [（一）、（二）]，详见表 4-4 和 4-5。

表 4-4 **GIS 的额定绝缘水平（一）**

| 额定电压（kV） | 额定雷电冲击耐受电压（kV） | | 额定短时工频耐受电压（kV） | |
|---|---|---|---|---|
| | 相对地、相间 | 隔离断口 | 相对地、相间 | 隔离断口 |
| 72.5 | 325 | 384 | 140 | 182 |
| | 380 | 439 | 160 | 202 |
| 126 | 450 | 553 | 185 | 258 |
| | 550 | 653 | 230 | 303 |
| 252 | 950 | 1156 | 395 | 541 |
| | 1050 | 1256 | 460 | 606 |

表 4-5 **GIS 的额定绝缘水平（二）**

| 额定电压（kV） | 额定雷电冲击耐受电压（kV） | | 额定操作冲击耐受电压（kV） | | | 额定短时工频耐受电压（kV） | |
|---|---|---|---|---|---|---|---|
| | 相对地、相间 | 开关、隔离断口 | 相对地、开关断口 | 相间 | 隔离断口 | 相对地、相间 | 开关、隔离断口 |
| 550 | 1550 | 1865 | 1175 | 1760 | 1500 | 680 | 998 |
| | 1675 | 1990 | 1300 | 1950 | 1625 | 740 | 1058 |

按照 DL/T 593—2016《高压开关设备和控制设备标准的共用技术要求》中表 1 选取。GIS 的额定绝缘水平［（三）、（四）］见表 4-6 和 4-7。

表 4-6 **GIS 的额定绝缘水平（三）**

| 额定电压（kV） | 额定雷电冲击耐受电压（kV） | | 额定短时工频耐受电压（kV） | |
|---|---|---|---|---|
| | 相对地、相间 | 隔离断口 | 相对地、相间 | 隔离断口 |
| 72.5 | 325 | 385 | 140 | 180 |
| | 350 | 410 | 160 | 200 |
| 126 | 450 | 520/550 | 185 | 235/255 |
| | 550 | 620/650 | 230 | 280/300 |
| 252 | 950 | 1090/1150 | 395 | 495/540 |
| | 1050 | 1190/1250 | 460 | 560/605 |

表 4-7 **GIS 的额定绝缘水平（四）**

| 额定电压（kV） | 额定雷电冲击耐受电压（kV） | | 额定操作冲击耐受电压（kV） | | | 额定短时工频耐受电压（kV） | |
|---|---|---|---|---|---|---|---|
| | 相对地、相间 | 开关、隔离断口 | 相对地、开关断口 | 相间 | 隔离断口 | 相对地、相间 | 开关、隔离断口 |
| 550 | 1550 | 2000 | 1175 | 1760 | 1500 | 680 | 995 |
| | 1675 | 2125 | 1300 | 1950 | 1625 | 740 | 1055 |

电力行业标准和国家标准规定的 GIS 额定绝缘水平稍有不同。

雷电冲击耐受电压、短时工频耐受电压值应该在同一水平标志线的行中选取。

各种额定电压都有几个额定绝缘水平，以便用于性能指标或过电压特性不同的系统。选取额定绝缘水平时，应考虑开关设备受快波前和缓波前过电压作用的程度、过电压限制装置的型式。

(3) 额定电流。

GIS 的额定电流是在规定的使用和性能条件下能够持续通过的电流的有效值。额定电流应从 GB/T 762—2002《标准电流等级》中规定的 R10 系列中选取。

GIS 额定电流应优先从以下数值中选取：1250、1600、2000、2500、3150、4000A。

GIS 中的主回路，例如母线、支线等，可以具有不同的额定电流值。

(4) 额定短时耐受（热稳定）电流。

额定短时耐受（热稳定）电流是指：在规定的使用和性能条件下，以及在规定的短时间内，GIS 设备在合闸位置能够承载电流的有效值。按照 GB/T 11022—2011《高压开关设备和控制设备标准的共用技术要求》中的 4.6 选择适用值。额定短时耐受电流应优先从下列数据中选取：25，31.5，40，50kA。

(5) 额定短路持续时间。

额定短路持续时间是指 GIS 设备在合闸位置能够承载额定短时耐受电流的时间间隔。按照 DL/T 617—2010《气体绝缘金属封闭开关设备技术条件》中的 5.8 选择适用值。

额定短时耐受电流持续时间额定值：72.5kV，4s；126kV 和 252kV，3s。

(6) 额定峰值耐受（动稳定）电流。

额定峰值耐受（动稳定）电流是指在规定的使用和性能条件下，GIS 设备在合闸状态下能够承载的额定短时耐受电流的第一个大半波的电流峰值。按照 GB/T 11022—2011《高压开关设备和控制设备标准的共用技术要求》中的 4.7 选择适用值。额定峰值耐受电流应按照系统特性所决定的直流时间常数来确定，大多数系统的直流时间常数为 45ms，额定频率 50Hz 及以下时所对应的峰值耐受电流为 2.5 倍额定短时耐受电流。

(7) 温升。

按 DL/T 593—2016《高压开关设备和控制设备标准的共用技术要求》中的 4.4.2 选择适用值。GIS 各组成元件的温升不得超过元件相应标准规定的允许温升。

对于运行人员易接触的外壳，其温升不应超过 30K；对于运行人员易接近，但正常操作时不需要接触的外壳，其温升不超过 40K；对于运行人员不接触的部位，允许温升可提高到 65K，但应保证周围绝缘材料和密封等材料不致损坏，并需作出明显的高温标记。

(8) GIS 各组成元件额定值。

1) 断路器。

a. 断路器时间参量与额定操作顺序：为：O-0.3s-CO-180s-CO。

开断时间，关合时间，合分时间和分、合闸时间上下限由制造厂家提供。合分时间也可由用户提出。

分闸不同期性：同相断口间小于 2ms；相间小于 3ms。

合闸不同期性：同相断口间小于 3ms；相间小于 5ms。

b. 开断能力参数：按照 DL/T 402—2016《交流高压断路器》中的 4.101 要求执行。

额定短路开断电流（包括衰减时间常数、直流分量百分数、首开极系数和瞬态恢复电压特性）应大于变电站相应电压等级远期短路电流水平；DL/T 402—2016 中的 4.101

和 4.102 选择适用值。

额定短路关合电流，DL/T 402—2016 中的 4.103 选择适用值。

近区故障开断额定参数（包括 90%、75%和 60%），按照 DL/T 402—2016 中的 4.105 选择。

额定线路（电缆）充电开断电流（应无重燃），按照 DL/T 402—2016 中的 4.107 选择。

额定失步开断电流，按照 DL/T 402—2016 中的 4.106 选择。

断路器电寿命的分级：E1 级、E2 级，按照 DL/T 402—2016 中的 4.111 选择。

c. 机械稳定性次数：2000、5000、10000 次。

d. 主回路电阻值：由制造厂提供。

e. 无线电干扰电压：小于 500μV。

f. 噪声水平：在 GIS 断路器及其操动机构最近部位 2m，高 1.2m 处噪声：不大于 90dB。

g. 操动机构：型式分为液压、弹簧等。制造厂应提供正常、最高、最低工作压力及 24h 油泵最大启动次数（一般不超过 2 次）和不启动油泵情况下的允许操作次数。要求压力降低到自动重合闸闭锁压力前，还能连续进行 2 次 CO 或 O-0.3s-CO 操作顺序。分、合闸线圈应包括工作电压、频率、直流电阻值和稳态电流。分闸线圈应为 2 只。

2）隔离开关。

a. 时间参数：分、合闸时间和分、合闸速度由制造厂提供。

b. 开断性能。

开断母线转移电流能力：见 DL/T 486—2010《高压交流隔开开关和接地开关》附录 B。

开断容性感性电流能力：由使用部门提出要求。当断路器分闸时，隔离开关操作，不应因断路器断口间电容而产生危机变压器端部绝缘的特高频过电压。

c. 机械稳定性次数：2000、5000、10000 次。

d. 操动机构：型式一般为电动，分相操作或三相操作，制造厂应提供辅助触点数目等。

3）快速接地开关。

a. 时间和速度参数：制造厂应给定分、合闸时间和分、合闸速度的上下限。

b. 开断和关合能力：额定关合短路电流应与断路器一致，关合次数为 2 次。

开合静电感应电流和电磁感应电流能力：见 DL/T 486—2010《高压交流隔开开关和接地开关》附录 C。

c. 机械稳定性次数：2000、5000、10000 次。

d. 操动机构：型式分为电动弹簧或其他。

4）检修接地开关。

a. 检修接地开关应与隔离开关的动热稳定电流相等。

b. 机械稳定性次数：2000、5000、10000 次。

c. 操动机构：型式分为电动弹簧或其他。

5）电流互感器。

按照 GB 1208—2006《电流互感器》要求进行选择。

a. 额定二次电流：1A。

b. 额定输出容量：分计量级、测量级、保护级型绕组，其容量和绕组数量由二次专业提出要求。

c. 标准准确级：计量级一般为 0.2s 级，测量级一般为 0.2 级，仪表保安系数小于 5。保护用绕组短路电流倍数 $K$ssc，由用户提出要求。短路电流倍数应尽量满足系统额定短路开断电流值。

6）电压互感器。

按照 GB 1207—2006《电压互感器》要求进行选择。

a. 额定一次电压：一般为额定系统电压的 $1/\sqrt{3}$倍。

b. 额定二次电压：一般为 $100/\sqrt{3}$V（计量、测量、保护级）；当辅助绕组△接线时为 100V。

c. 额定输出容量：应分别给出计量用绕组、测量用绕组、保护用绕组和辅助绕组的额定输出容量，具体数值按 GB 1207—2006 中的 6.2 选取。

d. 准确级：测量级一般为 0.2、0.5 级，其他为 3P 级。

e. 当三相一次绕组施加三相平衡电压时，辅助绕组开口三角的剩余电压不得大于 1V。

f. 额定过电压倍数（额定电压因数）：1.2pu 连续；1.5pu 允许 30s。

g. 局部放电：在 1.1pu 下不大于 10pC。

7）避雷器。

按照 GB 11032—2010《交流无间隙金属氧化物避雷器》要求进行选择。

a. 额定电压、持续运行电压：从 GB 11032—2010 中的表 J.3 中选取。

b. 标称放电电流：标准 8/20μs 标称放电电流为 10kA、5kA。

c. 冲击残压：用户应给出标称放电电流下陡波冲击残压（1/5μs）和雷电冲击残压（8/20μs）。

d. 冲击通流容量：25～100kA，4/10μs 应能冲击 2 次。

e. 直流 1mA 参考电压。

f. 金属氧化物元件最小总能量吸收能力（kJ/kV）。

g. 压力释放能力最小值为在系统额定短路开断电流 0.2s。

**2.** 隔离开关和接地开关配置

为保证变压器和断路器的检修安全，66kV 及以上配电装置，断路器两侧的隔离开关靠断路器侧，线路隔离开关靠线路侧，变压器进线隔离开关的变压器侧，应配置接地开关，以保证设备和线路检修时的人身安全。

对于气体绝缘金属封闭组合电器（GIS）配电装置，接地开关的配置应满足运行检修的要求。与 GIS 配电装置连接并需要单独检修的电气设备、母线和出线，均应配置接地开关。在 GIS 配电装置中有两种接地开关，一种是仅作安全检修用的检修接地开关；另一种是快速接地开关，相当于接地短路器，它将通过断路器的额定关合电流和电磁感应、静电感应电流。线路侧的接地开关与出线相连接，尤其是同杆架设的架空线路，其电磁感应和静电感应电流较大，装于该处的接地开关必须具备关合上述电流的能力。110kV 和 220kV GIS 配电装置母线避雷器和电压互感器可不装设隔离开关。

一般情况下，如不能预先确定回路不带电，出线侧宜装设快速接地开关，快速接地开关应具备关合动稳定电流的能力；如能预先确定回路不带电，应设置检修接地开关。一般出线回路的线路侧接地开关和母线接地开关应采用具有关合动稳定电流能力的快速接地开关。虽然线路侧接地开关采用具有关合短路电流能力的快速接地开关，但其误合后对设备必将造成一定的损坏。由于接地开关是组合在 GIS 内部，检修比较复杂，因此为避免其误合操作，建议线路侧接地开关装设带电显示器和闭锁装置。

**3.** 避雷器配置

GIS 配电装置的进出线主要有三种方式：架空进出线、电缆段进出线、电缆进出线。对于地下变电站，GIS 一般采用全电缆进出线，GIS 母线是否装设避雷器，可按照 GB/T 50064—2014《交流电气装置的过电压保护和绝缘配合设计规范》要求或经雷电侵入波过电压计算确定。

**4.** GIS 感应电压

考虑到 GIS 设备的母线和外壳是一对同轴的两个电极，当母线通过电流时，在外壳感应电压，GIS 本体的支架、管道、电缆外皮与外壳连接后，也有感应电压。GIS 配电装置感应电压不应危及人身和设备安全。外壳和支架上的感应电压，正常运行条件下不应大于 24V，故障条件下不应大于 100V。

**5.** GIS 接地线

GIS 设备的母线布置有两种方式，一种为三相共箱式，另一种为分相式。GIS 设备的接地方式按照三相共箱式和分相式区分，三相共箱式采用多点接地方式，分相式采用多点接地或一点接地方式。

三相共箱式采用多点接地方式是有利的，在这种情况下，由于外部漏磁场很小，即使壳体采用多点接地，壳体上流过的电流也很小，所以无需考虑温升问题。另一方面，分相式在分别考虑各自利弊后，采用多点接地或一点接地方式。从减少外部漏磁场和降低感应电压方面考虑，仍希望采用多点接地方式。

由于分相式母线的 GIS 设备，三相母线分别装于不同的母线筒内，在正常运行时，外壳有感应电流，感应电流的大小取决于外壳材料。感应电流会引起外壳及金属支架发热，使设备额定容量降低，二次回路受到干扰。

为防止 GIS 外壳感应电流通过设备支架、运行平台、扶手和金属管道，GIS 配电装置宜采用多点接地方式。由于分相式母线的三相感应电流相位相差 120°，在接地前用一块金属板，将三相母线管的外壳连接在一起然后接地，通过接地线的接地电流只是三相不平衡电流，数值较小。当选用分相设备时，应设置外壳三相短接线，并在短接线上引出接地线通过接地母线接地。外壳的三相短接线的截面应能长期承受通过的最大感应电流，并应按短路电流校验。

接地线必须直接与主接地网连接，不允许元件的接地线串联之后接地。在 GIS 配电装置内，应设置一条贯穿所有GIS间隔的接地母线或环形接地母线。将GIS配电装置的接地线引至接地母线，由接地母线再与接地网连接。当设备为铝外壳时，其短接线宜采用铝排；当设备为钢外壳时，其短接线宜采用铜排。

**6.** GIS气室分隔

GIS配电装置的每一个回路，并不是运行在一个气体系统中，一般分为多个独立的气体系统，用盆式绝缘子隔开，称为气隔。气隔有以下三个优势：一是防止扩大故障，减少停电范围；二是把使用不同压力的各个元件隔开；三是便于进行$SF_6$气体的回收处理。

每个间隔应分为若干个隔室，隔室的分隔应满足正常运行条件和间隔元件设备检修要求。气体隔室划分方法既要满足正常运行条件，又要使隔室内部的电弧效应得到限制。GIS在结构布置上应使内部故障电弧对其继续工作能力的影响降至最小。电弧效应限制在启弧的隔室或故障段的另一些隔室之内，将故障隔室或故障段隔离后，余下的设备应具有继续正常运行的能力。

GIS隔室的设置应考虑当间隔元件设备检修时，也不影响未检修间隔设备的正常运行。不同压力的设备或需拆除后进行试验测试的设备、可退出后仍能运行的设备等应设置单独隔室；应将内部故障限制在故障隔室内；应考虑气体回收装置的容量和分期安装及扩建的方便。与GIS配电装置外部连接的设备应设置单独隔室。

气体系统的压力，除断路器外，其余部分宜采用相同气压。长母线应分成几个隔室，以利于维修和气体收集。

若GIS设备将分期建设时，宜在将来的扩建接口装设隔离开关或隔离气室，以便将来不停电扩建。

**7.** GIS外壳

GIS设备外壳设计时，应考虑以下因素：第一，外壳充气以前需要抽真空；第二，全部压力差可能施加在外壳壁或隔板上；第三，在相邻隔室运行压力不同的情况下，因隔室间意外漏气所造成的压力升高；第四，发生内部故障的可能性。

按照DL/T 728—2013《气体绝缘金属封闭开关设备订货技术导则》中规定，每个气室应设防爆装置，但满足如下条件之一也可以不设防爆装置。

(1) 气室分隔容积足够大，在内部故障电弧发生的允许时间内，压力升高为外壳承受所允许，而不会发生爆裂。

(2) 制造厂与用户达成协议。

GIS设备应设置防止外壳破坏的保护措施，制造厂应提供所用保护措施的相关资料。

GIS设备外壳要求高度密封性，每个隔室的相对年泄漏率应不大于0.5%。

**8.** 智能化配置

GIS设备可由其开关设备本体、传感器及智能组件实现智能化配置，传感器与开关设备本体进行一体化设计，开关智能组件具备测量、控制、监测等功能，包括智能终端、合并单元、监测主智能电子装置（Intelligent Electronic Device，IED）（含测量功能）及状态监测IED等装置。

上述各类装置及IED由智能控制柜（汇控柜）集中组屏安装在开关设备本体附

近。220kV 及以上 GIS 设备应配置主 IED、预留超高频传感器及测试接口；可选择配置 $SF_6$ 气体压力和湿度监测、分合闸线圈电流监测、避雷器泄漏电流及放电次数监测。

## 二、10～35kV 配电装置

目前 35kV 及以下电压等级开关柜技术成熟、可靠性高、外形较小、安装方便。

10～35kV 成套开关柜按照电器元件安装方式分为固定式、手车式、中置式；按照柜内绝缘类型有可分为空气绝缘、气体绝缘和固体绝缘等类型。空气绝缘固定式成套开关柜属于早期产品。随着断路器技术快速发展，断路器已由早期的少油断路器，发展为真空断路器、$SF_6$ 气体断路器等多种断路器型式，同时也带来了开关柜内部结构的变革，逐步发展为落地式手车和中置式手车式开关柜。近些年随着工程建设对小型化、免维护开关柜需求，又涌现出气体绝缘和固体绝缘成套开关柜。

常用的小型化空气绝缘开关柜，一般采用空气、绝缘板和热缩套包裹导体，或采用空气、绝缘板和复合绝缘或固体绝缘封装等技术组成的复合绝缘作为绝缘介质，带电体与绝缘板之间的最小空气间隙应满足下列要求：12kV 开关柜应不小于 30mm；24kV 开关柜应不小于 45mm；40.5kV 开关柜应不小于 60mm。

采用空气和绝缘板组成的复合绝缘作为绝缘介质的开关柜一般外形尺寸如下：

12kV 开关柜：宽 650mm、深 1500mm、高 2260mm；

24kV 开关柜：宽 1000mm、深 1800mm、高 2400mm；

40.5kV 开关柜：宽 1200mm、深 2800mm、高 2600mm。

目前国内电网大部分运行管理部门都明确要求，空气绝缘开关柜内部严禁使用绝缘护套和绝缘隔板等复合绝缘介质作为减小电气绝缘距离的技术措施，要求空气绝缘净距离分别为：

12kV 开关柜：≥125mm；

24kV 开关柜：≥180mm；

40.5kV 开关柜：≥300mm。

在国内电网大部分工程中，小型化空气绝缘开关柜已被限制使用。小型化开关柜趋向于采用气体绝缘或固体绝缘结构。

35kV 气体绝缘开关柜可以大大减少 35kV 配电装置室的面积。空气绝缘开关柜单个间隔尺寸为 1.2m×2.565m，气体绝缘开关柜单个间隔尺寸为 0.6m×1.7m，采用气体绝缘开关柜配电装置室面积约为采用空气绝缘开关柜的 1/3，同时相应电缆层的面积也减少，节约占地面积、减少建筑成本的效果极为明显。采用气体绝缘开关柜后配电装置室面积小，布置安排也比较方便。

**1.** 高压开关柜

高压开关柜应按额定电压、额定电流、频率、绝缘水平、温升、开断电流、短路关合电流、动稳定电流、热稳定电流和持续时间、系统接地方式、防护等级等进行选择，并按照环境温度、日温差、相对湿度、海拔高度、地震烈度等环境条件进行校验。

（1）额定电压。

按照 DL/T 593—2006《高压开关设备和控制设备标准的共用技术要求》中 4.1 和 4.11 的规定进行选择。额定电压标准值分别为：7.2、12、24、40.5kV。

对于金属封闭开关设备和控制设备的各组成元件，可按其有关标准具有各自的额定电压值。

（2）额定绝缘水平。

按照 DL/T 593—2006《高压开关设备和控制设备标准的共用技术要求》中 4.2 的规定进行选择。高压开关柜的额定绝缘水平见表 4-8。

**表 4-8　高压开关柜的额定绝缘水平**

| 额定电压（kV） | 额定雷电冲击耐受电压（kV） | | 额定短时工频耐受电压（kV） | |
|---|---|---|---|---|
| | 相对地、相间 | 隔离断口 | 相对地、相间 | 隔离断口 |
| 7.2 | 60 | 70 | 30 | 34 |
| 12 | 75 | 85 | 42 | 48 |
| 24 | 125 | 145 | 65 | 79 |
| 40.5 | 185 | 215 | 95 | 118 |

（3）额定电流。

额定电流应从 GB/T 762—2002《标准电流等级》中规定的 R10 系列中选取。

高压开关柜额定电流应优先从以下数值中选取：1250、1600、2000、2500、3150、4000A；工程选定数值应大于回路最大工作电流。

高压开关柜和控制设备的某些主回路（如母线、配电线路）的额定电流可以具有不同的额定电流值。

（4）额定短路开断电流。

额定短路开断电流由下列数值中选定：20、25、31.5、40、50、63kA；工程选定数值应大于变电站相应电压等级远期短路电流水平。

（5）额定峰值耐受电流和额定短路关合电流。

额定峰值耐受电流和额定短路关合电流按 DL/T 402《交流高压断路器订货技术条件》的规定执行。

（6）额定短时耐受电流及其持续时间。

额定短时耐受电流及其持续时间按 DL/T 402《交流高压断路器订货技术条件》的规定执行。

（7）额定操作顺序。

额定操作顺序为 O-0.3s-CO-180s-CO。

（8）额定短路开断电流的开断次数。

额定短路开断电流为 25～31.5kA 时，其开断次数由下列数值中选取：20、30、50、75、100 次。

额定短路开断电流为 40～63kA 时，其开断次数由下列数值中选取：8、12、16、20 次。

（9）连续机械操作试验次数。

连续机械操作试验次数由下列数值中选取：6000、10000、20000、30000、40000 次。

（10）合闸与分闸装置的额定操作电压。

合闸与分闸装置的额定操作电压按 DL/T 402《交流高压断路器订货技术条件》的规定执行。

（11）开断电容器组的额定值。

1）额定单个电容器组开断电流：开断单个电容器组的额定电流与电容器组额定电流、开断一相电容器组击穿时的容性故障电流（电容器组为 Y 接线时）的配合见表 4-9。

**表 4-9　额定单个电容器组开断电流的配合**

| 序号 | 试验项目 | 电流（A） | | | | | |
|---|---|---|---|---|---|---|---|
| 1 | 额定单个电容器组的开断电流 | 200 | 400 | 630 | 800 | 1000 | 1250 |
| 2 | 电容器组的额定电流 | 133 | 267 | 425<br>（460） | 530<br>（590） | 636<br>（740） | 818<br>（925） |
| 3 | 开断一相电容器组击穿时的容性故障电流 | 400 | 800 | 1280<br>（1380） | 1600<br>（1770） | 1900<br>（2200） | 2450<br>（2780） |

**注**　括号内数值为配合值上限。序号 1 为序号 2 的 1.5 倍；序号 3 为序号 2 的 3 倍。

2）额定多组电容器并联时开断电流（额定背靠背电容器组电流）：200、400、630、800、1000、1250A。

（12）额定参数配合。

额定电流与额定短路开断电流的优先配合见表 4-10。

**表 4-10　额定电流与额定短路开断电流的优先配合**

| 额定短路开断电流（kA） | 额定电流（A） | | | | | | | | |
|---|---|---|---|---|---|---|---|---|---|
| 20 | 630 | 1000 | 1250 | — | — | — | — | — | — |
| 25 | — | 1000 | 1250 | 1600 | 2000 | — | — | — | — |
| 31.5 | — | — | 1250 | 1600 | 2000 | 2500 | 3150 | — | — |
| 40 | — | — | 1250 | 1600 | 2000 | 2500 | 3150 | 4000 | — |
| 50 | — | — | 1250 | 1600 | 2000 | 2500 | 3150 | 4000 | — |
| 63 | — | — | 1250 | 1600 | 2000 | 2500 | 3150 | 4000 | 5000 |

（13）温升。

按照 DL/T 593—2006《高压开关设备和控制设备标准的共用技术要求》中 4.4.2 的规定进行选择，并作如下补充：

当考虑母线的最高允许温度或温升时，应根据工作情况，按触头、连接及绝缘材料接触的金属部分的最高允许温度或温升确定。

可触及的外壳和盖板的温升不得超过 30K，对可触及而在正常运行时又无需触及的外壳和盖板，如果人员不会触及，其温升限制可以提高 10K。

$SF_6$ 气体绝缘开关柜内部结构和外形图，参见图 4-8 和图 4-9。高压开关柜应具备：第一，防止误拉、合断路器；第二，防止带负荷分、合隔离开关（或隔离插头）；第三，防止带接地开关（或接地线）送电；第四，防止带电合接地开关（或挂接地线）；第五，防止误入带电间隔。这五项措施称为“五防”要求。

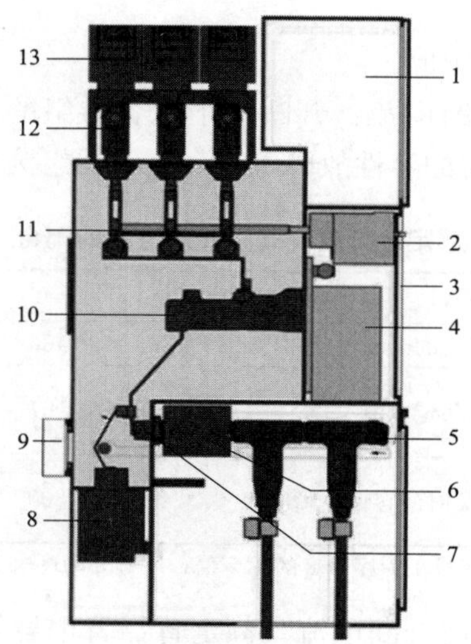


图 4-8　$SF_6$ 气体绝缘柜内部结构图

1—可拆卸的低压室模块；2—三工位开关的操动机构；3—中控面板；4—断路器操动机构；5—T 型电缆连接头；6—环形电流互感器；7—外锥式电缆侧穿墙套管；8—带有隔离装置的电缆侧电压互感器；9—压力释放盘装置；10—真空断路器；11—三工位开关；12—固体绝缘主母线；13—插接式母线侧电压互感器

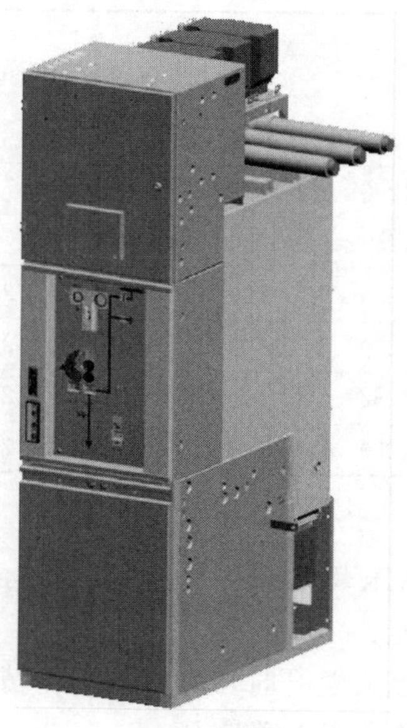

图 4-9　$SF_6$ 气体绝缘柜外形图

**2.** 高压开关柜防护等级

开关柜的防护等级应满足环境条件的要求。高压开关柜的外壳、隔板防止人体接近带电部分或触及运动部分，并且防止固体物体侵入设备的保护程度。防护等级分类见表 4-11。

表 4-11　　防护等级分类

| 防护等级 | 能防止物体接近带电部分和触及运动部分 |
|---|---|
| IP2X | 能阻挡手指或直径大于 12mm、长度不超过 80mm 的物体进入 |
| IP3X | 能阻拦直径或厚度大于 2.5mm 的工具、金属丝等物体进入 |
| IP4X | 能阻拦直径大于 1.0mm 的金属丝或厚度大于 1.0mm 的窄条物体进入 |
| IP5X | 能防止影响设备安全运行的大量尘埃进入，但不能完全防止一般的灰尘进入 |

开关柜的防护等级应根据环境条件按上面的要求选择防护等级，但如果所选择的防护等级超过 IP4X 时，应注意开关柜内部元件的降容使用问题。

表示防护等级的代号通常由特征字母和二个特征数字组成，表示为 IPXX。特征数字的含义分别见表 4-12、表 4-13。

表 4-12　　第一位特征数字所代表的防护等级

| 第一位特征数字 | 防护等级 | | 备注 |
|---|---|---|---|
| | 简要说明 | 含义 | |
| 0 | 无防护 | 没有专门的防护 | |
| 1 | 防大于 50mm 的固体异物 | 能防止直径大于 50mm 的固体异物进入壳内，能防止人体的某一大面积部分（如手）偶然或意外地触及壳内带电部分或运动部件，不能防止有意识的接近 | |
| 2 | 防大于 12mm 的固体异物 | 能防止直径大于 12mm，长度不大于 80mm 的固体异物进入壳内。能防止手指触及壳内带电部分或运动部件 | |
| 3 | 防大于 2.5mm 的固体异物 | 能防止直径大于 2.5mm 的固体异物进入壳内，能防止厚度（或直径）大于 2.5mm 的工具、金属线等触及壳内带电部分或运动部件 | |
| 4 | 防大于 1mm 的固体异物 | 能防止直径大于 1mm 的固体异物进入壳内，能防止厚度（或直径）大于 1mm 的工具、金属线等触及壳内带电部分或运动部件 | |
| 5 | 防尘 | 不能完全防止尘埃进入，但进入量不能达到妨碍设备正常运行的程度 | |
| 6 | 尘密 | 无尘埃进入 | |

注　1. 表中第 2 栏“简要说明”不应用来规定防护形式，只能作为概要介绍。
2. 第一位特征数字为 1 至 4 的设备应能防止的固体异物，系包括形状规则或不规则的物体，其 3 个相互垂直的尺寸均超过“含义”栏中相应规定的数值。
3. 对具有泄水孔或通风孔设备第一位特征数字为 3 和 4 时，其具体要求由有关专业的相应标准规定。
4. 对具有泄水孔设备第一位特征数字为 5 时，其具体要求由有关专业的相应标准规定。

表 4-13　　第二位特征数字所代表的防护等级

| 第二位特征数字 | 防护等级 | | 备注 |
|---|---|---|---|
| | 简要说明 | 含义 | |
| 0 | 无防护 | 没有专门的防护 | |
| 1 | 防滴 | 滴水（垂直滴水）无有害影响 | |
| 2 | 15°防滴 | 当外壳从正常位置倾斜在 15°以内时，垂直滴水无有害影响 | |
| 3 | 防淋水 | 与垂直成 60°范围以内的淋水无有害影响 | |
| 4 | 防溅水 | 任何方向溅水无有害影响 | |
| 5 | 防喷水 | 任何方向喷水无有害影响 | |
| 6 | 防猛烈海浪 | 猛烈海浪或强烈喷水时，进入外壳水量不致达到有害程度 | |
| 7 | 防浸水影响 | 进入规定压力的水中经规定时间后进入外壳水量不致达到有害程度 | |
| 8 | 防潜水影响 | 能按制造厂规定的条件长期潜水 | |

注　1. 表中第 2 栏“简要说明”不应用来规定防护形式，只能作为概要介绍。
2. 表中第二为特征数字为 8，通常指水密型，但对某些类型设备也可以允许水进入，但不应达到有害程度。

**3.** 高压开关柜内部绝缘距离

高压开关柜中各组件及其支持绝缘件的外绝缘爬电比距（高压电器组件外绝缘的爬电距离与最高电压之比）应符合如下规定：

（1）凝露型的爬电比距。瓷质绝缘不小于14/18mm/kV（Ⅰ/Ⅱ级污秽等级），有机绝缘不小于16/20mm/kV（Ⅰ/Ⅱ级污秽等级）。

（2）不凝露型的爬电比距。瓷质绝缘不小于12mm/kV，有机绝缘不小于14mm/kV。

单纯以空气作为绝缘介质时，开关内各相导体的相间与对地净距必须符合表4-14的要求。

**表4-14　开关内各相导体的相间与对地净距**　mm

| 序号 | 额定电压（kV） | 7.2 | 12 | 24 | 40.5 |
|---|---|---|---|---|---|
| 1 | 导体至接地间净距 | 100 | 125 | 180 | 300 |
| 2 | 不同相导体之间的净距 | 100 | 125 | 180 | 300 |
| 3 | 导体至无孔遮拦间净距 | 130 | 155 | 210 | 330 |
| 4 | 导体至网状遮拦间净距 | 200 | 225 | 280 | 400 |

**注**　海拔超过1000m时本表所列1、2项值按每升高100m增大1%进行修正，3、4项之值应分别增加1或2项值的修正值。

**4.** 真空断路器开断电抗器问题

35kV气体绝缘开关柜由于结构设计等原因，一般采用真空断路器，35kV真空断路器投切电抗器和电容器的过电压问题需引起重视，特别是在220kV变电站中电抗器和电容器容量较大情况时。

开断并联电抗器和开断空载变压器一样，都是开断感性负载，开断过程中如出现截流，就会产生过电压。同时开断电抗器是开断电抗器的额定电流，远比开断空载变压器的激磁电流大。切断电流时断口间的瞬态恢复电压固有频率为数千赫兹或更高，远高于开断变压器的数百赫兹频率，使断路器更难开断。因此，在35kV气体绝缘开关柜订货时，需要制造厂提供开断电抗器能力的数据。

在回路中装设C-R吸收装置，可以降低截流值，扼制重燃时的高频电流，减缓过电压波头，使断路器易于熄弧。电容值及电阻值通过试验确定。C-R装置参数需要电抗器参数、连接电缆的参数及以往试验数据和经验确定。选择过电压保护设备的主要参数应考虑以下主要问题：

（1）限制截流过电压的频率，建议将其限制在1000Hz以下；

（2）运行中阻容吸收装置的谐振频率避开系统中常见的谐波频率；

（3）对运行中的阻容吸收装置的谐振频率加必要的阻尼，以防止扰动激发阻容吸收装置与电抗器的电感产生谐振造成过高的过电压；

（4）阻容吸收装置应能够保证长期运行；

（5）阻容吸收装置的绝缘水平应与系统的绝缘水平相一致；

（6）避雷器的参数应能够保护设备的绝缘。

**5.** 真空断路器开断电容器问题

断路器在开断容性负载时，工频电容电流过零熄弧后，会有一个接近幅值的相电压残留在线路上，若此时断路器触头发生重燃，相当于一次合闸，电压波振荡发射，产生过电压，过电压的幅值会随重燃次数增加而递增。

一般而言，开断后5ms内击穿为复燃，5～10ms内击穿称为重击穿，在10ms以上有的称之为非自持性放电，在此统称为重燃。在5ms内重燃主要是真空电弧开断后的介质恢复强度与恢复电压对比，介质恢复强度一个是恢复时间，另外是响应的上升幅值。在燃弧过程中电弧加热触头，使其向真空间隙蒸发，这些金属蒸气不断向间隙外扩散，并在触头表面不是很热的情况下有一部分重新凝结在触头表面上。同时在恢复电压作用下电极会有一定量电子的发射，但这种发射不一定能导致间隙击穿。使间隙击穿的条件是发射电流达到一定值或间隙中有能使电子增生的物质存在。真空电弧熄灭后间隙有金属蒸气存在，由于金属蒸气电离电位低，故很容易被电离。介质强度的恢复过程是非常复杂的过程，要精确分析介质恢复过程应从如下方面综合分析：①电弧对电极的非均匀加热；②准确的电极加热和散热过程；③电极表面的热状态和电子发射；④金属蒸气扩散的非自由和非平衡；⑤电子使金属蒸气原子电离的实际过程，相对接近实际的方法为试验法。所以需要制造厂对断路器开断电容器能力进行核算。

针对35kV 8DA10气体绝缘开关柜开断20MVA电容器组的问题，咨询相关厂家，经过核算，当变电站工作电压为35kV，最大电压波动为7%，在操作电容器组时，由于感应的缘故，会产生6%的升压，致使电容器组的端电压升至39.7kV，这个电压值小于开关柜额定电压的40.5kV，因此，在这种情况下用8DA10操作电容器组是可以的。而如果超出这个电压范围，可以采用将柜内真空管改用D23型的方式来满足电容器开关柜直接开合电容负荷要求。

由于电容器的极间绝缘要比对地绝缘弱，应注意加强对极间绝缘的保护。只要能够保护住极间绝缘，中性点位移得到控制，断路器断口的恢复电压便会降低，重燃可能性大大减少，也就相应地解决了相对地保护问题。因此对电容器装设氧化锌避雷器保护也可限制开断电容器引起的过电压。

## 第三节　站用电系统

城市地下变电站是保障城市运行的重要基础设施，站用电系统是为城市地下变电站的电气设备提供电源，由站用电电源、站用变压器和交流配电盘等组成。站用变压器是供给地下变电站的操作、照明、监控、通风、消防及其他动力用电的电源，应选择可靠的接线、优质的设备以保证安全可靠供电。

### 一、站用电接线

#### （一）站用电电源

地下变电站应从主变压器低压侧分别引接两台容量相同，可互为备用、相互切换、轮换检修、分列运行的站用工作变压器。每台变压器容量按全站计算负荷选择，如图4-10所示。

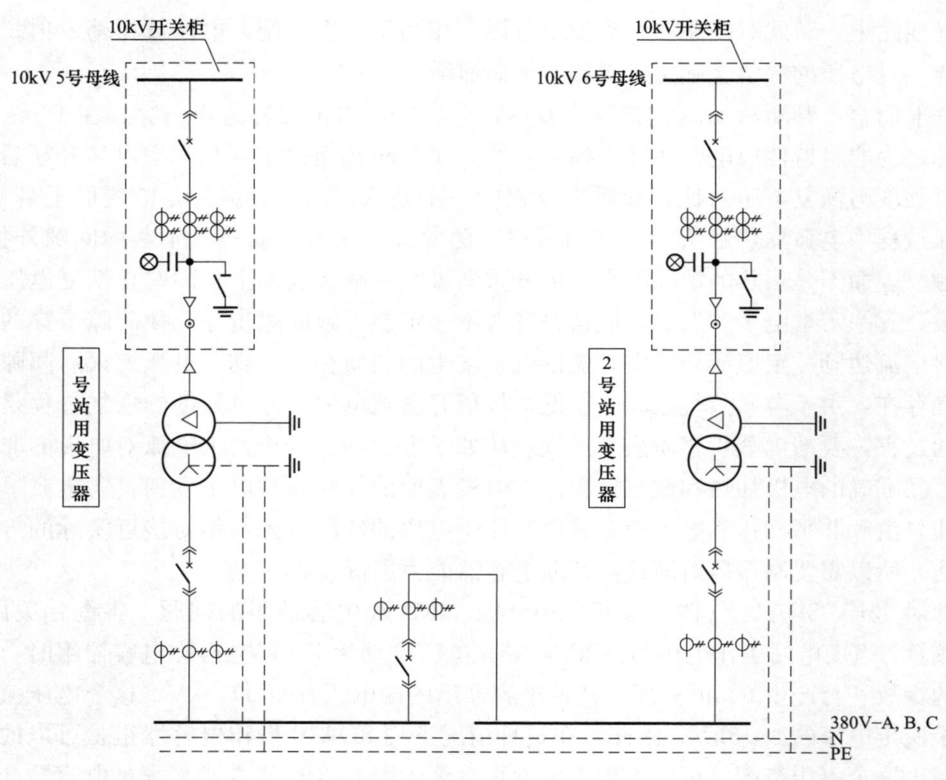


图 4-10　常规 110kV 地下变电站站用电系统图

一般情况下，站用电电源由站用变压器引接，其安全可靠性能够得到保证。但考虑到 220kV 和重要的 110kV 地下变电站的重要性，在 DL/T 5216—2017《35kV～220kV 地下变电站设计规程》中规定："4.6.4 地下变电站的站用电源应安全可靠。220kV 和重要的 110kV 地下变电站宜另引接一回站外电源，供全站停电时通风、消防等负荷使用。"实际工程接线如图 4-11 所示。

站外保安电源要求在地下变电站全站停电情况下，仍能保证由站外保安电源为地下变电站可靠供电。站外保安电源一般采用 10kV 直供线路，避免中间 T 接其他线路和负荷。站外保安电源站用变压器，可按照地下变电站通风、消防等重要的站用电负荷统计计算，容量一般小于工作站用变压器。

另外，一些地区的运行部门要求地下变电站在地上设置应急电源接口，以备地下变电站应急抢修之需。

（二）站用电低压侧接线形式

站用电低压系统应采用三相四线制，系统的中性点直接接地，系统额定电压 380V/220V。

站用电低压侧一般采用单母线分段接线，相邻两段工作母线间可配置分段断路器，同时供电分列运行，互为备用，一般不设置分段自投。设置站外保安电源变压器时，可接成单母线三分段接线。站外保安电源变压器应能满足任一台工作变压器退出运行时，均能自动切换至失电的工作母线继续供电。

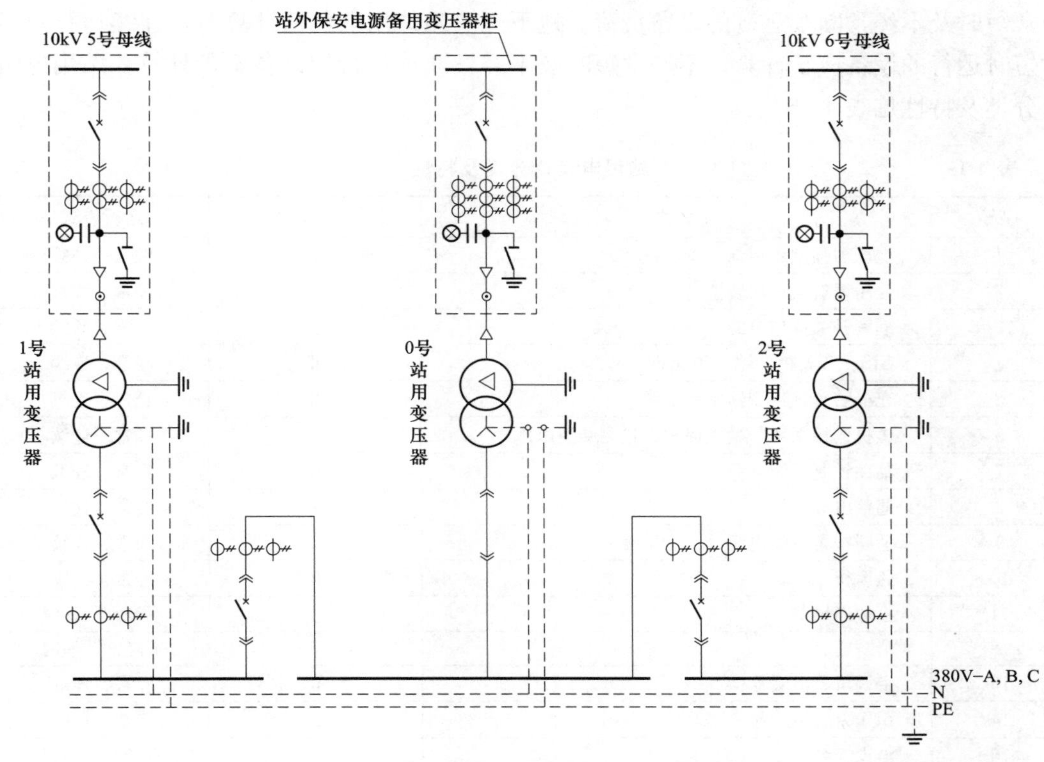


图 4-11　220kV 地下变电站站用电系统图

工作站用变压器分列运行，可限制故障范围，提高供电可靠性，也利于限制低压侧的短路电流以选择轻型电器。特别是可以避免两台站用变压器并列时一段母线短路或者馈线出口故障而越级跳闸，可能引起的两台站用变同时失电的全停事故。另外，两台站用变压器一台工作另一台明备用的方式，同样不够可靠，根据历史统计数据，该方式的站用电全停事故率远高于两台站用变压器分列运行方式。可见，装设两台容量相同且分列运行相互备用的站用工作变压器，既保证了必要的可靠性和灵活性，又不使站用电接线过分复杂。

（三）站用电负荷供电方式

地下变电站设备布置紧凑，供电范围小、距离短，站用电负荷一般均由站用配电屏直接配供。为保证供电可靠性，对重要负荷应采用双回路供电方式。例如对主变压器水冷却装置、消防水泵、火灾自动报警系统等。

对重要负荷设置可互为备用的双回路电源进线，为避免多重设置自动切换而可能引起的配合失误，只应在负荷末端进行双回路电源线路的自动切换，双回路电源线路始端不应再设置自投装置。

## 二、站用变压器选择

（一）站用电负荷分类及计算

地下变电站站用电负荷大致分为两类，即连续运行及经常短时运行的设备负荷和不经常短时及不经常断续运行的设备负荷。地下变电站站用电负荷计算时，连续运行及经常短时运行的设备应予计算，不经常短时及不经常断续运行的设备不予计算，站用电负荷分类及特性见表 4-15。

表 4-15　站用电负荷分类及特性

| 序号 | 名称 | 负荷类别 | 运行方式 |
|---|---|---|---|
| 1 | 变压器强油水冷却装置 | Ⅰ | 经常、连续 |
| 2 | 变压器有载调压装置 | Ⅱ | 经常、断续 |
| 3 | 隔离开关操作电源 | Ⅱ | 经常、断续 |
| 4 | GIS、开关柜、端子箱加热 | Ⅱ | 经常、连续 |
| 5 | 充电装置、逆变器工作电源 | Ⅱ | 经常、连续 |
| 6 | 微机监控系统、微机保护、检测装置电源 | Ⅰ | 经常、连续 |
| 7 | 辅助控制系统电源 | Ⅱ | 经常、连续 |
| 8 | 通信电源 | Ⅰ | 经常、连续 |
| 9 | 消防报警主机电源 | Ⅰ | 经常、连续 |
| 10 | 通风机 | Ⅱ | 经常、连续 |
| 11 | 事故通风机 | Ⅱ | 不经常、连续 |
| 12 | 消防通风机 | Ⅰ | 不经常、短时 |
| 13 | 空调机、电暖器 | Ⅱ | 经常、连续 |
| 14 | 稳压泵、污水泵 | Ⅱ | 经常、短时 |
| 15 | 消火栓泵 | Ⅰ | 不经常、短时 |
| 16 | 水喷雾、高压细水雾、气体等灭火系统 | Ⅰ | 不经常、短时 |
| 17 | 配电装置检修电源 | Ⅲ | 不经常、短时 |
| 18 | 照明 | Ⅱ | 经常、连续 |

针对地下变电站站用电负荷的特点，参照 DL/T 5155—2016《220kV～1000kV 变电站站用电设计技术规程》附录 A，编制站用电负荷分类及特性表。其中：

a. 辅助控制系统由图像监视及安全警卫、火灾报警、风机自动控制、环境监测子系统组成，列为Ⅱ类负荷；

b. 事故通风机，系指火灾后的事故排烟，列为Ⅱ类负荷；

c. 消防通风机，系指丙类房间和走廊火灾时为滞留人员送风的风机，列为Ⅰ类负荷；

d. 考虑地下站均设有室内消火栓，故将消火栓泵列为Ⅰ类负荷；

e. 考虑地下站图像监视系统是无人值班站的重要辅助控制系统，图像监视系统需要照明系统提供辅助照明，本标准将照明列为Ⅱ类负荷。

表中注释如下。

（1）负荷分类。

Ⅰ类负荷：短时停电可能影响人身或设备安全，使生产运行停顿或主变压器减载的负荷；

Ⅱ类负荷：允许短时停电，但停电时间过长，有可能影响正常生产运行的负荷；

Ⅲ类负荷：长时间停电不会直接影响生产运行的负荷。

（2）运行方式栏中“经常”与“不经常”系区别该类负荷的使用机会。“连续”“短时”“断续”系区别每次使用时间的长短。即

连续——每次连续带负荷运行2h以上；

短时——每次连续带负荷运行2h以内，10min以上；

断续——每次使用从带负荷到空载或停止，反复周期地工作，每个工作周期不超过10min；

经常——系指与正常生产过程有关的，一般每天都要使用的负荷；

不经常——系指正常不用，只在检修、事故或者特定情况下使用的负荷。

（二）站用变压器容量选择

站用电负荷计算一般采用换算系数法。将站用电负荷的额定功率（千瓦数）换算为站用变压器的计算负荷（千伏安数），电动机负荷的换算系数一般采用0.85，电热负荷及照明负荷的换算系数取1。

站用变压器容量选择根据DL/T 5155—2016《220kV～1000kV变电站站用电设计技术规程》中，站用变压器容量按公式（4-1）计算得到：

$$S \geqslant K_1 \times P_1 + P_2 + P_3$$

式中　$S$——站用变压器容量，kVA；

$K_1$——站用动力负荷换算系数，一般取$K_1=0.85$；

$P_1$——站用动力负荷之和，kW；

$P_2$——站用电热负荷之和，kW；

$P_3$——站用照明负荷之和，kW。

（三）站用变压器型式选择

**1.** 绝缘型式

地下变电站站用变压器应选用低损耗节能型干式变压器。干式变压器具有体积小、阻燃性能好、损耗低、噪声小、维护工作量小等优点。干式变压器绝缘型式一般分为：绕包绝缘干式变压器、环氧树脂浇注变压器和气体绝缘变压器三种。

绕包绝缘干式变压器是站用变压器早期产品，其优点是制造简单，设备成本低，但其防潮性能差，抵抗外部环境能力差，抗短路水平低，已逐渐退出干式变压器主流市场。

环氧树脂浇注变压器具有良好的电气和机械性能、较高的耐热等级，并且是一种安全可靠的环保、节能型产品，能适应多种恶劣环境。环氧树脂是难燃、阻燃、自熄、安全、洁净的固体绝缘材料，同时是经过40多年已经验证的具有可靠的绝缘和散热性能的固体绝缘材料。地下变电站一般选择环氧树脂浇注式站用变压器，带保护外壳。

气体绝缘变压器对制造水平要求高，设备成本大，因此一般站用变压器不选择此类绝缘产品。

**2.** 联结组别

站用变压器连接组别宜采用Dyn11。与Yyn联结变压器比较，Dyn联结变压器的零序阻抗大大减少，其值约与其正序阻抗相等，使单相短路电流增大，缩小了与三相短路电流的差异。这不仅可以直接提高单相短路时保护设备的灵敏度，而且有利于保护设备

与馈线电缆截面的选择配合。

Dyn11联结变压器的三角形绕组为三次谐波电流或零序电流提供了通路，使相电压更接近正弦波，改善了电压波形质量。另外，当低压侧三相负荷不平衡时，这种联结的变压器不会出现低压侧中性点的浮动位移，保证了供电电压质量。

**3.** 电压调整方式

站用变压器的电压调整是用分接开关切换变压器的分接头，从而改变变压器变比来实现的。切换方式有两种，一种是不带电切换称为无励磁调压，调整范围通常在±2×2.5%以内；另一种是带负载切换，称为有载调压，其有载调压范围推荐为±3×2.5%，调整范围可达15%。

一般地，地下变电站的工作站用变压器电源接入母线电压波动范围较小，大部分采用无励磁调压变压器。

**4.** 冷却方式

站用变压器一般采用自然冷却和风冷却两种冷却方式。

自然冷却变压器运行损耗小、噪音低、可靠性高，随着技术的不断进步，站用变压器已大量采用低损耗、低噪声、自冷式变压器。

环氧树脂浇注式变压器，一般采用自然冷却（AN）为正常运行方式，风冷却（AF）为应急运行方式。

### 三、站用配电盘选型和布置

站用配电盘宜采用封闭的固定式配电屏；当站用电馈线多，且要求尽量压缩占地面积和空间体积时，也可采用抽屉式配电盘。当采用抽屉式配电屏时，应设有电气联锁和机械联锁。

地下变电站站用配电盘宜尽量靠近站用变压器，站用变压器低压侧一般选择封闭母线筒或绝缘母线与配电盘连接。站用变压器和站用配电盘可以独立设置站用电室，也可以与10kV开关柜等非油电气设备合并布置在同一个房间。

地下变电站站用配电盘一般独立设置，不与电气二次保护控制屏柜混合设置，且与土建设施同期建设。主要考虑相比同一电压等级的户内或户外变电站，通风、采暖、消防等站用电负荷回路数多、负荷大；且往往在电气二次控制保护屏柜没有安装时，因地下变电站通风等负荷需求，站用配电盘作为土建设施的配套设备已经开始运行。

## 第四节　接 地 系 统

接地系统设置的目的是为了在正常和事故以及雷电的情况下，利用大地作为接地电流回路的一个元件，从而将设备接地处固定为所允许的接地电位。接地电位的大小，除与电流的幅值和波形有关外，还和接地体的几何尺寸以及地的电性参数有关。

接地装置是把电气设备或其他物件和地之间构成电气连接的装置。接地装置由接地极、接地母线、接地引下线组成，用以实现电气系统与大地相连接的目的。与大地直接接触实现电气连接的金属物体为接地极，它可以是人工接地极，也可以是自然接地极。接地母排是建筑物电气装置的参考电位点，通过它将电气装置内需接地的部分与接地极相连接。接地极与接地母排之间的连接线称为接地极引线。

## 一、接地电阻要求

接地装置设计依据的主要标准为 GB/T 50065—2011《交流电气装置的接地设计规范》，标准规定对于有效接地系统，电气装置保护接地的接地电阻宜符合下列要求：

$$R \leqslant \frac{2000}{I_G} \tag{4-1}$$

式中 $R$——考虑到季节变化的最大接地电阻，Ω；

$I_G$——计算用的流经接地装置入地的最大接地故障不对称电流有效值，A。

式（4-1）中计算用流经接地装置的最大入地短路电流，采用在接地装置内、外短路时，经接地装置流入地中并考虑直流分量的最大短路电流。该电流应按工程远景年的系统最大运行方式确定，并应考虑系统中各接地中性点间的短路电流分配，以及电缆隧道接地线中分走的接地短路电流。

地下变电站站内、站外发生接地短路时，经接地网入地的故障对称电流可分别按公式（4-2）和（4-3）计算，取两者中的最大值。

$$I_g = (I_{max} - I_n)(1 - K_{f1}) \tag{4-2}$$

$$I_g = I_n(1 - K_{f2}) \tag{4-3}$$

式中 $I_{max}$——变电站内发生接地故障时的最大接地故障对称电流有效值，A；

$I_n$——变电站内发生接地故障时流经其设备中性点的电流，A；

$K_{f1}$和$K_{f2}$——站内、站外发生接地故障时的分流系数。

在高土壤电阻率地区，如果缺乏计算分流系数的资料时，根据国内外的试验资料和计算结果，可取 $K_{f1}=0.3\sim0.5$ 和 $K_{f2}=0.1$。进出地下变电站的电缆隧道数量越多，分流系数越大。

计及直流偏移的经接地网入地的最大接地故障不对称电流有效值 $I_G$，应为入地对称电流值乘以衰减系数 $D_f$；衰减系数取值参见 GB/T 50065—2011《交流电气装置的接地设计规范》附录 B。

在变电站短路接地故障电流入地时，地电位的升高可按式（4-4）计算。

$$V = I_G R \tag{4-4}$$

式中 $V$——接地网地电位升高，V；

$I_G$——经接地网入地的最大接地故障不对称电流有效值，A；

$R$——接地网的工频接地电阻，Ω。

当接地装置的接地电阻不符合公式（4-1）要求时，可通过技术经济比较适当增大接地电阻允许值和变电站地电位。当采取相关措施如在站内采用铜带（绞线）与二次电缆屏蔽层并联敷设，且铜带（绞线）至少在两端就近与地网连接，并且采取站内外电位隔离措施的情况下，变电站地电位升高值可提高至 5kV。必要时，经专门计算，且采取的措施可确保人身和设备安全可靠时，接地网地电位还可进一步提高。但应符合以下要求：

1）为防止转移电位引起的危害，对可能将接地网的高电位引向站外或将低电位引向站内的设施，应采取隔离措施。

2）考虑短路电流非周期分量的影响，当接地网电位升高时，变电站内的 10kV 避雷器不应动作或动作后应承受被赋予的能量。

3）应验算接触电位差和跨步电位差。

在 110kV 及以上有效接地系统和 6～35kV 低电阻接地系统发生单相接地或同点两相接地时，变电站接地网的接触电位差和跨步电位差不应超过由式（4-5）和式（4-6）计算得到的数值：

$$U_t = \frac{174 + 0.17\rho_s C_s}{\sqrt{t_s}} \tag{4-5}$$

$$U_s = \frac{174 + 0.7\rho_s C_s}{\sqrt{t_s}} \tag{4-6}$$

式中 $U_t$——接触电位差允许值，V；

$U_s$——跨步电位差允许值，V；

$\rho_s$——地表层的电阻率，Ω·m；

$C_s$——表层衰减系数；

$t_s$——接地故障电流持续时间，s。与接地装置热稳定校验的短路等效持续时间 $t_e$ 取相同值。

当地下变电站的继电保护装置配置有两套速动主保护、近接地后备保护、断路器失灵保护和自动重合闸时，$t_s$ 应按式（4-7）取值。

$$t_s \geqslant t_m + t_f + t_0 \tag{4-7}$$

式中 $t_m$——主保护动作时间，s；

$t_f$——断路器失灵保护动作时间，s；

$t_0$——断路器开断时间，s。

当地下变电站的继电保护装置配置有一套速动主保护、近或远（或远近结合）后备保护和自动重合闸、有或无断路器失灵保护和时，$t_s$ 应按式（4-8）取值。

$$t_s \geqslant t_0 + t_r \tag{4-8}$$

式中 $t_r$——第一级后备保护动作时间，s。

以北京地区 220kV 和 110kV 地下变电站为例：

220kV 变电站主保护动作时间 0s、断路器失灵保护动作时间 0.5s、断路器开断时间 0.05s，接地故障电流持续时间为 0.55s。

110kV 变电站断路器开断时间 0.06s、第一级后备保护动作时间 1s，接地故障电流持续时间为 1.06s。

工程中对地网上方跨步电位差和接触电位差允许值的计算精度要求不高（误差在 5%以内）时，表层衰减系数可以采用式（4-9）计算：

$$C_S = 1 - \frac{0.09\left(1 - \frac{\rho}{\rho_s}\right)}{2h_s + 0.09} \tag{4-9}$$

式中　$\rho$——下层土壤电阻率，Ω·m，取决于地下站站址地下土壤土质情况；

$\rho_s$——表层土壤电阻率，Ω·m，取决于地下站地上道路、空地表层材料或地下厂房楼板表层材料；

$h_s$——表层土壤厚度，m。

工程中表层常用各种材料土壤电阻率取值，以北京地区为例：

地下厂房楼板表层一般采用混凝土材料，按照 GB/T 50065—2011《交流电气装置的接地设计规范》在干燥的大气中，电阻率近似值 12000～18000Ω·m，考虑地下厂房可能会潮湿，地下厂房楼板表层土壤电阻率取 5000Ω·m。

地下变电站地上道路一般采用沥青混凝土材料，地上空地一般铺设砾石或碎石；根据国内出版的《接地技术》一书中介绍，砾石在潮湿状态土壤电阻率为 11670Ω·m、碎石在潮湿状态土壤电阻率为 5830Ω·m，沥青在 20℃时的电阻率高达 $10^{13}$～$10^{14}$ Ω·m，且受湿度的影响很小，加入砂石料后，电阻率也高达 10000Ω·m 以上；所以地下变电站地上道路和空地表层土壤电阻率取 5000Ω·m。

## 二、接地材料及截面选择

城市地下变电站的接地网一般埋设在主厂房底板下及四周，施工后地网的更换与维护非常困难，故其使用寿命应与主建筑物的寿命相同。同时考虑城市地下变电站所处区域的土壤对钢结构一般具有微腐蚀性或强腐蚀性，且占地面积小，因此接地网接地体的材料主要考虑选用铜或其他新型接地材料。

目前可以选用的材料主要有铜、新型纳米防腐导电材料和铜覆钢等材料。

**1.** 接地材料

铜覆钢是指作为芯体的钢表面被铜连续包覆所形成的金属复合材料。新型纳米防腐导电材料是以钢材料为基础，将该金属表面防腐处理技术与纳米防腐导电技术有机结合，以达到延长接地材料使用寿命的目的。

三种接地材料的优缺点如表 4-16 所示。

**表 4-16　　不同接地材料的优缺点**

| 接地材料 | 优点 | 缺点 |
|---|---|---|
| 铜 | 导电性能好，抗腐蚀性强，使用寿命长 | 机械强度低，价格较高，施工工艺要求高，须采用放热焊接工艺 |
| 铜覆钢 | 导电性能好，抗腐蚀性强，价格较低，机械强度高，使用寿命长 | 产品质量不稳定，施工工艺要求高，须采用放热焊接工艺 |
| 新型纳米防腐导电材料 | 抗腐蚀性强，机械强度高，使用寿命长，相对环保效益好 | 价格较高，导电性能相对弱 |

城市地下变电站接地装置的使用时间建议按照变电站全寿命周期时间考虑，一般按 60 年考虑。地下变电站的接地网一般埋设在主建筑底板下及四周，呈笼形布置，施工后则无法更换，故按照国家标准 GB/T 50065—2011《交流电气装置的接地设计规范》中第 4.3.6 条要求，除酸性土质宜采用钢导体外，地下变电站主接地网和人工接地极，宜采用铜导体；室内接地母线及设备接地线可采用钢导体。

目前地下变电站接地材料，一般敷设在室内空气中的接地材料选用热镀锌钢材，埋在土壤中接地材料选用铜材。

**2.** 接地导体材料及其截面

根据热稳定条件，未考虑腐蚀时，接地线的最小截面应符合公式（4-10）要求。

$$S_g \geqslant \frac{I_g}{C}\sqrt{t_e} \tag{4-10}$$

式中 $S_g$——接地导体（线）的最小截面，$mm^2$；

$t_e$——接地故障的等效持续时间，s；与接触电位差和跨步电位差校验的接地故障电流持续时间 $t_s$ 取相同值；

$I_g$——流过接地导体（线）的最大接地故障不对称电流有效值，A；

$C$——接地导体（线）材料的热稳定系数；地下变电站常用的铜材取 250、镀锌钢材取 70。

地下变电站敷设在土壤中的地网接地材质一般选用铜材，可不考虑腐蚀问题。

## 三、接地网设计

由于城市地下变电站大多建设于城市建筑及电信设施密集地区，变电站占地面积一般又较小，接地系统是变电站建设中的一个需要关注的问题。首先在经济合理范围内，尽可能降低地下变电站接地网的接地电阻值；然后再采取切实可行的均压和分流措施，校验接触电势和跨步电势在允许范围内，增加高电位引出措施。

随着网架结构的加强和系统容量的增大，目前大多数变电站短路电流较大，较难满足接地网地电位升高的要求，在这种情况下，通过合理设计和施工，满足规程规定的接触电势和跨步电压等要求，对保证人身安全显得尤为重要。

**1.** 接地网布置形式

城市地下变电站应设置人工接地网，接地网除采用以水平接地线加人工垂直接地极构成的复合型地网外，还宜充分利用建筑结构和护坡桩内部的钢筋。

城市地下变电站的人工接地网一般埋设在主建筑底板下及四周，呈笼形布置。为满足等电位接地，变电站建筑物各层楼板的钢筋宜焊接成网，并和室内敷设的接地母线相连。根据国家标准 GB/T 50065—2011《交流电气装置的接地设计规范》中 4.4.5 条要求，提出站内环形接地母线与站外部接地网间应至少以不同方位的 4 条连接线互相连接。

地下变电站接地网应与站外电缆隧道接地导体相连，且有便于分开的连接点。

地下变电站敷设在土壤中的接地铜材与厂房内接地钢材连接，应采用火泥熔焊工艺。铜和钢两种材质虽然是采用熔焊技术连接，但在周围存在电解质的环境下，仍然会产生电化学作用（即腐蚀）。所以要求铜和钢两种材质接地体连接点位置选择在地下厂房内部的空气中，避免产生化学作用（即腐蚀）。

另外，地下变电站土中人工接地体、自然接地体需穿过地下厂房边墙与室内接地线连接。穿墙点需采用防水套管，做好防水处理。为降低地下厂房防水处理难度，一般根据地下水位的高低，尽量将穿墙点选择在地下水位以上，如地下一层或地下二层。全地下变电站接地网断面，详见全地下变电站接地网断面示意图见图 4-12。

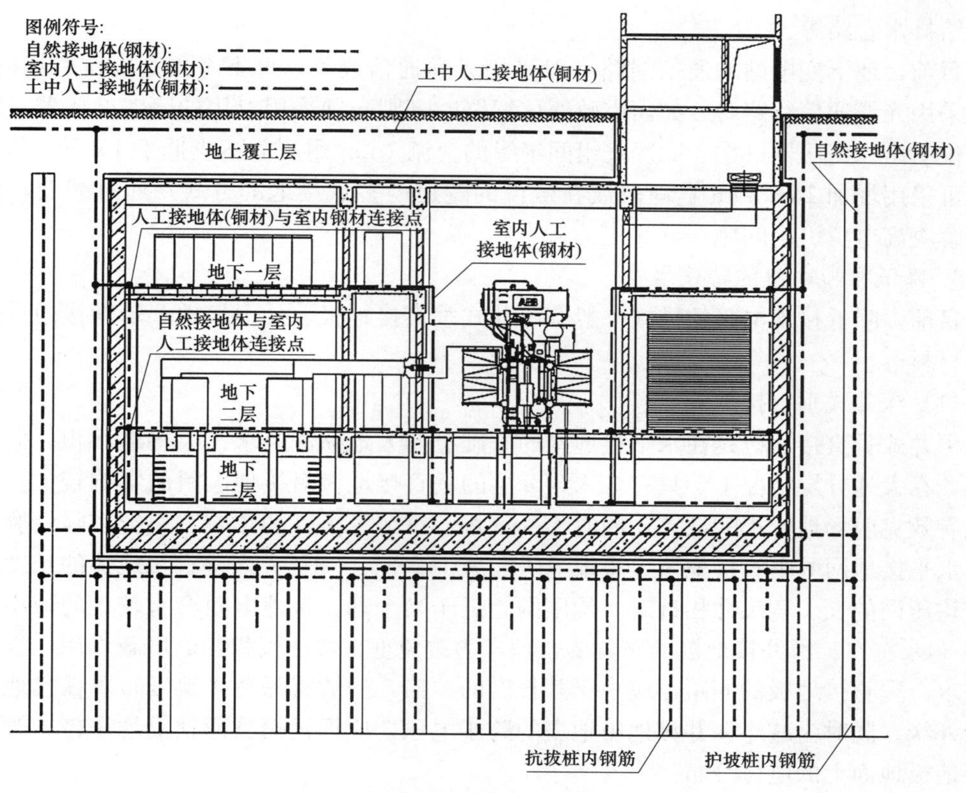


图 4-12　全地下变电站接地网断面示意

**2.** 加强分流措施

充分利用地下变电站进出站地下电缆隧道，将各条地下电缆隧道中的接地装置与地下变电站的接地网充分连接，起到分流接地短路电流作用。

**3.** 均压措施

接地网布置设计一般根据变电站最大长度和最大宽度，采用等间距接地体布置，间距为 6～8m 左右（边缘接地体除外）。

根据国家标准 GB/T 50065—2011《交流电气装置的接地设计规范》中 4.4.7 条对变电站 GIS 的接地线及其连接的要求，以及对地下变电站建筑各楼层地网等电位的要求提出。参考 CIGRE（国际大电网会议）Working Group 63.04 “EMC Within power plants and substation” 1997.12 的 “GUIDE ON EMC IN POWER PLANTS AND SUBSTATIONS”（发电厂及变电站电磁兼容导则）的要求，建议变电站建筑的底板及各层楼板钢筋焊接成网的网孔尺寸控制在不大于 5m×5m 为宜。

对于经过计算无法满足规程要求的接地电阻值，地网需要增设水平均压带、铺设沥青混凝土地面，用以解决跨步电位差和接触电位差的问题。例如进出站道路一般采用站门口增加高阻地面或增设“帽檐”等均压措施。

**4.** 防止高电位引出措施

城市地下变电站与站外联络的通道，除电力电缆和控制电缆外，主要有市政通信线路、给排水管路等。

目前，地下变电站的通信线路一般采用光缆通信线路，可不考虑高电位引出问题。当未采用光缆通信线路时，如当市政通信线路时，则必须采用专用的隔离变压器，防止高电位引出。变压器一次、二次绕组间绝缘的交流 1min 耐压值不应低于 15kV。给排水管路可采用增加 15～30m 直埋段或在敷设的隧道内多点接地的方式，通过减低电位梯度，解决高电位引出问题。

**5.** 降低接地电阻的特殊措施

目前，降低接地电阻的措施一般有深井式垂直接地极、外引接地、辅助接地、采用新型材料等。

（1）深井式垂直接地极。

深井式垂直接地极是在水平接地网的基础上向大地纵深寻求扩大接地面积。据研究表明，在大地分层情况下，只有穿入第 2 层的垂直接地极对接地电阻的影响较大。深井接地有效克服场地窄小的缺点，同时不受气候、季节等条件的影响。根据实际经验，附加于水平接地网的垂直接地体，接地电阻能减少 2.8%～8%，当垂直接地体的长度增大到与均压网的长、宽尺寸相近时，均压网趋近于半个球，接地电阻会有较大的减小，可减小 30%左右。深井接地极的布置要合理，为避免垂直接地极相互的屏蔽作用，根据规程要求，垂直接地极的间距不应小于其长度的 2 倍，一般将深井接地极布置在接地网四周的外缘。同时为减小深井接地极地表的跨步电压，应埋设帽檐形辅助均压带，改善深井接地极地面上的电位分布。

（2）外引接地。

城市地下变电站由于受到用地范围限制，沿地下变电站进出站电缆隧道外引接地装置，以减低变电站接地电阻的方式难度太大，目前没有见到工程实例。

（3）辅助接地。

地下变电站不仅应在主建筑底板下设置接地网，同时为了达到降低接地电阻的目的，变电站接地网还应充分利用建筑中的接地设施，如建筑结构部分钢筋以及建筑地下桩基、护坡桩等，以辅助增强接地效果。需要时，变电站接地网也可与邻近的非变电站的主建筑地网连接。

（4）新型接地材料——电解地极法（或称离子法）。

该方法实际上就是在地下打入若干个孔，类似于井式接地极，只是电极是由若干节带排泄孔的铜管，管内填充的晶体实际上就是无机盐类，其降阻原理实质是就是靠无机盐类的析出、溶解、电离成可以导电的金属离子，向土壤中的渗透以增加土壤中金属导电离子的浓度而改善土壤的导电性能。说穿了就是无机化学降阻剂。只是为了防止腐蚀，利用耐腐蚀的铜管做载体。而这些无机盐类如与钢接地体接触仍然会对钢接地体造成腐蚀，否则也不会采用铜管来做载体。但电解地极法由于是每隔一定间隔才埋入一根电解地极，所以无机盐类的渗出是不均匀的，无机盐类从铜管内析出、溶解、渗透到周围土壤中造成土壤中金属离子浓度的不均匀性，形成了土壤中腐蚀电位的变化，易使连接电解地极的接地体产生电化学腐蚀，如与变电站的钢接地体接触后会对原地网的钢接地体造成腐蚀。同时为防止无机盐类容易随雨水的流失而流失需向铜管内补充无机盐，但这也就增加了运行维护费用。这种降阻方法无异于向接地体周围的土壤内施加无机盐，或者相当于使用需不断补充的化学降阻剂。由于该方法使用的无机盐的析出、溶解、电离以及不断向土壤的渗透作用，确实能在短时间内改善土壤的电阻率起到一定的降阻作用。但由于降阻剂的降阻效果有随时间增长而降低的问题，一般不推荐采用降阻剂。

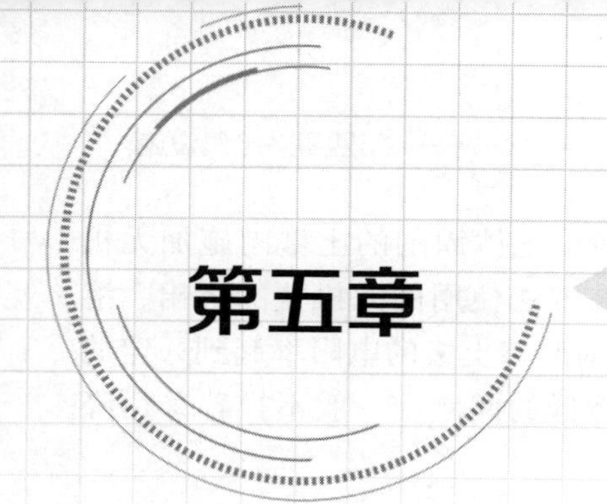

# 第五章

# 继电保护与控制

电力系统的组成元件多，受自然条件、设备及人为因素的影响，可能会出现故障或不正常状态。继电保护装置就是用来反映系统的故障或不正常状态，并发出跳闸命令或告警信号的有效反事故设备。要保证电力系统的安全运行，不仅需要装设继电保护装置，而且还应该安装安全自动装置，以防止电力系统大面积停电和保障对重要负荷的连续供电及恢复电力系统的正常运行。

监控系统集成了控制、信号与测量分系统的功能，承担电网正常运行时可控制电气设备的操作与各类电量、非电量信息的监测，故障时及故障后电网负荷的调整及恢复。地下变电站全部采用无人值守模式，除满足常规变电站二次控制功能要求外，尚需根据地下变电站的运行特点，采取更多的智能化控制手段。特别是针对辅助控制系统而提出可视化要求高、控制功能可靠性高和装置集成度高的需要。

地下变电站控制电缆与光缆的选择与敷设也是比较特殊的。一方面路径选择需要最优化，而且应避免设备检修时互相影响；另一方面在发生电气设备故障时，应该最大限度减少次生灾害的影响。同时，随着智能化设备进程的发展，光缆、电缆“即插即用”实施方案应运而生。

## 第一节　继电保护及安全自动装置

地下变电站继电保护和安全自动装置应符合可靠性、选择性、灵敏性和速动性的要求，其设计应满足 GB /T 14285—2006《继电保护和安全自动装置技术规程》的相关规定。当确定继电保护和安全自动装置配置和构成方案时，应综合考虑以下几个方面：

(1) 电力设备和电力网的结构特点和运行特点；

(2) 故障出现的概率和可能造成的后果；

(3) 电力系统的近期发展规划；

(4) 相关专业的发展状况；

(5) 经济上的合理性；

(6) 国内和国外的经验。

继电保护和安全自动装置的配置要满足电力网结构和变电站主接线的要求，并考虑电力网变电站运行方式的灵活性。在确定继电保护和安全自动装置方案时，应优先选用

具有成熟经验的数字式保护装置。根据审定的系统接线方式及变电站主接线图进行继电保护和安全自动装置的系统设计，除新建部分外，还应考虑与现状设备配置的衔接及不满足配置要求部分的改造。为便于运行管理性能配合，同一变电站的继电保护和安全自动装置的型式、品种不宜过多[18]。要结合工程具体条件和要求，从继电保护和安全自动装置的选型、配置、整定、试验、交直流电源、二次回路及运维等方面综合采取措施，重点突出，统筹兼顾，妥善处理，以达到保证电网安全经济运行的目的。

## 一、继电保护

地下变电站的继电保护一般分为系统保护和元件保护两种，统筹变电站主接线、接入系统方案、变电站电压等级等因素综合考虑配置方案。系统保护包括线路保护、远方跳闸保护、断路器保护、母线保护、断路器失灵保护等。元件保护包括变压器保护、变电站低压侧并联电容器及电抗器保护等。

地下变电站的系统保护、元件保护配置与户内变电站类似，可参照其配置原则。由于地下变电站的消防设施配置要求较高，电气设备选型要考虑减少次生灾害的影响，因而在主变压器保护配置方面有其特殊性，以下就此内容展开介绍，与户内变电站相同的内容可参考《城市户内变电站设计》[7]，此书不再赘述。

地下变电站的变压器电气量保护与一般户内变电站相同，220kV 及以上电压等级变压器保护按照双重化原则配置电气量保护，两套保护应选用主、后备保护一体式装置。110kV 及以下电压等级变压器保护按照单套配置电气量保护，可选用主、后备独立配置的保护或主、后备保护一体式保护，当 110kV 主变压器保护采用主、后备一体式保护时，应按照双套配置。

220kV 及以下电压等级的变压器电气量主保护为纵差保护，后备保护为各侧复合电压闭锁过流保护，具备各侧过负荷发信号保护。330～500kV 一般选用自耦变压器，主变压器保护采用纵差保护或分相差动保护，当采用分相差动保护时，还要配置低压侧小区差动保护。为提高切除自耦变压器内部单相接地短路故障的可靠性，可配置中压侧和公共绕组互感器构成的分侧差动保护。高压侧、中压侧后备保护包括带偏移特性的阻抗保护、复合电压闭锁过流保护、过励磁保护（高后备）、失灵保护；低压侧配置复合电压闭锁过流保护；公共绕组配置过流保护；各侧均配置过负荷保护。

地下变电站因为消防的特殊需要，可能在某些变电站需应用 $SF_6$ 气体绝缘变压器。非电量保护对于油浸式变压器、$SF_6$ 气体绝缘变压器差别较大，建议以属地继电保护管理部门颁发的保护配置原则及厂家建议作为配置依据。表 5-1 列出油浸式变压器、$SF_6$ 气体绝缘变压器非电量保护动作内容，供读者参考。

**表 5-1　　主变压器非电量保护**

| 变压器型式 | 油浸式变压器 | $SF_6$ 气体绝缘变压器 |
|---|---|---|
| 动作于跳闸同时发信号 | 本体重瓦斯动作 | 本体气体低压力跳闸 |
| | 有载调压重瓦斯保护动作 | 本体压力突变 |
| | 电缆箱重瓦斯 | 有载调压气体低压力跳闸 |
| | 压力释放 | 有载调压压力突变跳闸 |
| | 冷却器全停（强迫油循环或水冷却方式） | 电缆箱气体低压力跳闸 |
| | | 电缆箱气体低压力突变跳闸 |
| | | 冷却器全停跳闸 |

续表

| 变压器型式 | 油浸式变压器 | $SF_6$ 气体绝缘变压器 |
|---|---|---|
| 动作于发信号 | 主变本体轻瓦斯动作 | 本体气体低压力报警 |
| | 电缆箱轻瓦斯 | 有载调压气体低压力报警 |
| | 油温高 | 有载调压气体高压力报警 |
| | 绕组过温 | 电缆箱气体低压力报警 |
| | 本体油位异常 | 本体气体温度报警 |
| | 调压油位异常 | 本体绕组温度报警 |

当 $SF_6$ 气体绝缘变压器失去全部冷却器装置时，需要瞬时发出冷却器全停跳闸告警信号，通知运行人员及时向调度中心汇报，降低负荷控制在30%以下，并做紧急处理。如果故障无法排除，延时 15min 后，主变压器保护动作跳开变压器各侧断路器。由于 $SF_6$ 气体绝缘变压器冷却器全停会导致变压器各侧断路器跳闸，所以此回路的判据要准确反映冷却器全停的全部因素，一般厂家设计为如图 5-1 所示的判据回路。

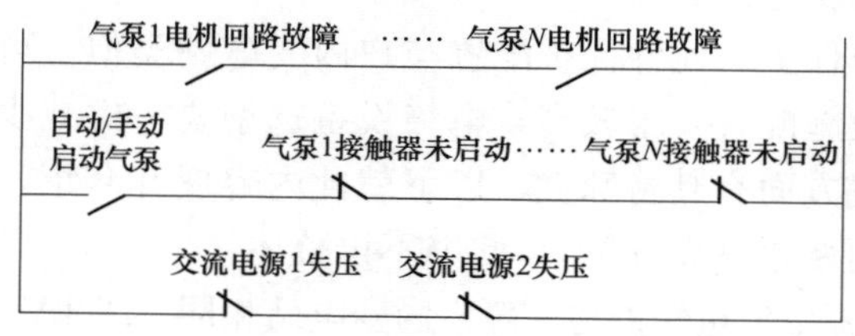


图 5-1　$SF_6$ 气体绝缘变压器冷却器全停回路

在早期的 $SF_6$ 气体绝缘变压器冷却器控制回路中，冷却器全停回路未加入自动/手动启动气泵回路闭锁，当变压器负荷在30%以下时，或冬季环境温度低时，气体变压器按照自冷方式运行，会造成主变压器保护冷却器全停回路误动作。加入自动/手动启动气泵回路闭锁可解决这个问题，各厂家在后续的设计中均接受了这一改进措施。

由于冷却器全停回路的判据之一是交流电源均失压，而且冷却器全停回路一旦动作将断开变压器各侧断路器，如备自投不成功将造成负荷的损失。地下变电站一般位于供电可靠性要求高的A+类地区[1]，所以冷却器全停回路的误动作要在设计中予以避免。这涉及站用变压器回路的可靠性问题，一般在 220kV 及以上的地下变电站，站用变压器要考虑站外保安电源的引入，而且站用变压器二次侧失压脱扣回路要解除，以免因站用变压器电压短时波动，引起冷却器全停回路的误动。

地下变电站变压器保护组屏（柜）安装于二次设备室或配电装置区。110kV 变压器保护每台变压器宜组一面屏（柜），220kV 及以上电压等级变压器保护每台变压器宜组三面屏（柜），当非电量保护下放布置时，也可组两面屏。

## 二、安全自动控制装置

安全自动装置是防止电力系统失去稳定性和避免电力系统发生大面积停电事故的自

[1] A+类地区：一般定义为直辖市市中心区或供电区域的负荷密度≥30MW/km$^2$ 的地区，省会城市、计划单列市供电区域的负荷密度≥30MW/km$^2$ 的地区。

动装置。城市地下变电站应按照电力行业标准 DL 755—2001《电力系统安全稳定导则》的规定装设安全自动控制装置。安全自动控制装置的设计应符合 GB/T 50703—2011《电力系统安全自动装置设计规范》的相关规定。

安全自动装置包括备用电源自动投入装置、输电线路自动重合闸、安全稳定控制装置、低电压控制装置和自动低频低压减负荷装置等。

安全自动装置应满足可靠性、选择性、灵敏性及速动性的要求。装置该动作时应准确动作；按照预期的要求实现控制作用；在系统故障和异常时能可靠启动和正确判断；尽快动作，限制事故影响。装置应简单、可靠、有效且技术先进。

（一）备用电源自动投入装置

一般地，电网中应用的标准备自投装置动作过程分为充电、备自投动作、动作于故障后加速跳闸三个步骤。其中充电条件为分段（桥）断路器联络的两段母线均有压、两进线断路器为合闸位置、待投入分段（桥）断路器在分闸位置，经 15s 后充电完成。在充电过程中，如出现不满足上述充电条件的任何一条或外部闭锁信号、开关机构压力异常、手动跳闸等放电条件，即刻放电。充电完成后，当一段母线无压、无流，另一段母线有压，则无压、无流母线的进线断路器跳闸，待投入分段（桥）断路器自投动作，如自投动作于故障母线，备自投装置加速跳开。

地下变电站一般位于城市中心区，按照行政级别或规划水平年负荷密度，一般属于 A+类供电区域，供电可靠性要求高，用户年平均停电时间不高于 5min（不小于 99.999%）。所以，针对某些特殊的主接线方式，应具备一些有针对性的备自投策略，并研发出支撑特殊运行方式的备自投装置，如综合备自投装置。在某些特殊运行方式下，在不改变通用设备的条件下，还可采取特殊的外部接线处理，来满足备自投策略要求。以下就两种特殊情况分别介绍链式接线及合母联运行方式下的备自投回路接线方案。

**1.** 链式接线的备自投回路接线

当主接线为系统电源采用链式接线❶的单母线分段型式时（如图 5-2 所示），采用综合备自投设备，考虑配置以下五种备自投策略。

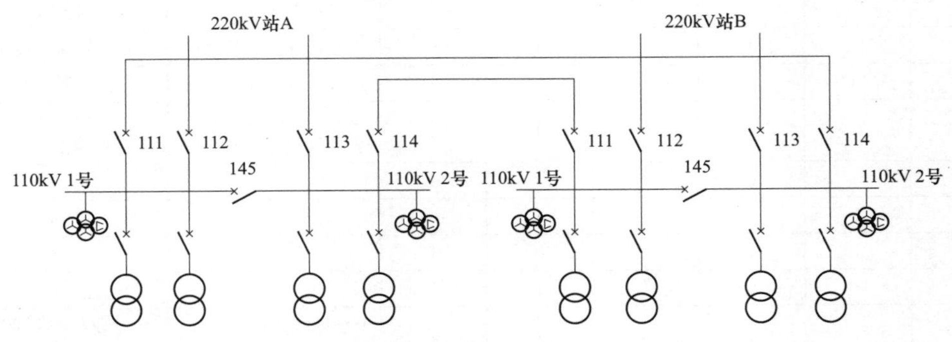


图 5-2 采用链式接线的单母线分段主接线系统接线示意

❶ 链式接线：两个 220kV 站分别为两个 110kV 站提供主供电源，两个 110kV 站互相联络，作为各自站的备用电源。为便于统一运行管理，通常，110kV 站的 111 处于分闸位置，114 处于合闸位置。

根据111～114、145断路器位置，共统计出32种组合方式，表5-2中“1”表示开关“合位”，“0”表示开关“分位”。

表5-2　　单母线分段无压跳闸逻辑组合方式

| 序号 | 111 | 112 | 145 | 113 | 114 | 无压跳 | 自投方式 |
|---|---|---|---|---|---|---|---|
| 1 | 1 | 0 | 0 | 0 | 0 | × | × |
| 2 | 0 | 1 | 0 | 0 | 0 | 1号母线无压掉112 | 112跳闸，投111 |
| 3 | 0 | 0 | 1 | 0 | 0 | × | × |
| 4 | 0 | 0 | 0 | 1 | 0 | × | × |
| 5 | 0 | 0 | 0 | 0 | 1 | × | × |
| 6 | 1 | 1 | 0 | 0 | 0 | × | × |
| 7 | 1 | 0 | 1 | 0 | 0 | × | × |
| 8 | 1 | 0 | 0 | 1 | 0 | 1号母线无压掉111，2号母线无压掉113 | 111/113跳闸，投145 |
| 9 | 1 | 0 | 0 | 0 | 1 | 1号母线无压掉111，2号母线无压掉114 | 111/114跳闸，投145 |
| 10 | 0 | 1 | 1 | 0 | 0 | 1号母线无压掉112 | 112跳闸，投111 |
| 11 | 0 | 1 | 0 | 1 | 0 | 1号母线无压掉112，2号母线无压掉113 | 112跳闸投111，113跳闸投145 |
| 12 | 0 | 1 | 0 | 0 | 1 | 1号母线无压掉112，2号母线无压掉114 | 112跳闸投111，114跳闸投145 |
| 13 | 0 | 0 | 1 | 1 | 0 | × | × |
| 14 | 0 | 0 | 1 | 0 | 1 | × | × |
| 15 | 0 | 0 | 0 | 1 | 1 | × | × |
| 16 | 1 | 1 | 1 | 0 | 0 | × | × |
| 17 | 1 | 1 | 0 | 1 | 0 | 1号母线无压掉112，2号母线无压掉113 | 112/113跳闸，投145 |
| 18 | 1 | 1 | 0 | 0 | 1 | 1号母线无压掉112，2号母线无压掉114 | 112/114跳闸，投145 |
| 19 | 1 | 0 | 1 | 1 | 0 | × | × |
| 20 | 1 | 0 | 1 | 0 | 1 | × | × |
| 21 | 1 | 0 | 0 | 1 | 1 | 1号母线无压掉111，2号母线无压掉113 | 111/113跳闸，投145 |
| 22 | 0 | 1 | 1 | 1 | 0 | 1号母线无压掉112 | 112跳闸，投111 |
| 23 | 0 | 1 | 1 | 0 | 1 | 1号母线无压掉112 | 112跳闸，投111 |
| 24 | 0 | 1 | 0 | 1 | 1 | 1号母线无压掉112，2号母线无压掉113 | 112跳闸投111，113跳闸投145 |
| 25 | 0 | 0 | 1 | 1 | 1 | × | × |
| 26 | 1 | 1 | 1 | 1 | 0 | × | × |
| 27 | 1 | 1 | 1 | 0 | 1 | × | × |
| 28 | 1 | 0 | 1 | 1 | 1 | × | × |
| 29 | 1 | 1 | 0 | 1 | 1 | 1号母线无压掉112，2号母线无压掉113 | 112/113跳闸，投145 |
| 30 | 0 | 1 | 1 | 1 | 1 | 1号母线无压掉112 | 112跳闸，投111 |
| 31 | 1 | 1 | 1 | 1 | 1 | × | × |
| 32 | 0 | 0 | 0 | 0 | 0 | × | × |

五种自投策略：

（1）自投方式1。111断路器在合位，112、145断路器在分位，113或114断路器在合位。当111线路故障，线路保护或无压掉闸动作，掉111线路，自投145断路器。

（2）自投方式2。112断路器在合位，111断路器在分位。当112线路故障，线路保护或无压掉闸动作，掉112线路，互投111断路器。

为了防止111线路故障时，112同时发生故障掉闸而互投111线路，取111线路保护动作接点接入145分段自投装置“闭锁112互投111”回路。

（3）自投方式3。113断路器在合位，114、145断路器在分位，111或112断路器在合位。当113线路故障，线路保护或无压掉闸动作，掉113线路，自投145断路器。

（4）自投方式4。114断路器在合位，113、145断路器在分位，111或112断路器在合位。当114线路故障，线路保护或无压掉闸动作，掉114线路，自投145断路器。

（5）自投方式5。112断路器在合位，145断路器在分位，113或114断路器在合位。当112线路故障，无压掉闸动作，掉112线路，且方式2未启动或动作不成功，自投145断路器。

110kV自投闭锁条件为：手跳或遥跳111、112、113、114、145断路器；母差动作；自投动作一次。

为方便运行人员根据不同的运行方式快速、准确的切换自投逻辑，预设了5种自投状态压板：

（1）闭锁111自投145。

（2）闭锁112自投111；（此压板投入后，检测“闭锁112自投145”开入，若有开入则112跳闸不自投；若没有开入，则112跳闸投145）。

（3）闭锁112自投145；（此压板正常不投入，“闭锁112自投111”未投入时，此压板逻辑中自动投入）。

（4）闭锁113自投145。

（5）闭锁114自投145。

为防止试验人员传动开关，造成自投关系的混乱，还设置了“开关检修硬压板”，主要考虑检修某个开关时，可以退出其自投关系。

“闭锁112自投145”正常不能投入。为了防止111线路发生故障，同时112也发生故障跳闸，自投到111故障线路上，当111线路保护动作后要“闭锁112自投111”（将111线路保护动作接点并接在“闭锁112自投111”回路中），此时检测“闭锁112自投145”开入，如果未投入，则112跳闸投145，否则将失去一次自投145的机会。

当113、114开关在合闸位置时，113为进线，114为出线。如果此时想停用110kV 2号母线，应先停114开关，再停113开关；或先停用145自投回路。因为若先停113开关，会造成2号母线停电，2＃母线无压跳会动作跳开114自投145，非常危险。同样111、112开关也有此问题。

为满足链式接线保护配合的要求，链式接线线路均需配置光纤纵差保护，链式接线变电站110kV侧均需配置母差保护。110kV链式接线联络线线路载流量选择必须满足自投方式要求，否则会因为联络线路载流限制而导致自投装置停用或对变压器带负荷能力进行限制。为了减少事故对变电站的冲击及快速恢复供电，110kV链式接线的联络线路不论是否为电缆均不投入重合闸。

**2.** 合母联（分段）运行的备自投回路接线

当220kV变电站采用单母线分段接线时，为避免“$N$-1”故障时，220kV自投不成功或希望不因自投过程造成下级线路短暂失电，往往考虑220kV分段断路器合闸运行。2212、2213线路做为主供电源，2211、2214线路作为联络线。既2212、2213主供电源线路断路器合闸运行，联络线2211断路器断开、2214断路器合闸、2245分段断路器合闸运行，2212、2213均掉闸时自动投2211线路断路器，此种特殊运行方式，称之为“双掉单投”（如图5-3所示）。

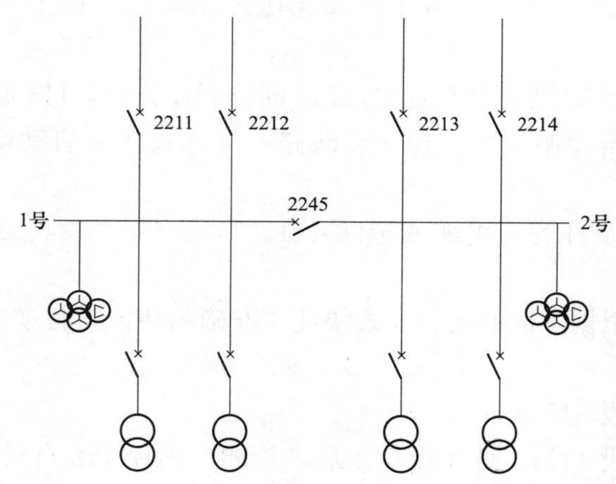


图5-3　采用双掉单投互投方案的单母线分段主接线系统接线示意

在这种方式下，互投断路器若采用标准互投装置的常规二次回路接线会带来以下问题：

（1）无压掉判据选择困难：备自投装置无压掉判据为母线Ⅰ、母线Ⅱ、线路Ⅰ、线路Ⅱ。因当220kV线路对侧不接入电厂，无判同期要求时，一般不安装线路TV。此时如220kV分段合闸运行，1号、2号母线TV传变的是同一母线电压。这种状态下，如果只接1号母线TV，则装置报母线TV断线，如果将2号母线TV接至线路Ⅰ接口，则相当于备自投装置只有一个无压掉判据，易发生误动。

（2）装置启动条件接口不足：备自投装置仅提供两个进线断路器分闸位置开入接口，进线ⅠDL跳位、进线ⅡDL跳位。而特殊运行方式需要通过三个进线断路器分闸位置进行逻辑判别。此时，备自投装置开入接口不能满足一对一位置接入需求。

（3）闭锁条件选择困难：当手动分闸时，应给备自投装置放电。手跳闭锁条件，如果选择手跳2212、手跳2213断路器做逻辑“与”判别，其逻辑状态无重叠区，不会启动闭锁。如果手跳2212、手跳2213断路器做逻辑“或”判别，则2212（2213）手动分闸时，同时发生 2213（2212）线路故障，此时 2212（2213）手动分闸给 2211 线路互投放电，2211 线路会失去一次互投机会。

在工程应用中，若考虑采用常规互投装置，只需要在 TV 及断路器位置判别、放电回路中，做一些特殊处理，便可解决上述问题。

首先，解决无压掉闸回路的 TV 判据接入问题，母线Ⅰ接 220kV 4 号母线，线路Ⅰ接 220kV 5 号母线 TV；母线Ⅰ与母线Ⅱ TV 回路并联，线路Ⅰ与线路Ⅱ TV 回路并联（如图 5-4 所示）。

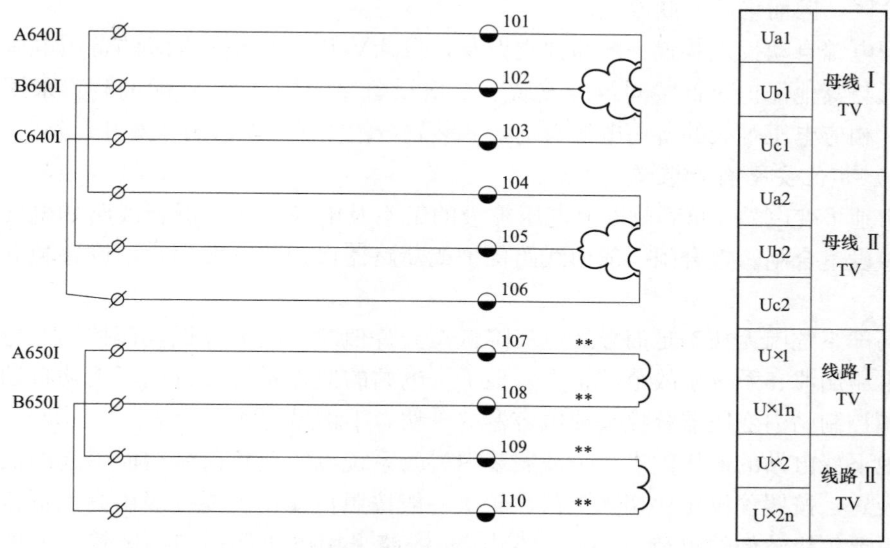


图 5-4　双掉单投互投方案的 TV 接入回路处理方案

其次，说明启动条件解决方案：2212、2213 断路器串联接入进线ⅠDL 跳位，2211 断路器接入进线ⅡDL 跳位。为解决 2212、2213 检修状态下断路器位置分、合不准确，2212、2213 断路器位置分别并联检修压板，检修时投入压板，强制检修断路器位置为分位（如图 5-5 所示）。

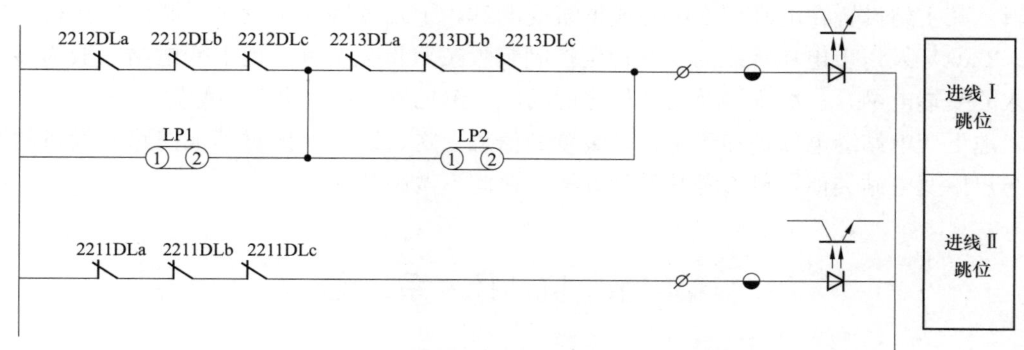


图 5-5　双掉单投互投方案的位置判别接入回路处理方案

最后，分析闭锁互投条件解决方案：通过分析特殊运行方式下的操作顺序，得出结论，2212、2213 任一断路器手动分闸时，不满足启动条件，此时手跳动作可不引入放电回路，参与判别。当2212、2213均退出运行，手动操作开关置于分位前，2211应为主供电源，应首先投入运行，此时2211线路互投退出，手跳放电条件亦可不判别。

以上分析了双掉单投互投方式时，采用常规互投装置的外部回路的特殊处理方案。由此，可以派生出双掉双投方式采用常规互投装置的处理方案，可参考处理。需要指出的是，当单母线分段主接线方式合母联运行采用双掉双投方案时，母差保护因出口脉冲开放时间只有200ms，若两段母线母差保护串联闭锁互投，会因母差出口开放时间短而没有重叠区，因而采用并联放电。

备用电源自动投入装置一般为独立设备，110kV及以上电压等级的备用电源自动投入装置可与其他保护装置共同组屏安装于二次设备室，10、35kV配电装置采用户内开关柜的，相应电压等级的备用电源自动投入装置分散安装于分段开关柜中。

（二）其他安全自动装置

城市地下变电站10kV及以上电压等级的架空及电缆与架空混合线路如电气设备允许，应装设重合闸。重合闸一般由线路保护或断路器保护装置实现，不设置独立的重合闸装置。

当局部系统因无功不足而导致电压降低至允许值时，应配置低电压控制装置，以防止系统电压崩溃、系统事故范围扩大。地下变电站的监控系统具备低压无功自动投切功能，协调控制站内变压器分接头或电容器的投切，不再另配独立设备。

在地下变电站的低压侧出线一般安装因失去系统电源或负荷激增而引起的低频低压减负荷装置，按照预设轮次切除负荷，轮次一般按照负荷的重要等级由高到低排序，首先切除重要等级较低的负荷。10kV（35kV）线路采用出线保护测控装置中的低频低压减负荷功能，也可采用独立装置。

当系统发生事故扰动失稳的情况下，应配置安全稳定控制装置。安全稳定控制装置具有以下功能：当电力系统遭受大干扰时，防止暂态稳定破坏；当电力系统有小扰动或慢负荷增长时，防止线路过负荷、静态或动态稳定破坏。在工程设计中，应有安全稳定分析的独立篇章，对系统进行必要的安全稳定计算以确定适当的安稳控制方案、策略或逻辑。其主站设置在电网调度中心或枢纽变电站，子站设置在预设执行断面的执行变电站。220kV及以上电压等级的安全稳定控制装置按双重化配置。地下变电站一般为多点送入的受端电网，一般不涉及安全稳定的问题，鲜见安全稳定设备的配置。

地下变电站继电保护和安全自动装置的信息上送、继电保护对其他回路及设备的要求与户内变电站类似，可参考其设计方案，在此不做展开论述。

## 第二节 监 控 系 统

监控系统是以计算机技术、网络技术、通信技术为基础，实现对全站的可靠、合理、完善的监视、测量及控制。传统变电站监控系统的监控范围集中于变电站内各电压等级需要执行分/合或启动/停止的主要电气设备。目前，地下变电站的监控系统分为站用计算机监控系统（以下简称“计算机监控系统”）及辅助控制系统两部分。随着变电站运行管理方式的变化，逐步过渡到无人值班或无人值守，变电站辅助控制系统随之也成为变电站内监控系统的组成部分。计算机监控系统及辅助控制系统具备信息单向交互及联动的功能。

## 一、计算机监控系统

地下变电站计算机监控系统的配置应遵循以下原则：

（1）提高变电站的安全生产水平、技术管理水平和质量；

（2）使变电站运行方便、维护简单，提高劳动生产率和运营效益；

（3）减少二次设备间的连接，简化二次接线；

（4）避免设备的重复配置，实现资源共享；

（5）减少变电站占地面积，降低工程造价。

地下变电站计算机监控系统由站控层和间隔层两部分组成，采用直接连接方式，并用分层、分布、开放式网络系统实现连接。地下变电站计算机监控系统配置如图 5-6 所示。

智能变电站监控系统在功能逻辑上由站控层、间隔层、过程层组成，较常规变电站增加了过程层，如图 5-7 所示。

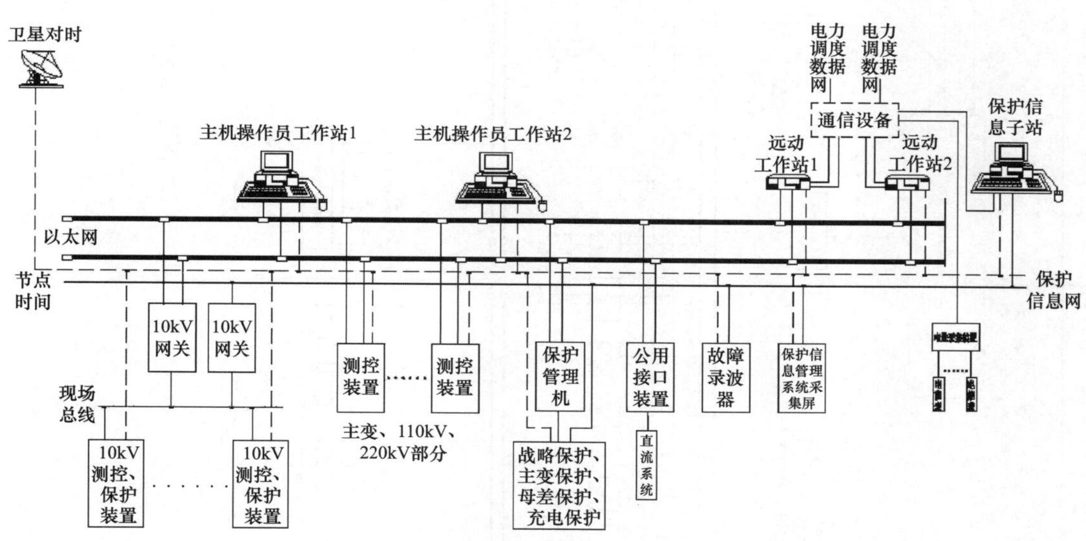


图 5-6　220kV 常规地下变电站监控系统网络图

站控层由主机、操作员站、远动通信装置、保护故障信息子站和其他工作站构成，提供站内运行的人机联系界面，实现管理控制间隔层、过程层设备等功能，形成全站监控、管理中心，并与远方监控/调度中心通信，以适应变电站无人值班的要求。

间隔层由保护、测控、计量、录波、相量测量等若干个二次子系统组成，在站控层及网络失效的情况下，仍能独立完成间隔层设备的就地监控功能。

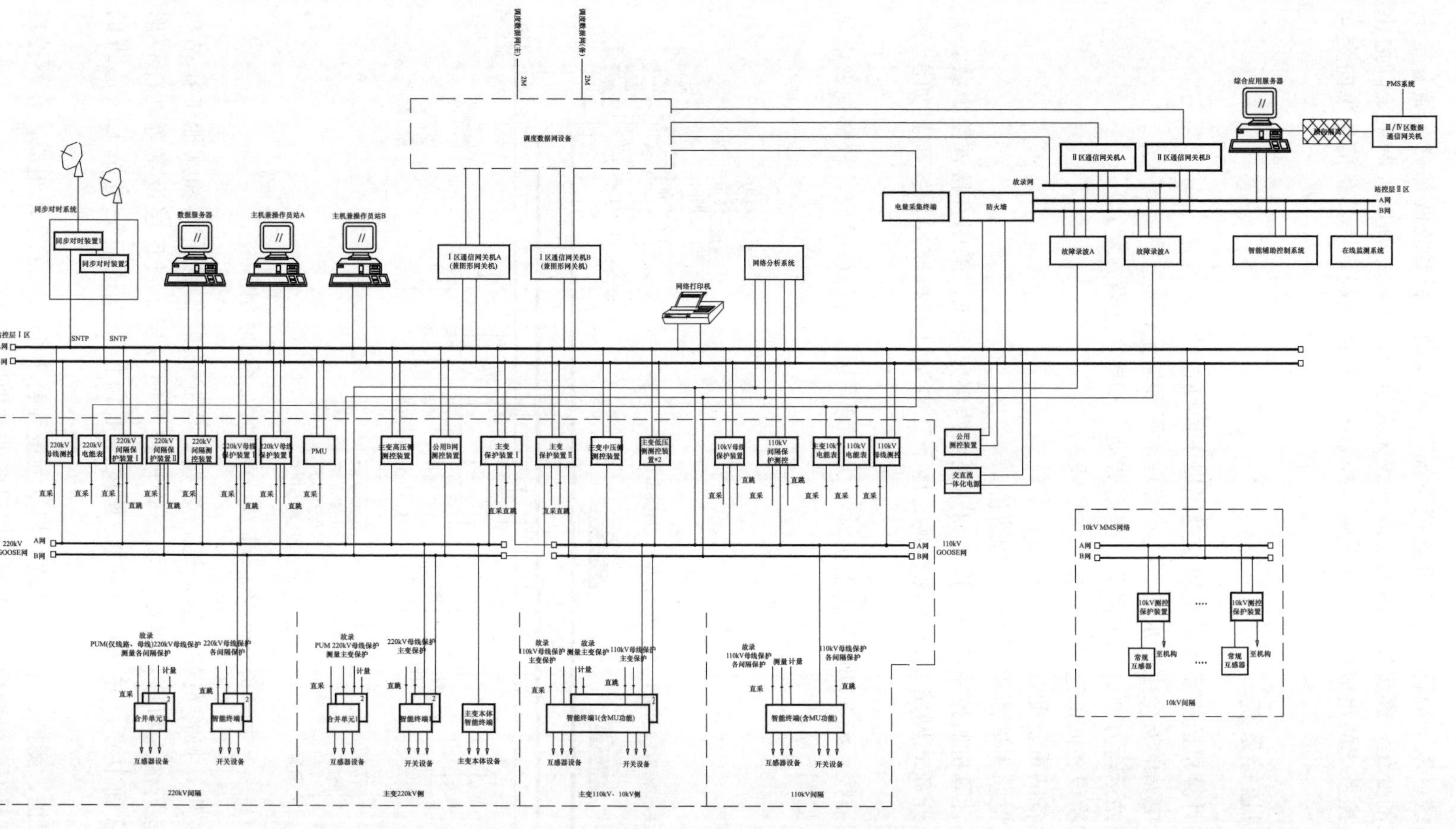

图5-7　220kV地下智能变电站监控系统网络图

过程层由互感器、合并单元、智能终端等构成，完成与一次设备相关的功能，包括实时运行电气量的采集、设备运行状态的监测、控制命令的执行等。

站控层设备宜集中设置；间隔层设备宜按相对集中方式分散设置，当技术经济合理时，也可按全分散方式设置或全集中方式设置；过程层设备宜分散布置。

计算机监控系统各层网络宜采用国际标准推荐的高速以太网组成，通信规约采用DL/T 860—2004《变电站通信网络和系统》规定的通信标准。全站设备统一建模。220kV及以上变电站站控层、间隔层网络宜采用双重化星形以太网络，110kV（66kV）变电站站控层、间隔层网络宜采用单星形以太网络。

在智能地下变电站中，过程层网络宜按电压等级分别组网，应依据变电站电压等级、工程规模和所传输的数据流量等具体情况，确定过程层网络结构，一般按照以下原则设置：

（1）220kV及以上电压等级宜按电压等级独立配置GOOSE❶和SV❷网络，网络宜采用星形双网结构；

（2）220kV及以上电压等级变压器间隔的220kV及以上电压等级侧局部配置过程层GOOSE和SV双星形网络；

（3）110kV（66kV）电压等级采用SV+GOOSE单形网络方式传输；

（4）35kV（10kV）电压等级不宜配置独立的过程层网络，GOOSE报文通过站控层网络传输。

站控层设备包括监控主机、操作员工作站、工程师站、远动通信设备、与电能量计费系统的接口以及公用接口等，完成数据采集、数据处理、状态监视、设备控制和运行管理等功能。各电压等级地下变电站计算机监控系统站控层设备配置见表5-3～表5-6。

**表5-3　110kV及以下地下变电站站控层设备配置表**

| 序号 | 设备 | 配置方案 |
| --- | --- | --- |
| 1 | 监控主机兼操作员 | 1台 |
| 2 | 远动通信设备 | 1台或2台 |

**表5-4　220kV及以上变电站站控层设备配置表**

| 序号 | 设备 | 配置方案 |
| --- | --- | --- |
| 1 | 监控主机兼操作员 | 2台 |
| 2 | 工程师站（500kV变电站选配） | 1台 |
| 3 | 远动通信设备 | 2台 |

**表5-5　110kV及以下智能地下变电站站控层设备配置表**

| 序号 | 设备 | 配置方案 |
| --- | --- | --- |
| 1 | 监控主机兼操作员、工程师工作站、数据库服务器 | 2台 |
| 2 | 综合应用服务器 | 1台 |
| 3 | Ⅰ区数据通信网关机兼图形网关机 | 2台 |
| 4 | Ⅱ区数据通信网关机兼图形网关机 | 1台 |
| 5 | Ⅲ.Ⅳ区数据通信网关机兼图形网关机（选配） | 1台 |

❶ GOOSE（Generic Object Oriented Substation Event）是一种面向通用对象的变电站事件。主要用于实现在多IED之间的信息传递，包括传输跳合闸信号（命令），具有高传输成功概率。

❷ SV（Sampled Value）采样值，基于发布/订阅机制，交换采样数据集中的采样值的相关模型对象和服务，以及这些模型对象和服务到ISO/IEC 8802—3帧之间的映射。

表 5-6　　220kV 及以上智能变电站站控层设备配置表

| 序号 | 设备 | 配置方案 |
|---|---|---|
| 1 | 监控主机兼操作员及工程师工作站 | 2台 |
| 2 | 数据库服务器 | 1台 |
| 3 | 综合应用服务器 | 1台 |
| 4 | Ⅰ区数据通信网关机兼图形网关机 | 2台 |
| 5 | Ⅱ区数据通信网关机兼图形网关机 | 2台 |
| 6 | Ⅲ.Ⅳ区数据通信网关机兼图形网关机（选配） | 1台 |

间隔层包括继电保护、安全自动装置、测控装置、计量表计等设备，实现或支持实现测量、控制、保护、计量、监测等功能。220kV 及以上电压等级及主变各侧测控装置独立配置，110kV 及以下电压等级宜采用保护、测控集成装置。

智能地下变电站过程层设备包括智能电力变压器、智能高压开关设备、互感器等高压设备及合并单元[1]和智能终端[2]，以支持或实现电测量信息和设备状态信息的实时采集和传送，接受并执行各种操作与控制命令。一般按照以下原则设置：

（1）220kV 及以上电压等级双重化配置保护的间隔，智能终端、合并单元双套独立配置；

（2）110kV 及以下电压等级单套配置智能终端＋合并单元合一装置；

（3）66kV（35kV）及以下户内开关柜，可不配置智能终端、合并单元。

## 二、辅助控制系统

地下变电站辅助控制系统包括消防、暖通、照明、$SF_6$ 气体检测、给排水、视频监控等功能，不仅要求信息及时准确，更要求控制可靠性，任一环节出现问题都会造成变电站故障停运，还会造成影响相邻设施的环境保护问题。根据地下变电站的辅助设施设置情况和特点，结合对辅助设备安装和运行要求，明确相互之间的逻辑配合原则。

变电站内配置有视频监控及安全防范子系统、环境监测与控制子系统、$SF_6$ 及含氧量监测子系统、火灾自动报警及主变消防子系统等辅助生产系统。地下变电站一般位于城市负荷中心区，对于变电站运行可靠性要求更高，对为变电站提供良好运行环境的各个辅助生产系统可靠性要求也相应提高。为了保证地下变电站可靠稳定运行，在变电站内配置一套智能辅助控制系统，以有效地控制、协调各辅助生产系统。地下变电站采用分散控制系统实现主变压器消防控制、环境监控、设备温度监控、视频监控、$SF_6$ 气体泄漏监视及火灾自动报警及控制等。

城市地下变电站的智能辅助控制系统需要监控的信息量大，信息的有效传输与监控至关重要。智能辅助控制系统对各子系统的监控侧重于监控信息的全面覆盖、智能

[1] 合并单元（merging unit）：用以对来自二次转换器的电流和/或电压数据进行时间相关组合的物理单元。合并单元可是互感器的一个组成件，也可是一个分立单元。

[2] 智能终端：一种智能组件。与一次设备采用电缆连接，与保护、测控等二次设备采用光纤连接，实现对一次设备（如：断路器、隔离开关、主变等）的测量、控制等功能。

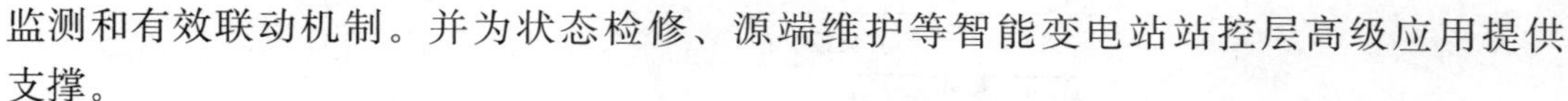

监测和有效联动机制。并为状态检修、源端维护等智能变电站站控层高级应用提供支撑。

（一）辅助控制系统构成

地下变电站的设备间是封闭空间，需要通风换气。DL/T 5216—2005《35kV～220kV 城市地下变电站设计规定》中 7.4.5 规定“主控制室和继电器室室温不宜超过 35℃。电容器室和配电装置室室温不宜超过 40℃，变压器室温不宜超过 45℃。”设备间通风的主要措施有自然通风和机械排风两种方式。自然通风的作用原理，主要是利用室内外温度差所造成的热压或室外风力所造成的风压来实现通风换气的，建筑物本身需要具有良好通风条件，譬如，若满足一定的热压需要进风口在上、排风口在下，形成一定高差。地下变电站进风口、出风口基本设置在同一个平面，不具备形成热压的条件。另外地下变电站因为设备间都在地下，不具备形成风压的条件，室外自然风力无法顺利达到各设备间。目前国内已投运的地下变电站，多采用自然进风机械排风方式，需要配置风机数量较多。因此，辅助控制系统对于风机的监视信息量增大、联动控制也更加复杂。

地下变电站建筑由于无外窗，与外部相连的通道少，火灾时，排热排烟差、安全疏散困难、扑救难度也大，火灾自动报警系统保护对象为二级，其系统形式为区域报警系统，应根据安装部位的特点采用不同类型的感烟及感温探测器，设置自动灭火系统。地下变电站除了排除余热所需的通风管道外，还设有消防所需的防排烟管道。所以，地下建筑的防排烟是防火设计的一个重要内容。

近几年，夏季暴雨、台风等恶劣天气频发，地下变电站因主体全部或大部在地面以下，提升地下变电站防汛能力对于灾害天气预防、控制隐患等方面具有重要意义。根据 DL/T 5216—2005《35kV～220kV 城市地下变电站设计规定》中第 7.5 节规定：站区应有排除地面及路面雨水至城市排水系统的设施；地下变电站应设置自动排水系统。地下变电站站区雨、污水均排至城市排水系统；同时设置废水排水泵房和多台自控式排水泵。地下变电站户外电缆沟较多，220kV 及以上地下变电站兼有超深工井。户外电缆沟内也均匀设置集水井和流量为 $20m^3/h$ 的排水泵用来排除雨水。

综上所述，地下变电站需要大量的辅助生产设施，相应的辅助控制系统监视信息量更大，联动机制更加复杂。监控所需的预埋箱体、管线更多，致使变电站墙体结构埋管过多。基于此，本书推荐采用分布式智能辅助控制系统[19]，将智能辅助控制系统的监控信息量按区域分层管理，有效减少地下变电站埋管布线工程量，降低预埋管线对墙体结构的影响。分布式辅助控制系统结构示意如图 5-8 所示。

辅助控制系统应满足全站安全运行要求，系统后台设备按全站最终规模配置，前端设备按本期建设规模配置。

分布式智能辅助监控系统主要具有以下主要功能：

（1）以“智能控制”为核心，对全站主要电气设备、关键设备安装地点以及周围环境进行全天候的状态监视和智能控制，以满足电力系统安全生产的要求。

（2）以“网络通信”为手段，完成站端音视频、环境数据、火灾报警信息、$SF_6$、门禁以及防盗报警等数据的采集和监控，并远传到监控中心或调度中心。

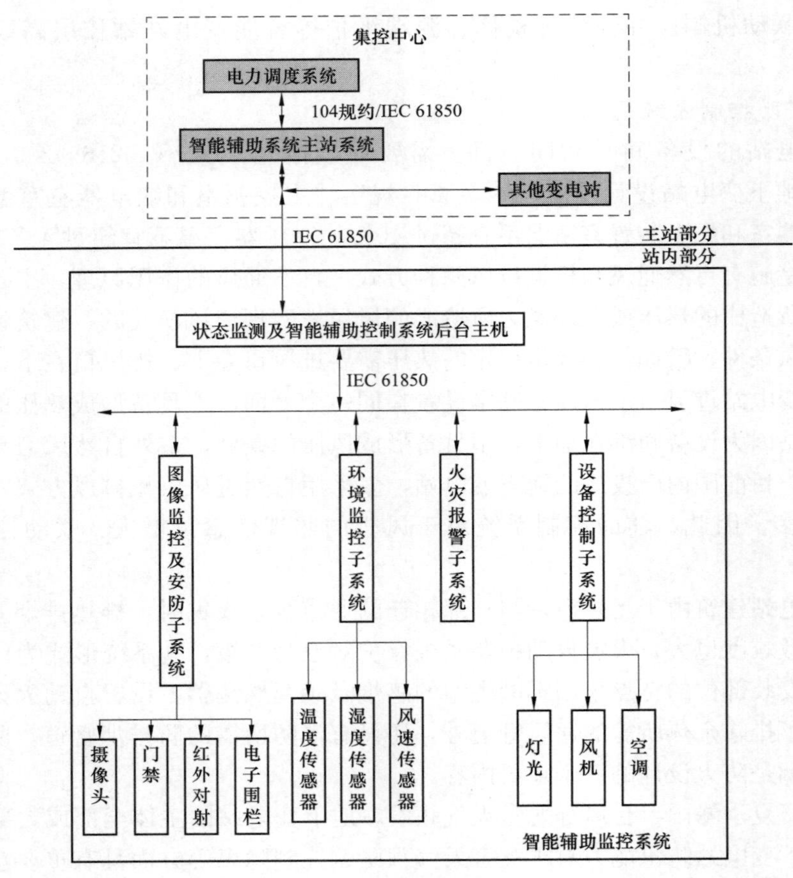


图 5-8　分布式辅助控制系统结构示意图

（3）所有监控量一体化显示、控制，系统把视频、门禁、环境、$SF_6$、火灾消防、周界报警等所有监控量在监控系统主界面上进行一体化显示和控制，而不是分系统独立显示和控制。

（4）联动功能：系统内的各子系统之间进行联动；系统和站内自动化 SCADA 系统联动，并可以根据变电站现场需求，完成自动的闭环控制和告警，如自动启动/关闭空调、自动启动/关闭风机、自动启动/关闭排水系统等。

（二）分布式辅助控制系统设置

分布式辅助控制系统包含视频监控及安全警卫子系统、火灾自动报警及主变消防子系统、环境监测与控制子系统、$SF_6$及含氧量监测子系统。

**1.** 视频监控及安全警卫子系统

地下变电站由于地处城市负荷中心，其安全防卫工作更是重中之重。视频监控及安全警卫系统是为了充分保障城市地区电力系统设施安全，提升电力系统安全防护等级，及时发现安全隐患，提高变电站运维管理工作质量和效率而建设。视频监控及安全警卫系统应满足 GB 50348《安全防范工程技术规范》的规定。视频监控及安全警卫系统设备包括视频监控、门禁等。

(1) 视频监控。视频监控由三部分组成：前端摄像机，嵌入式硬盘录像视频服务器，视频信息传输通道、视频管理平台。

当前分布式视频监控方案日益受到青睐，分布式组网结构可以大幅节省布线成本，提高系统经济性和适用性。

采用 IPC（网络摄像机）＋NVR（网络硬盘录像机）的分布式组网结构的方案。IPC 选用高清网络红外摄像机，既可以满足分布式组网需求，又可以满足对图像清晰度的要求。

高清网络红外摄像机较之模拟摄像机具备以下优点：

1）像素高，图像清晰度好。高清网络红外摄像机分辨率支持 720P(1280×720)、1080P(1920×1080) 甚至更高，高分辨率的画面既可以满足对监视场景的监视，又可以通过电子放大等手段实现对画面细节的查看。

2）视频信号转为数字信号，受外部干扰小，图像质量好。

3）具备夜视能力。不需要额外配置灯光设备，可以在夜晚或微光环境下成像，适应夜间或类似场景的监视需求，满足对变电站现场的监控。

4）只需要部署 1 根网线和 1 根电源线即可实现视频信号的传输，安装方便。

高清网络红外摄像机采取分布式的布点、上传，即在就近的设备间内放置集中箱，箱内部署一台百兆交换机，附近的 IPC 线路连接至此，再经由该交换机上传到智能辅助机柜的汇聚交换机，该方案不仅优化布线节省线缆和管材，而且便于后期扩建，新增网络摄像机仅需接入到就近的集中箱中即可，避免到智能辅助机柜的重新布线。具体布线结构如图 5-9 所示。

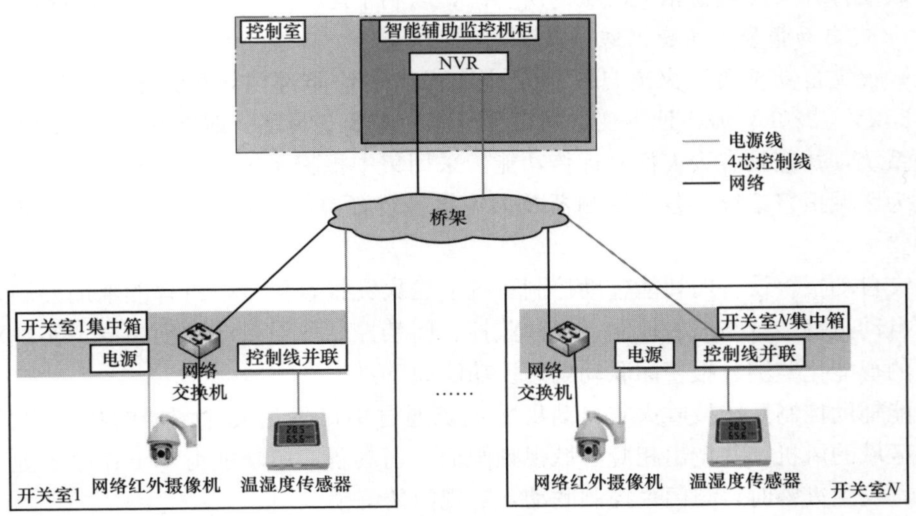


图 5-9　优化视频监视布线示意图

(2) 周界报警。地下变电站一般结合城市绿地或运动场、停车场等地面设施独立建设，或结合周边建筑物共同建设。根据建设环境不同，有的设置变电站围墙，有的不再设置变电站围墙，仅留有变电站出入口。

设置围墙的变电站一般设置一套周界报警装置，在警卫及消防控制室设置周界报警主机，实时监测围墙范围内的非法入侵报警信息。将信息通过网络方式上送至变电站辅助控制系统。并在四周围墙设置视频监控摄像机，当发生非法入侵告警时，联动显示并记录相关视频信息。

未设置围墙的变电站，仅在地面设置有变电站出入口、吊装口、进风口等设施。应在地上一层设置视频监控设备，监控范围为所有地上设施，在变电站出入口设置有门禁控制满足安全防范需要。门禁控制及视频监控设置方式详见相关章节。在变电站的出入口、吊装口、进风口的适当位置安装双鉴探测器实现人员入侵告警定位、联动和跟踪。

(3) 门禁控制。地下变电站仅留有变电站出入口时，可在变电站出入口设置门禁控制器即可。若有变电站围墙，则在变电站入站大门及建筑物主入口设置。

门禁控制由门禁主机、读卡器和电锁组成。系统采用先进的感应读卡技术和自动控制技术，具有使用方便、功能全面、安全可靠和管理严格的特点。授权范围内的人员持有如信用卡大小的感应卡，根据所获得的授权，在有效期限内可开启指定的门锁进入实施门禁控制的场所。门禁控制可通过智能辅助监控系统平台统一管理，与其他辅助控制系统实现智能联动。

1) 门禁控制与视频监控的联动。当有人员或车辆通过门禁设备进出门口时，视频监控可调用相应摄像机，进行视频查看，以确认进出人员的身份，大大提高地下变电站的安全性。

2) 门禁控制与火灾自动报警系统的联动。当火灾自动报警系统发生动作时，门禁控制可联动打开火灾报警相关区域的所有门，以利于运行人员进行火势控制或撤离。

**2.** 火灾自动报警及主变消防子系统

(1) 火灾自动报警。火灾自动报警应取得当地消防部门认证。根据 DL/T 5216—2005《35kV～220kV 城市地下变电站设计规定》中 8.3 规定：地下变电站应设置火灾自动报警系统，并应具有火灾信号远传功能。采用集中报警系统，保护对象为二级，其系统形式为区域报警系统。各种探测器及火灾报警装置等的设置应符合 GB 50116 的有关规定和要求。

火灾自动报警设备向智能辅助控制系统上送火灾报警信号，由智能辅助控制系统下发火灾自动报警装置与风机控制、视频监控、门禁控制等设备的联动指令，实现对变电站火灾的智能化监测、报警的联动处理。功能如下：

智能辅助控制系统接收火灾自动报警主机通过串口发送的探测器的状态信息，启/停相应区域的风机，并调出相应区域视频画面；当具备三维功能时，可在电子地图中快速定位；发生火警时，与门禁控制联动，实现门禁解锁。

(2) 主变压器消防。地下变电站采用油浸变压器时，一般独立设置主变消防设备，在主厂房警卫及消防控制室设置主变消防自动报警主机。智能辅助控制系统接收主变消防设备的报警信号，下发与视频监控、门禁控制等设备的联动指令，实现对变电站主变压器火灾的智能化监测、报警的联动处理。功能如下：

智能辅助控制系统接收主变消防自动报警主机通过串口发送的探测器状态信息，并

调出相应区域视频画面；当具备三维功能时，可在电子地图中快速定位。主变发生火警时，与门禁系统联动，门禁解锁。

**3.** 环境监测与控制子系统

环境监测与控制子系统由风机控制、温度传感器、湿度传感器、水浸传感器、灯光控制和环境数据采集单元等部分组成。配置原则如下。

（1）风机控制。智能辅助控制系统可实现全站风机的信息共享、智能控制。支持本地/远程控制风机启动和关闭。具体可实现如下功能：

1）根据温度设定自动开启和关闭风机；

2）自动监测风机系统的运行状态，同时联动控制风机。如火灾报警装置联动启停风机、$SF_6$ 及含氧量监测子系统告警联动风机等。实现远方手动联动控制及预留自动联动控制接口。远方手动联动需要提供启动及停止风机自保持接点，接点能接入 AC 220V、5A 控制回路。

针对以往工程中的风机控制显现出的布线、埋管等问题，考虑在集中箱内部署分布式风机控制器，由风机控制箱将每台风机的控制及运行反馈信号通过控制电缆引至分布式风机控制器，分布式控制器再通过网络交换机上传至智能辅助系统，从而实现风机信号上传和系统控制命令下达。优化后的风机控制架构示意如图 5-10 所示。

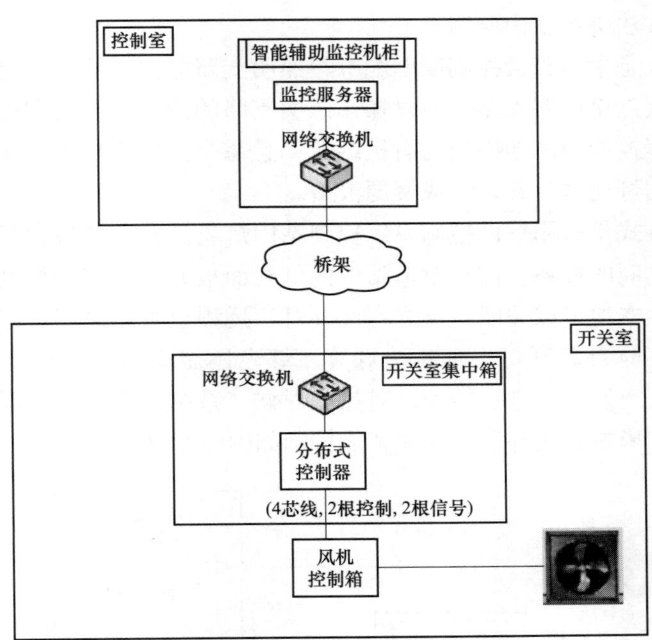


图 5-10 风机控制架构示意图

（2）温度、湿度传感器。智能变电站温湿度实时测控采用分布式采集、集中式监控的模式，控制方法稳定可靠，控制目标值可在智能辅助控制系统后台远方设置，也可手动遥控强制控制风机、空调等调温设备。

分布式安装的多个温湿度采集器通过 RS 485 控制线连接至就近的集中箱，在集中箱内并联后传到智能辅助机柜的环境采集器进行统一管理。具体架构图如图 5-11 所示。

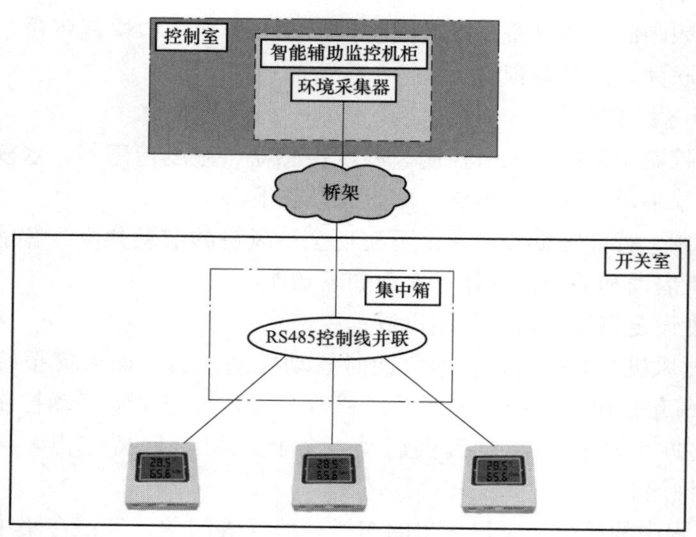


图 5-11　温湿度监控架构图

(3) 灯光控制。地下变电站因无自然采光条件，故需要对现场灯光进行远程控制，以满足视频监控及运行维护需要。通过环境数据处理单元或 IPC（网络摄像机）开关量控制站内灯光的方法进行室内照明。

一种控制方式是采用直接控制照明配电箱照明支路电源方式，通过环境数据处理单元直接输出控制接点至照明支路，通过操作照明支路的开关实现远程控制灯光目的。此方案无法实现远程控制与本地控制的有机结合。且每个支路连接多个房间时，会将不需要开启灯光的房间灯光也打开，造成资源浪费。

另一种控制方式是采用辅助控制系统控制站内灯光。此方式最大问题是要解决远程控制与本地控制之间的关系，需要改造站内的灯光面板开关。辅助控制系统可以远程控制灯光面板开关，本地可以关闭，反之本地开灯，远程也可以关闭，同时系统可以设置定时开关灯、报警时自动开灯、延时关灯等。灯光还需要能够随摄像头追踪开启的功能。当摄像头根据突发事件进行转动、对焦的时候，系统根据预定的联动机制，开启相应的照明灯，用作摄像光线补偿。灯光智能控制如图 5-12 所示。

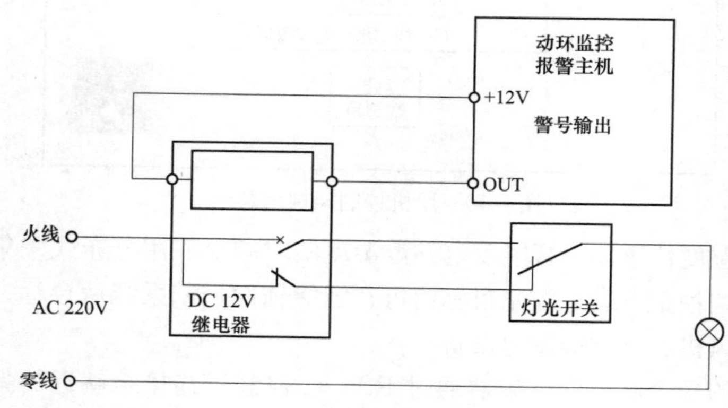


图 5-12　灯光智能控制示意图

**4.** $SF_6$ 及含氧量监测子系统

地下变电站GIS室、$SF_6$ 断路器开关柜室等含 $SF_6$ 设备的配电装置室一般配置一套独立的 $SF_6$ 及含氧量监测子系统。需要将 $SF_6$ 及含氧量监测子系统信息采集至辅助设施监控系统，$SF_6$ 及含氧量监测主机将报警信息以串口通信的方式接入环境数据处理单元。当 $SF_6$ 及含氧量监控子系统发生报警时，进行视频联动监视，辅助设施监控系统弹出报警信息及告警画面，方便运行维护人员的查看和处理。同时辅助设施监控系统通过风机控制单元联动相应风机进行有毒气体排放。

（三）智能辅助监控系统技术展望

**1.** 智能视频分析的深度应用

智能视频分析是指计算机图像视觉分析技术，通过将场景中背景和目标分离进而分析并追踪在场景内出现的目标。智能视频分析是将传统“被动”视频监控转为“主动”视频监控。用户可以根据视频的内容分析功能，通过在不同摄像机场景中预设不同的预警规则，一旦目标在场景中出现了违反预定义规则的行为，系统会自动发出预警，监控平台自动弹出报警信息并发出警示音，用户可以通过点击报警信息，实现报警场景重组并采取相应措施。

智能视频分析在地下变电站的应用分为入侵检测与跟踪、异常行为分析、巡检拍照等。

入侵检测与跟踪：是设置好入侵检测或警戒区域检测，系统自动检测画面情况。发现有人闯入设置好的区域，如变电站主要出入口、高压设备区等，系统自动发出报警信息给监控平台提醒监控人员注意现场情况，并自动跟踪目标物体直至物体消失。

异常行为分析：主要包括穿越检测、弃置物体检测、重要区域逗留监测等监测应用。在监控画面中设定一条或多条虚拟警戒线，一旦发生人员或者其他物体按预定方向穿越警戒线，即刻触发穿越警戒线报警。一旦在设定的区域有物体遗留，并且未在规定时间内被移走，即刻触发异常物体报警。一旦有人在目标区域逗留时间超过设定时间，即触发相关报警。

巡检拍照：划定一块巡检区域，只有当巡检人员走入这块区域巡检，本次巡检才是合格有效。为了保证巡检质量和事后追查，对巡检人员进入巡检区域进行抓拍。巡检完毕打印巡检人员的巡检路线，来检查巡检的效果。

**2.** RFID技术的应用

（1）智能巡视。在所有应巡视设备上安装RFID（无线射频识别）标签，巡视人员巡视时手持的智能终端通过内置读写器可自动读取该标签，值班人员到达该设备的位置时，智能终端自动显示该设备的相关信息（包括未消缺的历史巡视信息），并将所有应巡视的项目一一罗列，以图形化的界面展示设备的历史状态，依据图形化界面与现场设备的运行状态对比，巡视人员将快速判断该设备的运行异常信息。

现场巡视的实施方式较为简便，在巡检设备上粘贴RFID标签，并将设备编码写入标签，以标识每个设备。

将巡视软件系统部署到触摸式巡视智能终端，以便于工作人员在巡视时及时了解设备的缺陷信息及正常情况下的设备状态信息。

在Web服务器端部署数据上传接口，在巡视结束时可通过数据线将巡视数据上传到后台辅助控制系统。

（2）电/光缆标识管理。用 RFID 电子标签标示站内一次电缆、动力电缆、控制电缆、光缆、尾缆，对所有缆线进行编号，用 RFID 读写器读写标签，与电/光缆互联，进行信息交换，再用网络和数据库、终端机、系统软件构成变电站电/光缆标识管理系统。可达到光/电缆的管理全覆盖、设备运行全监控，以及对缆线状态检修和综合预控。

**3.** 三维可视化的应用

三维可视化是以数据库、图纸、文件等信息载体为基础建立的变电站及设备三维模型，实现变电站全景三维展示及应用。地下变电站的建筑设计复杂，通道多且很难对称分布。相比常规变电站一目了然的敞开式结构，工作人员在地下建筑内无法在第一时间了解建筑的空间布局，在有突发事件时可能会走很多弯路，且人员现场检查时也不利于事件快速定位。

为有效地解决以上问题，可根据三维模型提供的接口，经过汇总和二次加工的状态信息以三维可视化的方式进行展现。集三维立体模型、安防信息（监控图像、门禁、周界报警等）、自动化检测信息、环境动力监控信息、电网运行数据等于一体，进行三维可视化状态信息展示。帮助运维人员快速熟悉变电站模拟场景，直观了解整个变电站的布置情况，实现事件快速准确定位。

通过应用三维可视化解决方案构建地下变电站全景分布，可以实现工作人员在三维模拟场景中沿制定路径自动漫游巡视，对站内设备状态信息进行巡视工作，最后形成报告，提示并对在监控事件快速定位。同时提供事件区域视频监控图像展示，与三维场景相结合展示现场实时图像信息。某场景所涉及摄像机随着巡视过程自动调用预置位（多个），对于支持点间巡航的监控设备，可利用设备的点间巡航功能实现巡视联动，支持巡视暂停，增加操作人员意见记录。巡视报告可编辑打印，并支持人工定义巡视路径点与要巡视的设备。

## 第三节 控制电缆与光缆

地下变电站通常采用独立建筑或与其他公共建筑合建的方式，占地面积小，电气设备布置因地制宜。因此，控制电缆与光缆的选择与敷设要从路径选择最优，避免浪费电缆、光缆通道资源；满足设备安全运行；避免检修时互相影响；以及故障时减少次生灾害影响等角度考虑。

### 一、控制电缆

地下变电站控制电缆的选择与敷设的设计应符合 GB 50217—2018《电力工程电缆设计标准》的规定及 DL/T 5136—2012《火力发电厂、变电站二次接线设计技术规程》的相关规定。

**1.** 变电站用控制电缆的分类

变电站用控制电缆通常分为阻燃电线电缆和耐火电线电缆两种。

阻燃电缆是在规定的试验条件下，试样被燃烧，在撤去火源后，火焰在试样上的蔓延仅在限定范围内并且自行熄灭的特性，即具有阻止或延缓火焰发生以及蔓延的能力。阻燃电缆按国家实验标准 GB 18380—2008 可分为四个等级：ZRA、ZRB、ZRC、ZRD。在一般产品命名中，ZRA 通常用 GZR 表示，属称高阻燃电缆或隔氧层电缆或高阻燃隔氧层电缆。ZRC 在一般阻燃产品中表示 ZR。

阻燃电缆在保持普通电缆的电性能和理化性能的同时，具有自熄性，即不易燃烧，当电缆因故自身着火或是外火源引燃着火时，在着火熄灭后电缆不再继续燃烧，或燃烧时间很短（60min 以内），或延燃长度很短。根据电缆阻燃材料的不同，阻燃电缆分为含卤阻燃电缆及无卤低烟阻燃电缆两大类。

耐火电缆在规定的火源和时间下燃烧时有持续地在指定状态下运行的能力，即保持线路完整性的能力。原耐火电缆按国家实验标准分为 NHA 和 NHB 二个等级，现行耐火电缆国家实验标准 GB 19216—2003 不再作等级区分。

因此耐火电缆与阻燃电缆的主要区别是：耐火电缆在火灾发生时能维持一段时间的正常供电，而阻燃电缆不具备这种特性。因此，在变电站直流、不间断电源、保安电源系统应选用耐火电缆。计算机监控系统、双重化的继电保护、保安电源或应急电源等双回路需合用同一通道或未相互隔离时的其中一个回路，消防、报警、应急照明、断路器操作直流电源等重要回路在外部火势作用一段时间内需维持通电时，明敷电缆应实施耐火防护或选用具有耐火性的电缆。

**2.** 地下变电站用控制电缆种类的选择

从 20 世纪 70 年代开始，许多国家开始着手阻燃电缆的研制，一开始人们首先想到了用含有卤素的材料来进行阻燃，因为含有卤素的材料具有很好的阻燃性。此类材料分为两种：一种是材料的基体树脂含有卤素，如聚氯乙烯（PVC）、聚四氟乙烯（PTFE）等；另一种基体树脂不含卤素，如聚乙烯（PE）等，添加溴联苯醚，氯化石蜡。前一种称有卤阻燃，后一种称低卤阻燃。但是这两种电缆在燃烧时存在烟大高毒性的弊端，当火灾发生时，产生强致癌物溴化二噁英。被困人员乃至消防人员极易吸入此类有毒的含卤气体而窒息伤亡，造成火灾后对人员的二次伤害。

地下变电站在投运后，由于配电设备发生短路或电缆自身短路失火、绝缘失效等原因会引发火灾，将导致电缆烧损、设备误动、设备损毁、烟尘污染。由于控制电缆与不同设备间配电装置、二次设备连接，会悄然成为火灾的传导媒介。所以，地下变电站的控制电缆要从减少因火灾发生后导致的次生灾害的角度来考量，低烟无卤阻燃控制电缆是选择之一。从 20 世纪 80 年代开始，国际上开始对低烟无卤阻燃材料的研制，这种材料的优点是低烟无卤、无毒，即使被明火燃烧时，释放出来的也是二氧化碳气体和水蒸气。低烟无卤阻燃控制电缆结构见图 5-13。

低烟无卤聚烯烃是以聚乙烯为基体，将被 EVA（乙烯-醋酸乙烯酯共聚物）活化了的大量氢氧化镁或氢氧化铝捏合在聚乙烯基体中，利用氢氧化物被燃烧受热时，分解成金属氧化物和水，该反应为吸热反应。

低烟无卤电缆通过以下方式达到阻燃的效果：氢氧化物被燃烧时是分解反应，该反应是吸热反应，吸收周围空气中的大量热量，降低了燃烧现场的温度；生成的水分子，

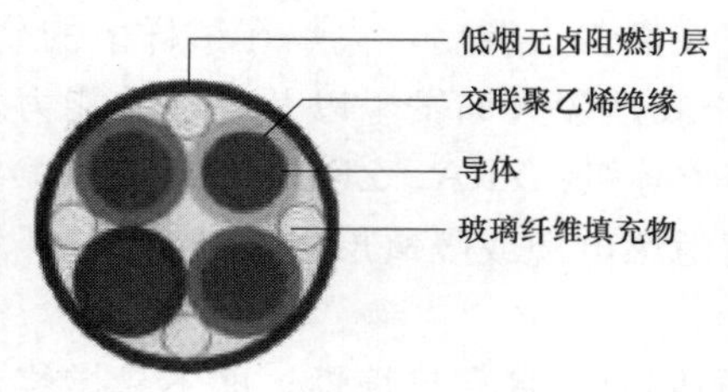

图 5-13　低烟无卤控制电缆结构

也吸收大量热量；产生的金属氧化物结壳，阻止了氧气与有机物的再一次接触。所以低烟无卤聚烯烃是采用吸热与金属氧化物隔氧的方法进行阻燃的。

由此可见，低烟无卤电缆主要是采用氢氧化物作为阻燃剂。氢氧化物又称为碱，其特性是容易吸收空气中的水分，即称为潮解。潮解的结果是绝缘层的体积电阻系数大幅度下降，由原来的 17MΩ/km 可降至 0.1MΩ/km。为了阻止潮解的发生，通常将基体“聚烯烃”的分子结构予以改变，形成致密层以阻止空气中的水分子与阻燃剂氢氧化物相结合从而阻止潮解现象，人们称此为交联。交联的方式分为两大类，即化学交联和物理交联。

控制电缆的化学交联一般采用硅烷化学交联的方式。即将加入硅烷交联剂的聚乙烯绝缘材料，通过“1+2”的挤出方式完成异体屏蔽层—绝缘层—绝缘屏蔽层的挤出后，将已冷却装盘的绝缘线芯浸入 85～95℃的热水中进行水解交联。

物理交联又称辐照交联，是利用电子加速器产生的高能量电子束流，轰击绝缘层及护套，将高分子链打断，被打断的每一个断点称为自由基。自由基不稳定，相互之间要重新组合，重新组合后由原来的链状分子结构变为三维网状的分子结构而形成交联，此交联方式既无高温又无水，既能使聚烯烃交联，又不影响阻燃性能和电气性能。

辐照交联与硅烷化学交联方式比较，耐温等级高；无卤阻燃性能好，无烟气毒气，透光率高；机械性能优。耐磨次数达 16 万次，使用寿命超过 50 年。

**表 5-7　　低烟无卤控制电缆性能比较**

| 主要性能 / 控制电缆种类 | 长期工作温度（℃） | 透光率（%，≥） | pH 值（≥） |
|---|---|---|---|
| 辐照交联低烟无卤控制电缆 | 135 | 90 | 6.0 |
| 普通低烟无卤控制电缆 | 90 | 60 | 4.3 |

但是由于辐照设备投资大，一般电缆生产企业都不具备辐照能力，如采用辐照外加工方式，运输费、辐照费等增加电缆成本且生产周期延长，影响产品交付时间。所以，要根据工程实际情况选择控制电缆种类，如确需选择辐照型低烟无卤控制电缆，在设备型号中要注明“F”。

以下例举低烟无卤控制电缆的选型说明：

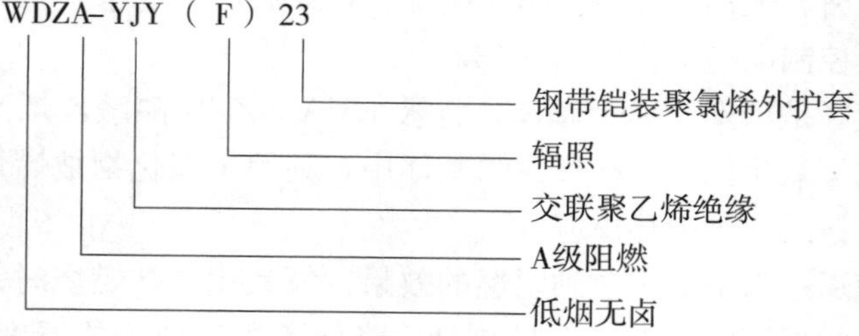

所以在地下变电站，选用“低烟无卤”电缆，可在事故发生后，尽量减少次生灾害的发生，保障公共区域人员快速撤离，并给检修人员迅速进入故障区域排除故障、恢复供电赢得时间。

低烟无卤阻燃电缆与含卤阻燃电缆相比，有低腐蚀、低烟的优点，其外径大于普通阻燃屏蔽控制电缆，所以在进行电缆敷设时，无卤低烟阻燃电缆应较含卤阻燃电缆有更大的弯曲半径。

**3.** 地下变电站控制电缆电气特性的选择

地下变电站控制电缆应选择屏蔽电缆，根据运行环境选择耐火或阻燃电缆。控制电缆的绝缘水平宜采用0.45/0.75kV级。

继电保护用电流互感器二次回路电缆截面的选择应保证互感器误差不超过规定值。计算条件为系统最大运行方式下最不利的短路型式，并应计及电流互感器二次绕组接线方式、电缆阻抗换算系数、保护装置阻抗换算系数及接线端子接触电阻等因素。对系统最大运行方式如无可靠依据，可按断路器的断流容量确定最大短路电流。

测量仪表回路电流互感器二次回路电缆截面的选择，应按照一次设备额定运行方式下电流互感器误差不超过选定的准确级次。计算条件应为电流互感器一次电流为额定值、一次电流三相对称平衡，并应计及电流互感器二次绕组接线方式、电缆阻抗换算系数、测量仪表或测控装置阻抗换算系数和接线端子接触电阻及仪表保安系数等诸多因素等。

继电保护和自动装置电压互感器二次回路电缆截面的选择应保证最大负荷时，电缆的压降不应超过额定二次电压的3%。

测量仪表用电压互感器二次回路电缆截面的选择要满足：常用测量仪表回路电缆的压降不应大于额定二次电压的3%；Ⅰ、Ⅱ类电能计量装置的电压互感器二次专用回路压降不宜大于电压互感器额定二次电压的0.2%；其他电能计量装置二次回路压降不应大于额定二次电压的0.5%。

控制回路电缆截面的选择应保证最大负荷时，控制电源母线至被控制设备间连接电缆的压降不应超过额定二次电压的10%。

控制电缆应选择多芯电缆，尽可能减少电缆根数。当芯线截面为1.5mm$^2$或2.5mm$^2$时，电缆芯数不宜超过24芯。当芯线截面为4mm$^2$及以上时，电缆芯数不宜超过10芯。用于双重保护的各类控制电缆，两套系统不应合用一根多芯电缆，强、弱电信号不应合用同一根多芯电缆。7芯及以上的芯线截面小于4mm$^2$的较长控制电缆应留有必要的备用芯。但同一安装单位的同一起止点的控制电缆不必在每根电缆中都预留备用芯，可在同类性质的一根电缆中预留备用芯。应尽量避免将一根电缆中的各芯线接至屏上两侧的端子排，若为6芯及以上时，应设单独的电缆。

控制电缆的敷设应按照走向合理、路径最短、避免交叉的原则设计路径和敷设顺序。在电缆沟或电缆夹层的支架和吊架中，控制电缆应按以下原则进行敷设：控制电缆与电力电缆不宜配置在同层支架和吊架上；强电、弱电控制电缆按由上而下的顺序敷设。为排列美观，运行安全，在电缆夹层中的控制电缆及配电装置本体至其汇控柜或端子箱的控制电缆宜置于电缆槽盒中。

## 二、光缆

在地下变电站建设中，在二次系统中的以下传输过程需要采用光缆：跨设备之间的网络连接，智能变电站中对可靠性要求较高的采样值、保护 GOOSE、过程层对时等信息宜采用光缆。光缆的选择应根据传输性能、使用环境确定，除线路纵联保护采用专用光纤外，其余宜采用缓变型多模光纤。

室内光缆可选用尾缆或软装光缆；室外光缆可根据敷设方式采用无金属、阻燃、加强芯光缆或铠装光缆；缆芯一般采用紧套光纤；每根光缆或尾缆至少预留 2 芯备用，一般预留 20%备用芯，光缆芯数宜采用 4 芯、8 芯、12 芯或 24 芯。

双重化保护的电流、电压采样值回路，以及保护 GOOSE 跳闸、控制回路等需要增强可靠性的回路接线，应采用相互独立的光缆。起点、终点为同一对象的多根光缆应整合。

为了保证光缆的可靠性及使用寿命，应采用密封性能良好和便于接续的光缆接头。宜采用标准化的光纤接口、焊接或插接工艺，可根据需要采用无需现场熔接的预制光缆组件。当采用预制光缆时，应准确测算预制光缆敷设长度，避免出现光缆长度不足或过长情况。可利用柜体底部或特制槽盒两种方式进行光缆余长收纳。

光缆敷设时宜布置在支、吊架的最底层，可采用专用的槽盒或 PVC 塑料管保护。软装光缆在电缆沟内应加阻燃子管保护。当光缆沿槽盒敷设时，光缆可多层叠置。当光缆穿 PVC 管敷设时，每根光缆宜单独穿管，同一层上的 PVC 管可紧靠布置。应根据室外光缆、尾缆、跳线不同的性能指标、布线要求预先规划合理的柜内布线方案，有效利用线缆收纳设备，合理收纳线缆余长及备用芯，满足柜内布线整洁美观、分区清楚、线缆标识明晰的要求，便于运行维护。

## 三、电缆、光缆的“即插即用”

在近期的输变电工程建设过程中，提出了针“标准化设计、工厂化加工、装配式建设”的设计理念，控制电缆和光缆的选型和敷设采用了“即插即用”的设计方案，即控制电缆、光缆采用工厂预制及标准化设计，减少施工工作量、缩短建设周期，并消除传统熔接操作带来的多种质量风险，提高系统长期运行可靠性。地下变电站因建设空间紧凑，“即插即用”的设计理念在地下变电站的建设中可发挥更大的作用。下面分别介绍现阶段光缆、电缆的“即插即用”方案。

**1.** 光缆的“即插即用”

近几年，通过大量的智能变电站建设工程实践，光缆预制工艺、连接器技术的不断发展，光缆的“即插即用”的实施方案也不断更新，现阶段一般采用 MPO/MTP 集束预制光缆＋MTP 即插即用模块箱、光端子＋光纤转换模块等技术实现。

(1) MPO/MTP 集束预制光缆。MPO/MTP 集束预制光缆由光（尾）缆及 MTP/MPO 集束光纤连接器构成（见图 5-14），其中 MPO 称为集束光纤连接插头，MTP 称为集束光纤连接插座，MPO（MTP）由一对 MT 套筒、两支导引针、两个外壳和一只适配器组成，MT 套筒是确定连接器连接特性的关键部分，套筒具有两个导引孔和若干个光纤孔，导引针和光纤孔的节距分别为 4.6mm 和 0.25mm，为了得到光纤的低插入损耗，光纤孔离设计位置的错位必须不大于 1$\mu$138，m。

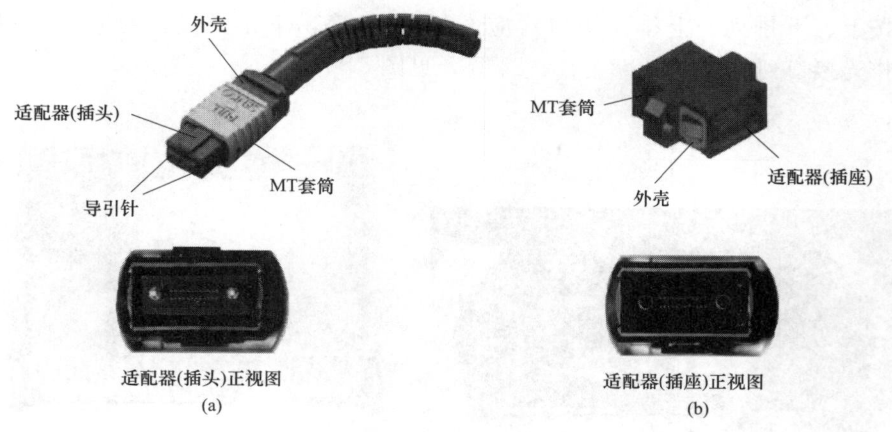


图 5-14　MPO（MTP）集束光纤连接器结构图
（a）MPO（集束光纤）连接插头；（b）MTP（集束光纤）连接插座

MPO 预制式光、尾缆是由单个 MPO 连接插头与单个、多个 MPO 连接插头或多分支 LC（ST）光接头构成。MPO 预制式光、尾缆根据 MTP 即插即用模块箱接入关系选择配置，目前生产厂家 MPO 预制式光、尾缆可分为双端 MPO、单端 MPO 及可分支 MPO（或 LC/ST）三类（见图 5-15），双端 MPO 型号为 MPO-MPO，纤芯可选择 4 芯、8 芯、12 芯、24 芯等；单端 MPO 型号为 1MPO-LC（ST）表示一端为 1 组 MPO，另一端可配置多个 LC（ST）接头，该设备多用于柜内跳纤，便于预制式智能控制柜内二次设备工厂化接入 MTP 即插即用模块箱，目前产品最多支持 48 只 LC/ST 接头。可分支 MPO（或 LC/ST）表示一端为 1 组 MPO，另一端可配置多组或多个 MPO、LC（ST）接头，该设备多用于尾缆，可用于光缆，方便同层布置的不同预制式智能控制柜间分布式接线，例如母线 TV 柜内合并单元需提供各间隔智能组件母线 SV 电压采集信息，利用可分支尾缆实现连接。

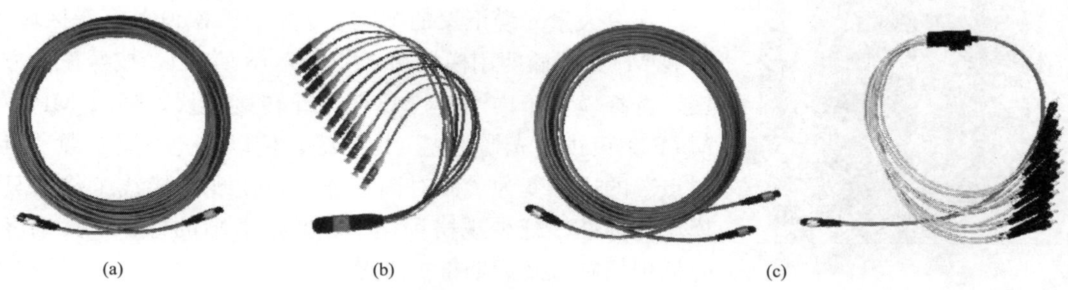


图 5-15　三类 MPO 预制式光、尾缆外形
（a）双端 MPO；（b）单端 MPO；（c）可分支 MPO（或 LC/ST）

MTP 即插即用模块箱是由多个 M-＊MTP 光纤转接模块构成（见图 5-16），根据设计方案，选择 M-＊MTP 数量及型号。目前制造商供应的 M-＊MTP 型号有：M-1MTP、M-2MTP、M-6MTP 等。例如，M-1MTP 型光纤转接模块，表示该模块含 1 个 MTP 插座，光接口可选择 4、8、12、24 只；M-2MTP 型，表示该模块含 2 个 MTP 插座，其中光接口按上、下排列，上排光接口对应 1-MTP 插座，下排光接口对应 2-MTP 插座，上、下排光接口列可选择 4、8、12、24 只，见图 5-17。

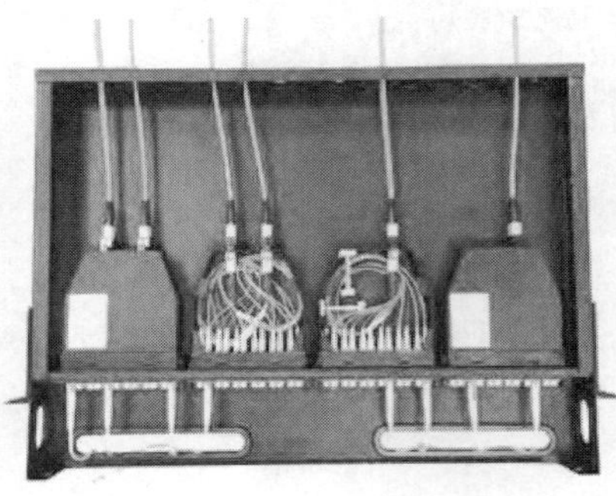

图 5-16　MTP 即插即用模块箱及结构

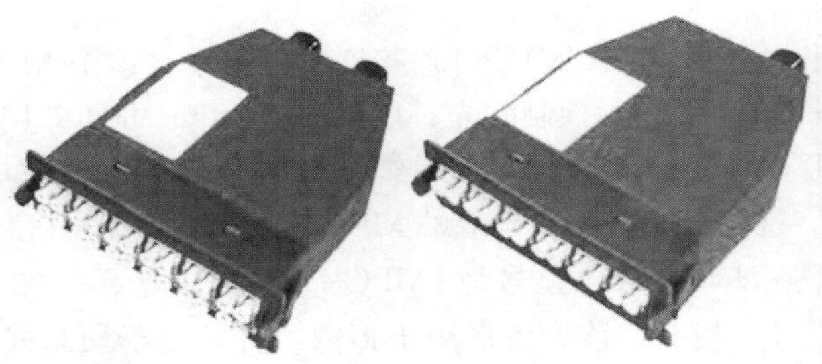

图 5-17　M-2MTP、M-1MTP 型光纤转接模外形

图 5-18　安装 MTP 即插即用模块箱的集中配线屏柜

M-＊MTP 光纤转接模块具有如下特点：

1）低损耗连接：提供了系统设计灵活性；

2）即插即用：只需简单的插拔操作就能完成安装；

3）所有端口前端均有标识，容易辨识。

在有大量光缆汇聚的配电装置室、二次设备室等区域，安装 MTP 即插即用模块箱（如图 5-18 所示），按照设计方案，选择模块箱内 M-＊MTP 光纤转接模块，通过 MPO/MTP 集束预制光缆由光（尾）缆，使以往光（尾）缆“点对点”的连接变为“面对面”连接，使现场接线工作更具模块化标准，减少规格种类，并通过清晰的标识，大幅度降低现场施工及后期维护难度。

（2）光端子＋光纤转换模块。目前，跨室连接以及同室内光缆的“即插即用”的方案的相对成熟，“即插即用”

的最后一个环节——“装置与装置之间的即插即用”的方法利用光端子也已实现。

借助二次专业传统端子排的概念，在地下变电站应用光端子的方案连接装置端口与外部光缆接线，并通过标准化设计，实现光缆的“即插即用”。各装置至“光端子”内部的连接属于厂家内部接线，可以实现“工厂化加工”的要求；光端子外部的预制光缆连接统一使用 ST 接口，光端子按照功能段进行标准化布置，工程设计人员在施工图设计阶段不需要考虑厂家接口及布置不统一的问题，达到“标准化设计”的标准。施工单位在进行光缆敷设及接线时不用考虑接口差异，可以“即插即用”，达到“模块化建设”的标准。

在工程实践中，可将地下电站各典型间隔基于光端子进行模块化设计，使相同间隔对外端子段及接口一致，形成标准化接口。光端子的运用效果类似于传统变电站端子排，实物示意图见图 5-19。屏柜内的装置接口全部引至光端子，类同于传统变电站装置内部接线引至电缆端子排，此部分属于供货商完成的内部接线。预制光缆通过光端子接入装置，类似于传统变电站电缆接入端子排。其功能示意图如图 5-20 所示。

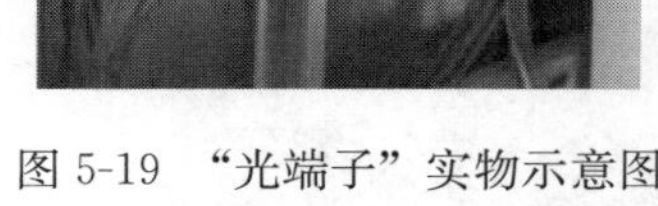

图 5-19　“光端子”实物示意图

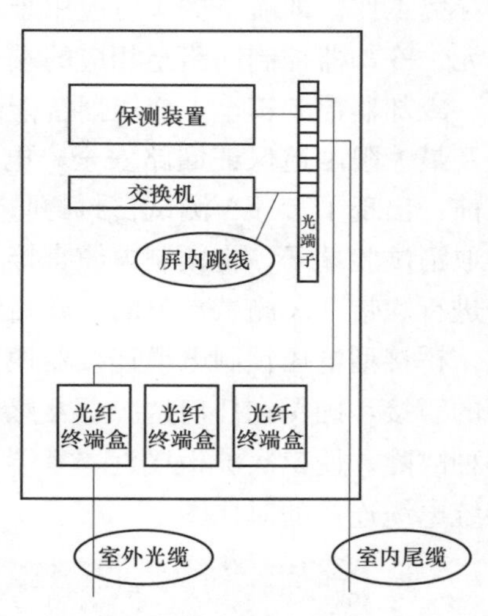


图 5-20　“光端子”功能示意图

光端子的应用可以使施工、检修及运行方式完全继承传统变电站端子排的丰富经验，如：运行屏柜内工作“封端子”等有效的安全手段，完全可以应用于智能变电站光端子排上。

通过以上分析，光缆的“即插即用”方案可综合光端子、光纤转接模块、预制光缆、尾缆等成果，区分不同使用环境实现。屏柜内二次装置间连接宜采用跳纤；室内不同屏柜间二次装置连接宜采用光端子＋光纤转换模块＋预制尾缆方案；跨设备间二次装置连接可采用 MPO/MTP 集束预制光缆＋MTP 即插即用模块箱、光端子＋光纤转换模块＋预制光缆方案。对于站区面积较小、室外光缆长度较短的应用场合，室外预制光缆可采用双端预制方式；对于站区面积较大、室外光缆长度较长的应用场合，室外预制光缆可采用单端预制方式。

**2.** 电缆的“即插即用”

现阶段，通过工程实践总结出应用效果较好的两种电缆“即插即用”实施方案：航空插头和转接端子。

(1) 航空插头。航空插头在控制电缆两端安装，插座尾部接设备，插头尾部接控制电缆，组合形成预制电缆。航空插头早期广泛应用于主变有载调压机构至端子箱的接线中，适合单位接线密度大的单元。航空插头由于连接可靠性高，在高压组合电器设备本体与汇控柜的连接上也得到了广泛应用。

使用航空插头来取代传统施工现场接线有以下几个优势：采用压接型比拧螺丝的接线更牢靠；单位密度大，一个航空端子可以接线 64 芯以上；线缆老化更换方便；不同的机构其接线位置固定，可以实现标准化接线；出厂检验合格后，线缆基本免于维护；适合厂家批量化生产；适应现场复杂恶劣的环境，抗干扰能力强，屏蔽性能良好；现场容易操作，施工方便，节省空间。

在地下变电站，航空插头的使用范围有以下特征：电缆使用线芯数量大；在平面布置图确定后能够准确测量长度；电缆敷设距离较短，路径简单，不涉及限制航空插头结构的穿管、穿墙工作。即航空插头可应用于 GIS 本体至汇控柜；主变压器有载调压、本体非电量单元、冷却器控制回路至相应的端子箱；主变压器有载调压端子箱、主变压器本体端子箱、冷却器控制箱至主变压器智能组件柜的接线。智能变电站建设初期，由于接线密度低及最大限度地保证回路安全，电源接线回路、TA 回路接线暂不考虑使用航空插头。目前，出现了带 TA 测试自封的防开路电流型预制电缆、桥接型电压预制电缆连接器，可取消试验端子，将预制电缆直接与装置进行连接，相关测试可在预制电缆插座或插头处进行。带 TA 测试自封的防开路电流型预制电缆分为防开路插座及防开路插头两种型式。桥接型电压预制电缆连接器通过“桥接件”实现不同测试回路或不同互感器回路之间的短接，确保在任何情况下互感器回路有且仅有一点接地，防止电缆误拔可能引起的各种故障，使二次屏柜接近“零端子”布置目标。如图 5-21 提供了使用航空插头连接与传统电缆连接的对比图。

图 5-21　使用航空插头连接对比图

航空插头选型时应根据其主要参数进行选择，电气参数包括：额定电压、额定电流、接触电阻、屏蔽性。安全参数包括：绝缘电阻、耐压、燃烧性、机械参数、机械寿命、接触对数目和针孔性能、防震动/冲击/碰撞要求、安装方式、连接方式和外形、环

境参数、端接方式等。由于二次柜内空间有限，有些柜内需安装十几个航空插头，故航空插头需选择较轻便的型号。航插选型尽量保持在3种之内，以减少备品种类。

在工程应用方案中，二次回路可以按照交流电流回路、交流电压回路、交流动力回路、直流控制信号回路和弱电回路来选择不同的航空插头。

（2）转接端子。10、35kV开关柜中，利用转接端子实现开关柜转接器的模块化设计，实现电缆的“即插即用”，同时可实现开关柜门与开关柜的同寿命周期。

10、35kV保护测控装置一般下放安装于开关柜。各供应商提供的保护测控装置背板端子排接线目前尚未统一，在输变电工程中保护测控装置初次安装或在开关设备寿命周期内进行保护测控装置更换时，需要设计开关柜端子排至保护测控装置的二次连接线。转接端子是保护测控装置与开关柜之间的连接器，在保护测控装置与开关柜端子排之间布置4个转接端子，安装在开关柜柜门上，分别划分为TA与TV回路、控制回路、信号回路、备用接线单元，4个单元按照标准化进行设计。

转接端子分为插头、插座两个部分，保护测控装置与转接端子插头部分连接，开关柜端子排与转接端子插座部分连接。在新建工程中，开关柜生产商按照标准设计布置开关柜端子排即可，无需等待保护测控装置的招标结果，开关柜到现场后，通过转接端子方便地与保护测控装置对接。在改造工程中，更换保护测控装置时，只需将转接端子插头与保护测控装置进行对接，不需要改造其他接线回路。由此可见，基于转接端子设计的转接器，可应用于新建及改造工程中，均可实现开关柜与保护测控装置之间电缆的接线的“即插即用”。安装效果图如图5-22所示。

图5-22　利用转接端子模块化设计的转接器安装效果图

使用航空插头、转接端子实现电缆的“即插即用”，不仅体现了模块化建设的思路，可以减少施工周期，使二次线缆达到接线美观、标识清晰的视觉效果；还在标准化的基础上，降低接线错误率，确保质量可控。

## 四、控制电缆及光缆的可视化敷设

控制电缆、光缆的敷设是变电站二次设计中最为复杂且繁琐的环节。目前，在变电站的电气设计文件中，常规设计工具不易给出控制电缆及光缆敷设的明确的路径。因电气及土建专业的设计工具软件不支持三维效果，提供给二次专业设计人员的是二维图纸，只表示电缆沟的路径、尺寸及电缆支架的位置，在此基础上，二次人员没有进行深化设计的空间，无法明确标识出控制电缆、光缆的实效敷设路径图。在电缆清册中只能依据设计经验在系数放大的基础上估算电缆、光缆长度，以至于长度欠准确，以此作为控制电缆或光缆订货依据，可能造成其长度不足或余度过大。施工现场控制电缆或光缆剩余或者增补的情况比较多，造成了控制电缆或光缆浪费或影响施工进度。而且，缆沟、槽盒容积率不宜控制，会给运维和后期改扩建造成了困难。

近期，三维设计技术的兴起，为实现控制电缆和光缆的可视化敷设提供了设计手段。在构建出电缆沟道或夹层的三维视图后，依据提前预设的控制电缆和光缆的敷设规则，可由三维技术应用软件自动规划出控制电缆和光缆的敷设路径，不仅路径清晰可视（如图 5-23 所示），还可自动生成长度准确的电缆、光缆清册（如图 5-24 所示）。

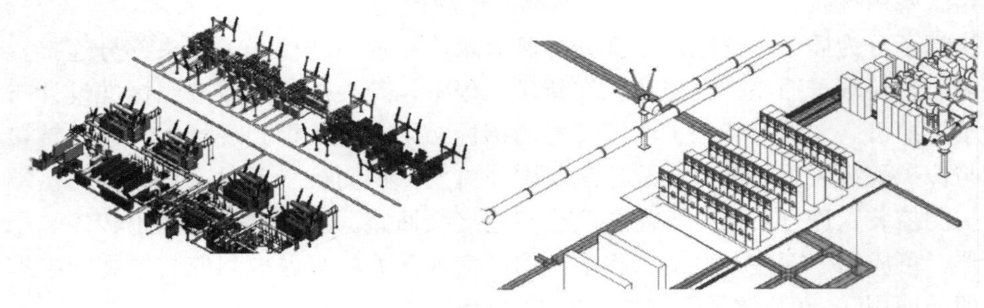

图 5-23　光/电缆路径

**电缆规划(详细设计)**

| 序号 | 电缆编号 | 电缆类型 | 来向设备 名称 | 位置 | 去向设备 名称 | 位置 | 长度 | 状态 | 日期 |
|---|---|---|---|---|---|---|---|---|---|
| 1 | TX-130 | HSGWPP22-2×5L | 电量采集屏 | 电量采集屏 | 调度数据网屏 | 调度数据网屏 | 17.001000 | | |
| 2 | TX-131 | HSGWPP22-2×5L | Ⅰ区数据通信网关机屏 | Ⅰ区数据通信网关机屏 | 调度数据网屏 | 调度数据网屏 | 15.460000 | | |
| 3 | TX-132 | HSGWPP22-2×5L | Ⅰ区数据通信网关机屏 | Ⅰ区数据通信网关机屏 | 调度数据网屏 | 调度数据网屏 | 15.460000 | | |
| 4 | TX-133 | HSGWPP22-2×5L | Ⅰ区数据通信网关机屏 | Ⅰ区数据通信网关机屏 | 调度数据网屏 | 调度数据网屏 | 15.460000 | | |
| 5 | TX-134 | HSGWPP22-2×5L | Ⅰ区数据通信网关机屏 | Ⅰ区数据通信网关机屏 | 调度数据网屏 | 调度数据网屏 | 15.460000 | | |
| 6 | 1YX-140 | -4×1.5 | Ⅰ区数据通信网关机屏 | Ⅰ区数据通信网关机屏 | 公用测控屏 | 公用测控屏 | 10.850000 | | |
| 7 | TX-135 | HSGWPP22-2×5L | Ⅱ区数据通信网关机屏 | Ⅱ区数据通信网关机屏 | 调度数据网屏 | 调度数据网屏 | 14.801000 | | |
| 8 | TX-136 | HSGWPP22-2×5L | Ⅱ区数据通信网关机屏 | Ⅱ区数据通信网关机屏 | 调度数据网屏 | 调度数据网屏 | 14.801000 | | |
| 9 | 7ZL-130 | -4×4 | Ⅱ区数据通信网关机屏 | Ⅱ区数据通信网关机屏 | Ⅰ区数据通信网关机屏 | Ⅰ区数据通信网关机屏 | 10.950000 | | |
| 10 | 7ZL-133 | -4×4 | Ⅱ区数据通信网关机屏 | Ⅱ区数据通信网关机屏 | Ⅰ区数据通信网关机屏 | Ⅰ区数据通信网关机屏 | 10.950000 | | |
| 11 | 1YX-141 | -4×1.5 | Ⅱ区数据通信网关机屏 | Ⅱ区数据通信网关机屏 | 公用测控屏 | 公用测控屏 | 11.400000 | | |
| 12 | TX-138 | HSGWPP22-2×5L | 同步相量测量屏 | 同步相量测量屏 | 调度数据网屏 | 调度数据网屏 | 21.201000 | | |

图 5-24　自动生成长度准确的电缆清册

利用三维设计技术实现控制电缆和光缆的可视化敷设，使原来繁琐的电缆、光缆敷设与长度统计，变成在现有布置图及电缆、光缆清册导入后的一键实现。以下简要介绍其设计流程（如图 5-25 所示）：

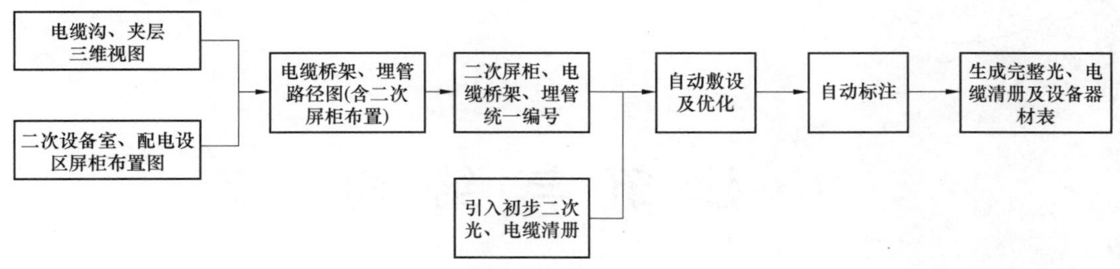


图 5-25 光、电缆可视化敷设流程

（1）在电气一次专业的电缆沟、夹层三维视图的基础上绘制电缆桥架、埋管等路径；

（2）在电缆桥架、埋管等路径图基础上，补充绘制二次屏柜布置图；

（3）赋予二次屏柜及桥架、埋管唯一编号；

（4）引入二次电缆、光缆清册（含二次屏柜起始位置及电缆编号、芯数，不含长度、内容）；

（5）按照预设条件（电缆槽盒容积率、最短路径、电缆和光缆分层布置等）自动完成光缆敷设；

（6）电缆自动标注；

（7）生成完整电缆、光缆清册、设备器材表。

采用三维技术实现控制电缆、光缆的可视化敷设，其成果优化了现状设计工具下的控缆、光缆敷设方案，提高了控缆、光缆长度统计的准确性，设计周期明显缩短，提高了设计质量。控制电缆、光缆的可视化敷设不仅节约了工程材料，降低了损耗，而且由于光、电缆优化了布置空间，使其在温度较低的环境下运行，提高了控制电缆、光缆的运维条件。控制电缆、光缆的可视化敷设兼顾了二维、三维的设计习惯，其成果方便施工及运维人员查阅。此方法可以总结以往工程的经验，预设电缆敷设要求，如电缆槽盒容积率，电缆路径最短，按照高、低压电缆、光缆空间布置原则分层敷设等。还可视敷设效果修改、调整桥架层数及截面，实现双向碰撞校验。在施工阶段，可指导施工人员按照预设原则敷设控缆、光缆，兼顾本期与终期敷设路径，预留发展空间，杜绝因无计划敷设造成工程终期电缆沟道的拥堵。还可方便地将设计图纸进行数字化移交，使建设单位与运行单位的资料与现场情况高度一致，便于后期改建、扩建时对隐蔽工程的查阅，避免因现状条件不清而引起的设计方案不明确。

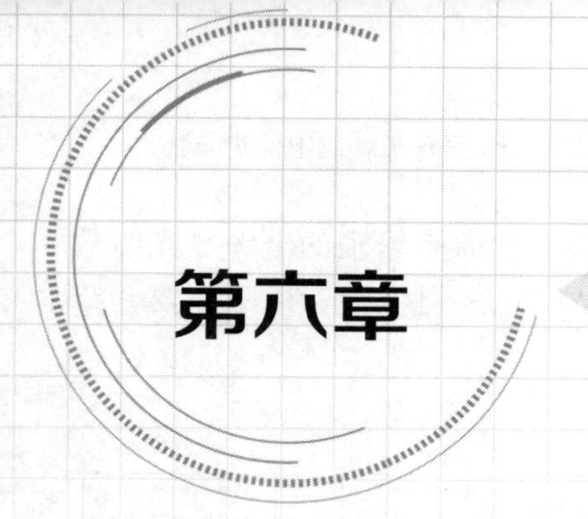

# 第六章

# 建筑与结构

随着经济的高速发展和城市化进程的日益加快，城市核心商业地区的建设密度不断增大，用电负荷迅速增加，变电站的分布也越来越密集。由于中心城区用地紧张，土地资源的稀缺性不允许变电站占用大量土地，且环保及景观协调方面极为严格的要求使变电站站址越来越难以落实。在此条件下，地下变电站成为一种有效的解决方案。虽然地下变电站建设难度较大，投资也很高，但是，通过优化设计减少变电站地下空间体积、通过与非居住建筑等建构筑物结合建造降低总体建设成本等方法和措施，地下变电站有较大的应用前景和发展空间。

地下变电站是一类特殊的变电站建设形式，其建筑设计一方面应根据工程规模、电压等级、功能要求、自然条件等因素，结合电气布置、进出线方式、消防、节能环保等要求，合理进行建筑物的平面布置和空间组合，在满足生产工艺的基础上，保证结构的安全可靠和优化建筑造型，积极采取各项经济可行的节能措施；另一方面应注重地面建构筑物融入周围环境，满足城市规划的要求。变电站立面造型与周围环境相协调，宜向隐蔽化、景观化方向发展。

地下变电站的结构设计应满足强度、稳定、变形、抗裂、抗震及耐久性等要求，优化地下变电站主体结构形式、防水设计、基坑工程总体方案、围护、支撑及土体加固等关键技术方案，并在总结实践经验和科学试验的基础上，积极慎重地推广国内外先进技术，因地制宜地采用成熟的新结构和新材料。

地下变电站建筑及结构设计应符合“资源节约、环境友好、工业化”的技术原则和设计要求，并应结合智能变电站设备集成、功能整合，优化平面布置，节约占地，节能环保。结合地下变电站的使用功能，因地制宜地选择和应用比较成熟且有效的先进技术。对变电站建筑结构进行优化设计，将会有效地推动我国经济健康稳定的发展。

## 第一节　建筑设计

地下变电站因多位于中心城区，与其他类型的户内变电站相比更要综合考虑其与城市环境的协调，全面衡量各方面的利与弊。同时地下站在防火、防噪、防爆等方面还有

其特殊性，需要特殊考虑。另外，变电站的建筑设计要满足电气要求，还要与结构、给排水、暖通、土建电气等专业紧密配合，满足地下变电站的特殊功能与使用需求。

## 一、地下变电站建筑设计的基本原则

（1）地下变电站的站址选择应统一纳入城市规划，坚持土地有效利用。

地下变电站是常规变电站无法建设时所采用的特殊变电站建设形式，是土地资源有效利用的最有效措施，变电站通常建设在城市绿地下或与其他建筑共同建设。变电站站址和线路通道的选择除了考虑与城市发展规划相衔接和当地负荷增长相适应外，还要充分考虑周边的人居环境因素、环境影响报告、项目评审手续等。

站址应具有建设地下建筑适宜的水文、地质条件。应避开地震断裂带、塌陷区等不良地质构造。站址应避免选择在地上或地下有重要文物的地点。在城市电力负荷集中但户内变电站建设受到限制的地区，可结合城市绿地或运动场、停车场等地面设施独立建设地下变电站；也可结合其他工业或公共建筑物共同建设地下变电站。条件允许时宜优先建设半地下变电站。

站址选择、总图布置时应考虑变电站与周围环境、邻近设施的相互影响，必要时应取得有关协议。不同电压等级的地下变电站可集中选择站址和布置，注重集约用地。

站址选择应满足防洪及防涝的要求，否则应采取防洪和防涝措施，防洪及防涝宜利用市政设施。地下变电站的地上建（构）筑物、道路及地下管线的布置应与城市规划相协调，宜充分利用就近的交通、给排水、消防及防洪等公用设施。

地下变电站地上建（构）筑物整体造型与色彩处理应与周围环境协调，满足城市景观的要求。建筑物及附属设施不得突出用地红线范围。当地城市规划行政主管部门在用地红线范围内另行划定建筑控制线时，建筑物的基底不应超出建筑控制线，突出建筑控制线的建筑突出物和附属设施应符合当地城市规划的要求。

北京某110kV全地下变电站西侧规划建设附属办公用房，变电站及附属楼用地为不规则矩形，如图6-1所示，北侧与西北侧设出入口与道路连接。变电站地下部分深入城市绿化带以内，地上部分（出入口、吊装口、通风口）位于绿线以外，总图布置既满足了变电站功能需求，又符合城市规划要求，有效地利用和节约了城市用地。变电站地下部分覆土大于3m，保证了城市绿化种植高大乔灌木的需求。

（2）地下变电站的建筑设计应满足消防、节能、工业化要求，建设环境友好型变电站。

地下变电站的站区布置在满足工艺要求的前提下，应力求布局紧凑，并兼顾设备运输、通风、消防、安装检修、运行维护及人员疏散等因素综合确定。当变电站与其他建（构）筑物合建时，还应充分利用其建（构）筑物的相关条件，统筹设计。与非居住建筑相结合的工程，应注意与非居住建筑的协调。同时应优化平面布置，尽量缩小建筑面积，组织好设备运输通道。

站区地面高程应按城市规划确定的控制标高设计，宜高于站外自然地面和相邻城市道路路面标高，以满足站区排水要求。220kV地下变电站站区场地标高，应高于频率为1%（重现期，下同）的洪水水位或历史最高内涝水位；110kV及以下的地下变电站站区场地设计标高应高于频率为2%的洪水水位或历史最高内涝水位。地下变电站建筑物

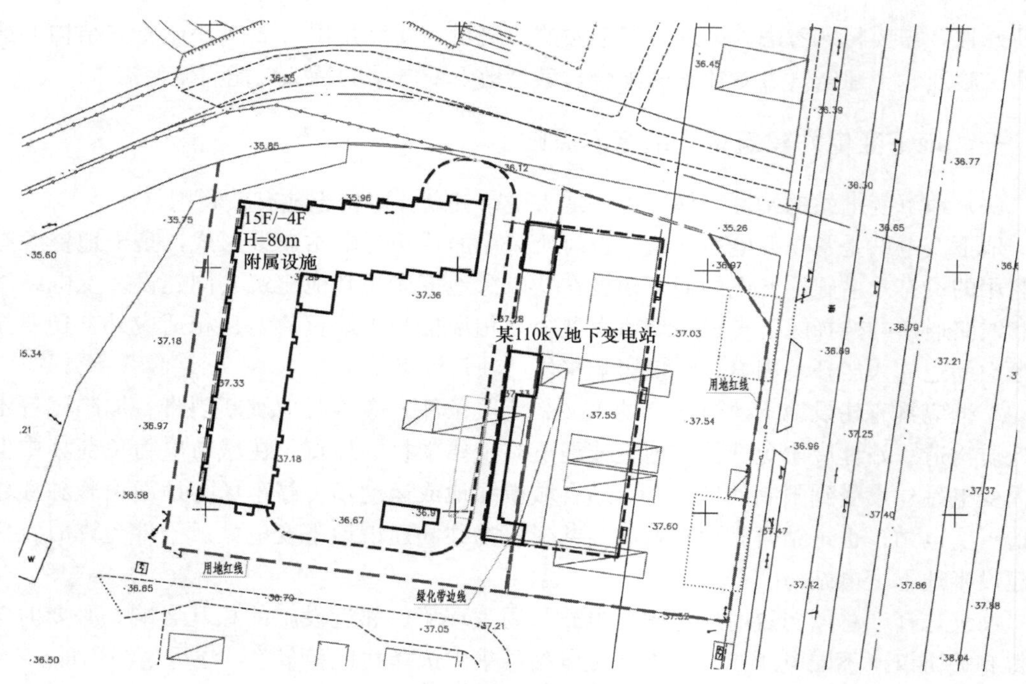


图 6-1　某 110kV 变电站总平面布置

室内地坪高出室外地坪不应小于 0.3m。当场地排水不畅时，地上建筑物室内地坪应高出室外地坪不小于 0.45m。

站区内地面道路的设置应根据运行、检修、消防和大件设备运输等要求，结合城市规划和站区自然条件等因素综合确定，并应符合现行电力行业标准 DL/T 5056—2007《变电站总布置设计技术规程》的有关规定。变电站内的消防道路宜布置成环形，可利用临近城市道路成环；如成环有困难时，应具备回车条件。站内道路当用于消防道路时，道路路面宽度不应小于 4m，转弯半径不宜小于 9.0m。站内道路纵坡不宜大于 6%；路面宜采用混凝土路面，工艺专业有特殊要求时，可采用沥青混凝土路面。

地下变电站一般位于中心城区环境要求高的地段，设计时应考虑尽量减少地面建筑的数量及体量，将露出地面的通风口、人员出入口、吊装口等尽量合并布置，将地面上的散热器做遮挡处理。半地下变电站的地上部分若有噪声房间，应将其尽量布置在远离民用建筑侧，减少其对其他设施的干扰。同时，地下变电站应满足城市规划的绿地率要求。当地下变电站覆土部分用于城市绿化或其他用途时，覆土深度应满足城市绿化和其他管理部门的要求。

总之，地下变电站的设计应坚持“可持续发展”的建筑理念，满足国网公司关于变电站“两型一化”的要求。同时应关注变电站的全寿命周期，力争做绿色变电站建筑。地下变电站的建设应充分利用周边的自然条件，尽量保留和合理利用现有适宜的地形、地貌、植被和自然水系。建筑立面的处理应与周围建筑相协调，做到不张扬，不喧宾夺主，力求不破坏城市景观，在变电站的地面上绿化，美化环境。变电站的建筑风格与规模应保持历史文化与景观的连续性。变电站的建设也应加强资源节约与综合利用，减轻

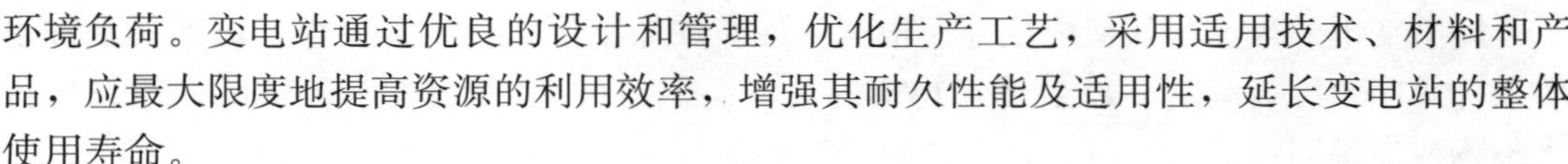

环境负荷。变电站通过优良的设计和管理，优化生产工艺，采用适用技术、材料和产品，应最大限度地提高资源的利用效率，增强其耐久性能及适用性，延长变电站的整体使用寿命。

## 二、建筑设计

地下变电站属于工业建筑的范畴，首先要满足电气工艺和运行管理要求，同时作为中心城区的一部分，需满足所在区域的详细规划要求，做到经济、适用、安全、美观。

### （一）建筑平面布置[20]

地下变电站一般位于城市中心，土地资源稀缺，城市中可选择的站址较少，且用地条件苛刻。为了节约用地，有利于设备垂直运输、消防、减少变电站对城市景观的影响等，地下变电站采用室内立体紧凑布置的多层厂房方案，尽可能把所有设备用房、辅助用房、附属用房布置于同一栋配电装置楼内，采用立体紧凑布置，合理开展电气平面布局和立体流线设计，尽量减少不必要的附属用房、门厅、走道，提高建筑使用率。

#### 1. 地下变电站的平面布置

地下变电站的常规建筑布置：主厂房地上一层一般布置大吊装口兼进风口、排风口、警卫控制室及疏散楼梯间等，室内外高差 0.3～0.45m。每个楼梯间旁边设置一部消防电梯。覆土层为地上出风口、吊装口、楼梯间向地下延伸的部分、工具间、警卫休息室和配电室等，层高根据变电站覆土的不同而不同。地下一层设有二次设备室、值班室、电池室、检修工具间、电容器室及通风机房等设备间，层高为 4～6m。地下二层设有 10kV 开关室、接地变压器室、主变压器室、GIS 室及大型设备运输通道等，层高较高，为 5～7m，主变压器室和 GIS 室常占用两层层高。地下三层为电缆夹层，层高为 3～4m。如图 6-2 所示。

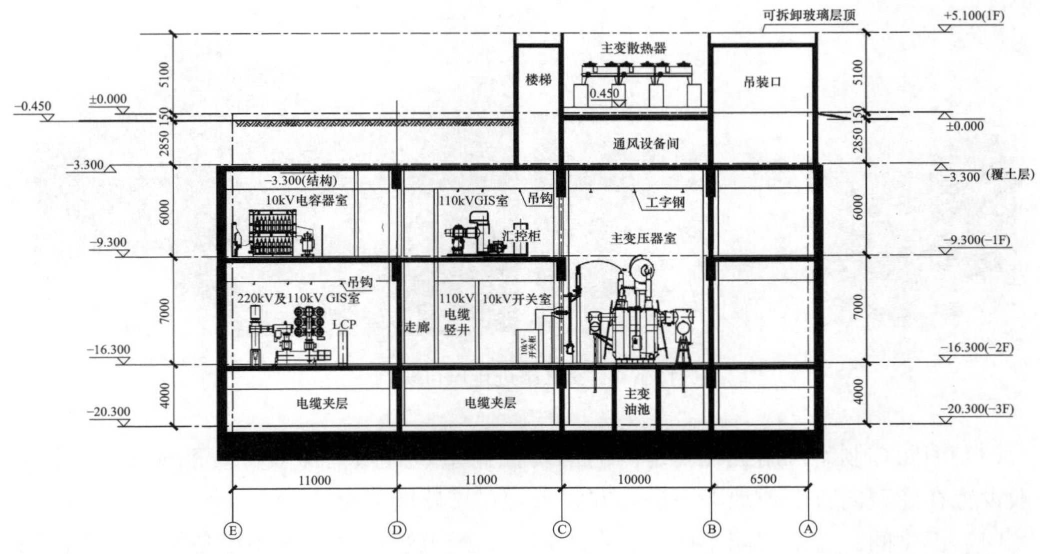


图 6-2 地下变电站剖面图

地下变电站生产建筑室内地坪应根据站区竖向布置形式、工艺要求、场地排水和土质条件等因素综合确定。地上建筑物室内地坪高出室外地坪不应小于0.3m。当场地排水不畅或在湿陷性黄土地区，地上建筑物室内地坪应高出室外地坪0.45m。

**2.** 地下变电站特有的构件布置

根据地下变电站建筑设计特点，其特有的建筑构件布置需注意以下几点：

图6-3　某地下变电站吊装口

(1) 吊装口。当变压器置于地下时，应根据主变压器等大型设备的运输和吊装要求选择吊装方式，大设备吊装口的位置应具备变电站设备运输使用的大型运输和起重车辆的工作条件；布置吊物孔时，应使孔口尽量靠近运输道路；宜按最大吊装设备外形四周各增加0.5m确定吊装口最小尺寸。常设吊装口室内回廊、内天井等临空处，应设置防护栏杆，栏杆高度不应低于1.05m，栏杆离楼面0.10m高度内不宜留空。如图6-3所示就是某变电站的吊装口。

(2) 进出风口。地下变电站的进、出风口应分离设置。应注意进出风口的朝向，进风口宜设置在夏季盛行风向的上风侧。地下变电站大型设备吊装口供变压器等大型设备吊装使用，也可兼作进风口使用。地下变电站地上通风口应采取防雨、雪及小动物措施。必要时，可采取防沙尘措施。排风口外侧为绿地时，地上排风口下檐高出室外地坪不宜小于1.2m；排风口外侧为公共人行通道时，排风口下檐高出人行通道不宜小于2.0m。当地上排风口邻近城市规划对噪声控制有要求的区域时，应采取降噪措施。图6-4为几个地下变电站进出风口的工程实例。

图6-4　变电站进排风口实例

(3) 消防控制室。附设在厂房内的消防控制室，必须确保其位置能便于安全进出，一般设置在建筑内首层或地下一层，并宜布置在靠外墙部位。

(4) 卫生间。有水房间不应布置在主控室、配电装置室等重要设备用房上方。同时设备房间内不宜有上下水管道和暖气干管通过，否则应采取有效的防范措施。

（二）垂直交通运输组织

地下变电站的疏散楼梯应满足如下要求：地下变电站室内地面与室外出入口地坪高差大于10m或3层及以上时，其疏散楼梯应采用防烟楼梯间；地下变电站室内地面与室外出入口地坪高差小于10m或3层及以下时，其疏散楼梯可采用封闭楼梯间。当封闭楼梯间不能自然通风或自然通风不能满足要求时，应设置机械加压送风系统或采用防烟楼梯间；地下变电站的楼梯间应设乙级防火门，并向疏散方向开启。

埋深大于10m且总建筑面积大于3000$m^2$的地下或半地下变电站应设置消防电梯。消防电梯应分别设置在不同防火分区内，且每个防火分区不应少于1台。电梯内部装修应采用不燃性材料。

地下站建筑设计应为各层设备的垂直运输及安装提供便利条件，有条件的地方可加设电梯；常设小吊装口上方宜设吊装钢梁，主变压器室及GIS室宜具备安装吊装机具的条件。

## 三、建筑装修

地下变电站建筑内装修材料[21]与户内变电站基本一致，只是有些材料的选择要求等级要高一些。同时，变电站属于工业建筑范畴，现今又推广建设无人值班智能化变电站，地下站与户内站一样，也需满足工业化、节能环保、少维护的要求。地下变电站建筑内装修应安全、实用，装修风格宜简洁。各部位装修材料燃烧性能等级应符合现行国家标准GB 50222—2017《建筑内部装修设计防火规范》的规定，主要部位选用燃烧性能等级为A级的材料。同时设备室室内装修宜采用明亮的浅色饰面材料以增加室内的天然采光照度。

（一）墙体与墙面（含顶棚）

地下变电站的墙体材料应结合当地实际情况，在节能、环保基础上选用经济、合理的材料。地下站的大部分外墙均埋于室外地面下，采用钢筋混凝土承重外墙。地上部分墙体较少，也应符合保温、隔热、防水、防火、强度及稳定性要求，通常采用加气混凝土砌块、混凝土空心砌块、煤矸石多孔砖、灰砂砖等，严禁使用实心粘土砖或孔隙率不达标的粘土多孔砖。为了减轻结构自重，节约投资，室内非承重墙及框架填充墙宜采用轻质材料，如加气混凝土砌块、混凝土空心砖、水泥纤维板等。北京地区的地下站内墙和地上外墙多采用加气混凝土砌块作为填充墙，其表面应做饰面。饰面材料与基层应粘接良好，不得空鼓开裂。加气混凝土墙面抹灰前，应在其表面用专用砂浆或其他有效的专用界面处理剂进行界面处理。

地下变电站室内墙面、顶棚宜采用防霉、耐潮、不易剥落的装修材料，无水房间墙面一般采用白色乳胶漆涂料。卫生间墙面采用瓷砖墙面至吊顶底部，顶棚设铝扣板。电气设备房间不宜吊顶。地下站的地上外墙部分较少，外墙饰面根据环境要求可选用外墙涂料、玻璃、饰面板等，力求与周边环境统一协调。

（二）楼地面

主要设备房间楼地面宜采用防滑、耐磨材料。电缆夹层宜采用细石混凝土地面；主变压器室等荷载较大、运输安装困难，并对室内清洁要求不高的电气设备房间宜采用坚固耐磨材料，通常采用细石混凝土楼地面或耐磨混凝土楼地面；对于设备质量不大，对室内清洁度要求不高的电气设备房间，如接地变室、站用变压器室、通风机房、水泵房等，可以选用水泥楼地面或混凝土楼地面；对室内清洁度有一定要求的电气设备房间，如GIS组合电器（如图6-5所示）、10kV配电装置室、蓄电池室、门厅、走廊等房间的楼地面宜采用不起尘的地砖面层；对于电气布置有要求的二次设备室（如图6-6所示）等设备房间可采用A级耐火抗静电活动地板。为了满足房间清洁度、便于电缆施工和维护，建议抗静电活动地板采用槽钢和角钢焊接的支架，地板面层采用瓷质面层或其他防滑、不起尘、易清洁的面层材料。卫生间地面应选用防滑、耐湿、易清洁的防滑地砖且应向排水口倾斜，坡度不应小于0.5%。

图6-5　GIS室地砖地面

图6-6　二次设备室抗静电地板

所有建筑面层与基层的结合必须牢固、无空鼓。地砖面层常用在设备间、附属用房、走廊、楼梯间等处。除有特殊使用要求外，楼地面应满足平整、耐磨、不起尘、防滑、易清洁的要求。

（三）屋面

地下站地上建筑部分屋面排水宜采用有组织排水及外排水，平屋面排水坡度不应小于2%，天沟、檐沟的纵向坡度不应小于1%。屋面防水等级应符合现行国家标准GB 50345—2012《屋面工程技术规范》规定的Ⅰ级。为了减轻屋面找坡层自重，厂房屋盖宜采用结构找坡或选用轻质屋面找坡材料。屋面坡度小于3%时，且单向坡长小于9m时，可采用轻质材料找坡；屋面坡度大于3%时，且单向坡长大于9m时，宜做结构找坡。屋面防水应根据建筑物的性质、重要程度、使用功能要求采用相应的防水等级。通常情况下，由于地下站内的电气设备的建筑重要性较高，屋面防水等级应采用GB 50345—2012《屋面工程技术规范》规定的Ⅰ级。屋面的保温层应采用耐火等级为A级的材料。

（四）门窗

地下变电站因防火要求，地下部分较少设置普通门，多为各级防火门。防火门应满足防火规范要求：钢板厚度符合规范要求；门扇内的填充材料应是对人体无毒无害的防火隔热材料；防火门上的五金配件的耐火时间应不小于防火门的耐火时间；防火门的合页不得使用双向弹簧，应设闭门器；门的开启方向必须是疏散方向。同时变电站的防火门还应具备自身特点：设备室进门处应设防鼠板严防小动物进入；门的颜色应选用符合工业建筑特点的颜色。

地下变电站窗户较少，只有地上出入口处有少量窗户。即使这样，也要满足窗户的各种要求。窗墙面积比是影响建筑能耗的重要因素，同时也受到采光、自然通风等室内环境要求的制约。普通窗户的保温隔热比外墙差很多，窗墙面积比大，采暖和空调的能耗也较大。目前，城市地下变电站已经无人值班，开窗面积少也意味着维护工作量减少。因此，对于变电站厂房内的采暖空调房间，从节能和少维护的角度出发，在满足室内采光要求的前提下，宜减少开窗面积并采用节能中空玻璃。窗户的选择应满足抗风压性能、水密性能、气密性能、保温性能和空气隔声性能指标。对于节能和环保有进一步要求时，还应包括遮阳性能和采光性能。窗的开启形式和开启面积比例，应根据房间的使用特点，满足房间自然通风的要求，保证启闭、清洁、维修的方便性和安全性。

地下站门窗虽少，其立面造型、质感、色彩等应与建筑外立面及周围环境和室内环境协调，满足建筑装饰效果要求。同时首层所有外窗均需加设钢制平面防盗护栏。所有外门均应具有可靠的防盗功能。

（五）建筑防水

GB 50108—2008《地下工程防水技术规范》规定了“防、排、截、堵相结合”的防水工程基本原则。220kV 地下变电站地下防水等级应按规定的一级设计；110kV 及以下地下变电站防水等级不应低于二级，宜按一级防水设计。变电站地下部分迎水面主体结构应采用防水混凝土。防水做法宜采用混凝土结构自防水与外包防水相结合的方法。当主体结构可能受到侵蚀性介质作用和需要多道防水相结合使用时，宜在迎水面设卷材防水层。地下变电站的卷材防水层应从结构底板铺至顶板基层，并在结构主体外围形成整体封闭的防水层。防水卷材多采用改性沥青防水卷材、高分子防水卷材等。改性沥青防水卷材用于地下时，宜双层使用，其厚度组合不低于（4＋3)mm。

地下站顶板、底板的卷材防水层常用细石混凝土保护层。顶板上细石混凝土保护层的厚度：当采用人工回填时，厚度不应小于 50mm；当采用机械碾压回填土使时，混凝土保护层厚度不应小于 70mm。侧墙防水保护层常采用砖保护墙或软保护。砖墙保护墙通常设置在底板外挑平台上。当底板无外挑平台时，宜优先采用软保护，常采用聚苯板或挤塑聚苯板等。

建筑排水应采取以防为主、防排结合的设计方法。地下站的地面部分虽然高度较低，屋面也宜采用有组织外排水。屋面水落管的数量，一般与水落口对应。屋面若采用天沟、檐沟排水，为确保其防水效果，天沟、檐沟内应增设附加防水层。当主防水层为高聚物改性沥青卷材或合成高分子防水卷材时，附加层宜选用防水涂膜，既适应较复杂部位的施工，又减少了密封处理的困难，形成优势互补的复合防水层。屋面若采用女儿墙形式，其防水的重点是压顶、泛水、防水层的处理。压顶的防水处理不当，雨水会从压顶进入女儿墙的裂缝，顺缝从防水层背后渗入室内，对室内房间尤其是地下设备房间产生影响。女儿墙压顶可采用混凝土或金属制品。压顶向内排水坡度不小于

5%，压顶内侧下端做滴水处理；女儿墙泛水处的防水层下应增设 500mm 宽的附加层[20]。

当地下变电站覆土部分用于城市绿化时，地下建筑顶板及防水设计应满足现行行业标准 JGJ 155—2013《种植屋面工程技术规程》的规定，需采用耐根穿刺防水材料。

变电站最底层宜沿地下外墙的内壁设置排水沟，并应在一处或若干处地面较低点设置集水坑或集水池，同时预留排水泵电源和排水管道，通过自动启停的排水设备排至站外。

地下站厂房内的卫生间、消防设备间等有水房间不应布置在设备间上方，且应做防水防渗处理。卫生间墙面和地面均做防水涂料；少水房间如消防设备间地面需做防水涂料。主变油池内侧也需做防水涂料。

（六）建筑节能环保

地下站地上部分虽然体量较小，也应满足节能环保要求。外墙填充材料选用符合节能要求的砌块等。同时地下站的地下部分常位于地面绿化下。当地下建筑的顶板覆土厚度大于 800mm 时，可不设保温层，但应经热工计算核实。如寒冷地区种植土达不到保温要求，应另设保温层。

地下站地面除绿化外，还有部分地面铺装，常采用渗水砖或植草砖。铺装植草砖，具有耐踩、耐压、绿化覆盖率高、绿期长、柔滑坚实平整等特点还具有截留地面雨水、抗盐碱等功能。利用环保材料制成的渗水砖，具有优良的透水性能、强度性能和耐久性能。施工周期短，工艺简单，适用于地下站地面部分人行道、停车场等场所。

外窗设计是节能环保的重点。在考虑提高保温隔热性能的同时，还应考虑隔声等问题。对于外窗的要求是实现冬季最大限度地利用太阳能，夏季遮挡太阳辐射，同时基本满足室内自然采光的需要。外窗尽量采用断桥铝合金中空玻璃窗，保温性能达到 7 级，气密性能达到 4 级，隔声性能达到 4 级，水密性能不小于 700Pa。中空玻璃是目前节能玻璃的主流产品。周边玻璃中间距 6～24mm，周边用结构胶密封，间隔内是空气或其他气体。分子筛吸潮剂置于边框中或置于密封胶条中，用于吸收气体中的水汽防止内结露[21]。

## 四、建筑防火

在现代化的电力系统中，变电站的防火问题，特别是地下变电站的防火问题尤为重要。

（一）地下站存在的火灾危险性因素

变压器是变电站最主要设备之一，最常用的是油浸式变压器，其内储存有大量的绝缘油，属于可燃的丙类液体。当变压器出现故障，里面的可燃气体泄漏出来，如果周围有可燃物将酿成火灾。大部分电缆绝缘层和护套是采用聚氯乙烯、橡胶等材料制成。电缆引起火灾有两方面：一是电缆本身事故引起的，如电缆终端头爆炸、长期负荷运行及散热条件差引起击穿绝缘层老化龟裂、接地故障等；二是由外部火源引起的火灾。管道、电缆穿越变电站的隔墙、楼板的孔洞、缝隙封堵不严。

灭火难度大、救援工作困难。地下变电站一旦发生火灾能产生大量的有毒烟雾，在灭火抢险中，稍有不慎，易造成人员中毒、触电等伤亡事故。地下变电站一旦发生火灾，主控设备损坏，往往造成大规模的重特大火灾事故，给国家造成不可估量的经济损失，同时恢复供电时间较长。

（二）地下变电站的防火措施

在地下变电站的消防设计中应严格贯彻“预防为主、防消结合”的方针，认真做好地下变电站的防火设计。

地下变电站内建（构）筑物的消防间距应符合现行国家标准 GB 50016—2014《建筑设计防火规范》及 GB 50229—2015《火力发电厂与变电站设计防火规范》的有关规定。各设备房间火灾危险性分类及其耐火等级应符合 DL/T 5216—2017《35kV～220kV 城市地下变电站设计规程》表 6.1.4 规定。

独立建设的地下变电站与相邻地面建筑之间的防火间距，可根据变电站的地上建筑与相邻地上建筑之间的防火间距要求确定，应满足 DL/T 5216—2017《35kV～220kV 城市地下变电站设计规程》表 8.1.1 和 GB 50016—2014《建筑设计防火规范》的规定。其中防火间距按变电站地上建筑的外墙与相邻地上建筑外墙的最近距离计算，如外墙有凸出的燃烧构件，应从其凸出部分外缘算起。

地下变电站与其他建筑合建时，应采用防火分区等隔离措施。地下变电站每个防火分区的建筑面积不应大于 $1000m^2$。设置自动灭火系统的防火分区，其防火分区面积可增大 1.0 倍；当局部设置自动灭火系统时，增加面积可按该局部面积的 1.0 倍计算。在具体工程计算防火分区面积时，常把主变油池、地下钢筋混凝土墙体等扣除在防火分区面积计算之外，因为这些均为人员无法进入的部分，如此可以一定程度减少设置楼梯或自动灭火系统，如图 6-7 所示。

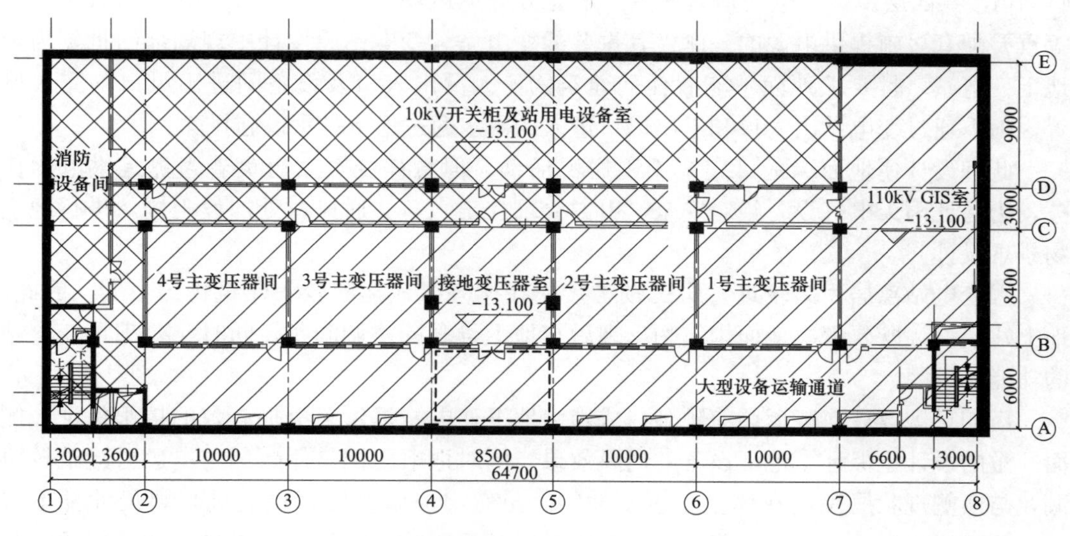


图 6-7 地下变电站防火分区的划分

地下变电站内任一点到最近安全出口的距离应符合如下要求：当地下变电站火灾危险性分类为丙类时，不应大于30m；当地下变电站火灾危险性分类为丁类时，不应大于45m。

地下变电站安全出入口不得少于两个，有条件时可利用相邻地下建筑物设置安全出口。规模较大、层数较多的地下变电站应设置电梯。地下变电站地下室与地上层不应共用楼梯间。当必须共用楼梯间时，应在地上首层采用耐火极限不低于2h的不燃烧体隔墙和乙级防火门将地下部分与地上部分的连通部分完全隔开，并应有明显标志。

地下变电站楼梯的数量、位置、宽度和楼梯间形式应符合现行国家标准GB 50016—2014《建筑设计防火规范》的相关规定。室内地面与室外出入口地坪高差大于10m或3层及以上的地下变电站，其疏散楼梯应采用防烟楼梯间；其他疏散楼梯间在满足天然采光和自然通风要求时，可以采用封闭楼梯间。

地下变电站直通地面的门、楼梯及走道的宽度应满足设备运输要求。但直通地面的疏散门的最小净宽度不宜小于0.9m；疏散楼梯的最小净宽度不宜小于1.10m；疏散走道的最小净宽度不宜小于1.40m。

变压器室、配电装置室、电抗器室、电容器室、蓄电池室、电缆夹层的门应向疏散方向开启。当门外为公共走道或其他房间时，该门应采用乙级防火门。

地下变电站中电缆隧道入口处、电缆竖井的出入口处、电缆头连接处、二次设备室与电缆夹层之间，均应采取防止电缆火灾蔓延的阻燃或分隔措施。

## 五、建筑实例

### （一）慧祥110kV全地下变电站——地上部分与环境融为一体

慧祥110kV全地下变电站位于北京市奥林匹克公园用地西侧，海淀区北辰西路与南沙滩路十字交叉路口西北部。总用地面积2569m²，地上部分高度0.45m，地下部分埋深17.4m，共四层。该变电站是为鸟巢、水立方等奥运场馆，以及IBC、MPC、数字大厦等重要配套设施提供电源的一座极其重要的变电站。变电站原设计中规划部门批复为全地下变电站，且要求地面不能有任何建筑物，人员出入口及设备间进出风口均露天设置，雨季通过变电站出入口和进出风口进入的雨水通过地下排水设施排除。

此种设计使地面绿地可完全用于居民活动，但慧祥变电站肩负着为奥运供电的任务，为保证雨天电气设备绝对安全，甲方要求在出入口、通风口处加设雨棚，进行地上物景观设计。

因变电站离居民区较近，居民较难接受在楼旁绿地建起较大建筑物的事实。因此，地上建筑设计既要解决地面构筑物出现后与地上景观的协调问题，同时又要满足变电站的功能需求。

新的景观设计在奥运会前顺利建成，为地下变电站提供了更加有效的挡雨保证，侧面开敞的设计也保证了地下设备的通风效果。同时地上雨棚整体颜色与奥运村建筑较协调，与西侧现状居民楼在体量上也不冲突。虽然组成雨棚的每块玻璃材料尺寸并不很大，但经过合理的设计与计算分缝，加之材料的透明特性，符合了最早的体量轻盈、与环境协调的设计构思，也达到了预期目标。如图6-8、图6-9所示。

图 6-8 慧祥变电站工程实施过程中的地面景观

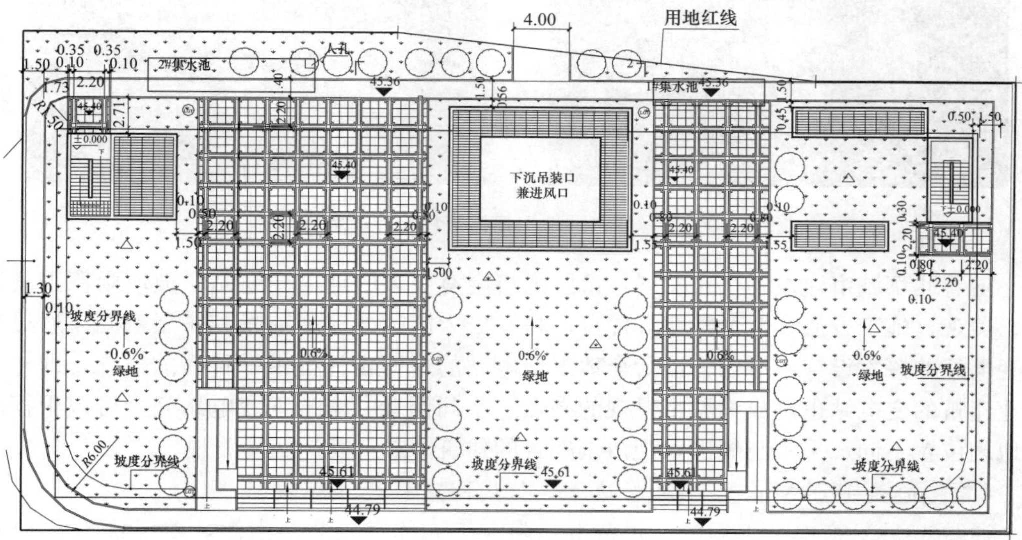


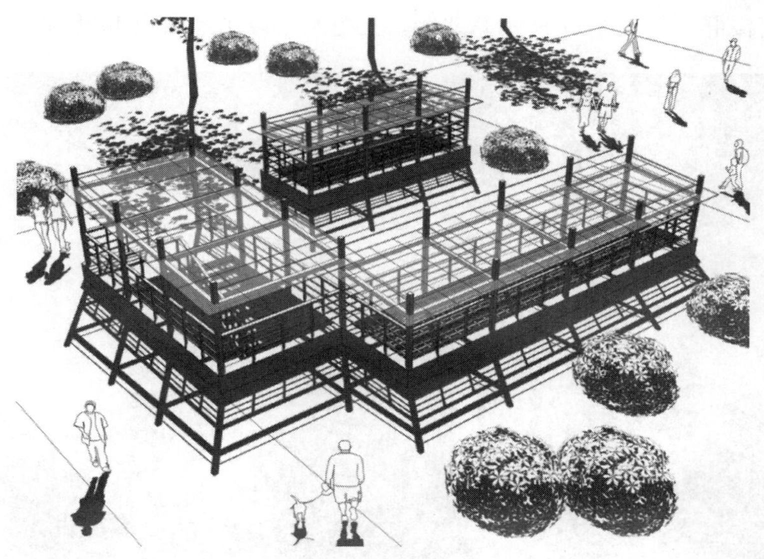

图 6-9 地面景观设计图

变电站的地上雨棚在整片绿地衬托下晶莹剔透，点缀了整个奥运村的周边的大环境，如图 6-10 所示。人们走在北辰西路上也能看见这些连续的、能为城市环境增色的景观建筑。居民在施工前对地上雨棚所持的怀疑、否定、抵触的态度也随着雨棚的顺利建成而逐渐改善了。人们满怀欣喜地看到自己的住所周围又出现了让人感到心旷神怡的环境小品。人们在绿地中散步、锻炼之余还常常倚靠在此聊天、休憩，建筑与环境有机融为了一体。

图 6-10　慧祥变电站地上建构筑物与环境融为一体

随着北京城市建设的快速发展，市区内将会有更多的地下变电站，玻璃雨棚因其通透、美观、施工方便、造价低廉等优点，将有更为广阔的应用前景和拓展空间。通过慧祥变电站的探索设计，可以为以后全地下变电站的地面设计提供一种新的概念，即作为工业建筑的变电站也可成为城市景观的亮点。不同位置的全地下变电站完全可以根据所处地理位置不同，采用与周围景观协调融合的建筑样式，既经济又美观。

（二）通盈 110kV 全地下变电站——与周围建筑交相辉映

通盈 110kV 变电站工程位于北京市朝阳区工人体育场北路南侧，在现状 SOHO 地块内通盈办公楼群（如图 6-11 所示）北侧。变电站建设用地面积 1495m$^2$，地块狭长。

图 6-11　通盈办公楼效果图

变电站地上一层，地下三层，建筑面积为 3996m²，其中地上建筑面积约为 215m²，地下建筑面积约为 3781m²，总高约 5.3m，室内外高差 0.3m。一层设警卫控制室、通风井、吊装口等，层高 4.2m；地下一层设电容器、接地变压器室、二次设备室、值班室等，层高 5.5m；地下二层设 GIS 室、主变压器室、10kV 配电装置室等，层高 5.0m；地下三层设层高 3m 的电缆夹层。本工程生产类别为丙类，耐火等级为一级。

变电站位于通盈办公楼北侧绿地内（如图 6-12 所示），又紧邻工体北路，地下变电站的地面景观需要与南侧的通盈办公楼呼应，又要与周围环境协调。地上建筑物具体设计手法有：减少地上吊装口、通风口体量（如图 6-13 所示）；地上砌体外墙外加设外墙装饰板；建筑北侧临路处采用办公楼标示牌装饰，有效地弱化了变电站外形特征。

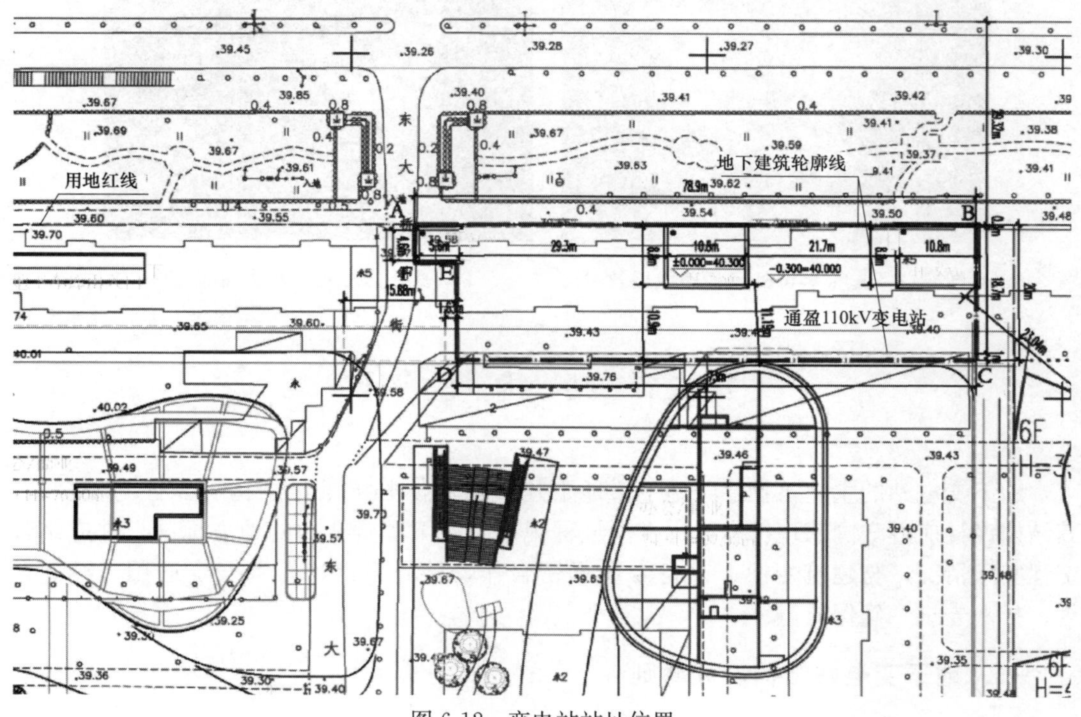

图 6-12 变电站站址位置

变电站与周围办公楼建筑紧密结合。在地面建筑的设计中采用“淡化”变电站立面效果的建筑设计思想而非传统的“强化”其立面效果的方法。在具体设计手法上，建筑体型力求简洁，以抓住建筑尺度比例的大关系为主，结合建筑使用功能，注重立面的虚实对比，而所有这些都以“适度”为重，尽量避免对其他建筑小品造成视觉争夺。在色彩和材质设计上更不以突出自己为目的，而是尽量使其成为环境的一个组成部分。变电站墙面运用了镂空花纹金属板饰面，临街侧使用黑色石材作为办公区标示牌（如图 6-14、图 6-15 所示），与周围整体环境相得益彰，使建筑融合在环境之中。在工体北路

图 6-13 地上吊装口进行外墙装饰

上经过的人们几乎察觉不到变电站的存在，以人为本的设计理念在此得到充分诠释。

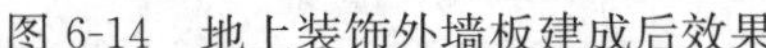

图 6-14　地上装饰外墙板建成后效果

图 6-15　地上外墙细部

## 第二节　结　构　设　计

地下变电站的主建筑物建于地下，地下建筑物单体必须满足结构可靠性与安全性，其结构设计应遵守国家现行有关标准、规程规范以及工程所在地的地方标准，并应结合工程实际情况，与建筑专业、设备专业紧密合作，精心设计，做到安全适用、经济合理、技术先进、确保质量。

### 一、地下变电站结构设计原则

**1.** 结构的安全等级

地下变电站建（构）筑物的安全等级是根据结构破坏可能产生的后果（危及人的生命、造成经济损失、产生社会影响等）的严重性来确定。《建筑结构可靠度设计统一标准》中规定：一般的房屋建筑结构的安全等级为二级，重要的房屋建筑结构的安全等级为一级。根据电力行业标准 DL/T 5216—2014《35kV～220kV 城市地下变电站设计规程》的规定，枢纽地下变电站的建筑结构安全等级为一级，其他地下变电站的建筑结构安全等级为二级。结构重要性系数应符合 GB 50153—2008《工程结构可靠性设计统一标准》的有关要求。

建筑物中各类结构构件的安全等级，宜与整个结构的安全等级相同，对其中部分结构构件的安全等级可进行调整，但不得低于三级。一级及二级的结构重要性系数 $\gamma 0$ 分别为 1.1 及 1.0。

**2.** 设计使用年限

GB 50068—2001《建筑结构可靠度设计统一标准》中规定：普通房屋和构筑物的设

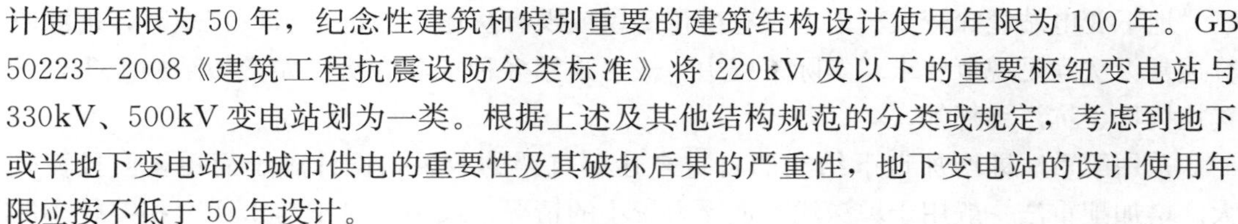

计使用年限为 50 年，纪念性建筑和特别重要的建筑结构设计使用年限为 100 年。GB 50223—2008《建筑工程抗震设防分类标准》将 220kV 及以下的重要枢纽变电站与 330kV、500kV 变电站划为一类。根据上述及其他结构规范的分类或规定，考虑到地下或半地下变电站对城市供电的重要性及其破坏后果的严重性，地下变电站的设计使用年限应按不低于 50 年设计。

**3.** 结构设计基本原则

地下变电站的结构设计应满足承载力、稳定、变形、抗裂、抗震及耐久性等要求，并在总结实践经验和科学试验的基础上，积极慎重地推广国内外先进技术，因地制宜地采用成熟的新结构和新材料。地下变电站的结构设计应符合现行国家标准 GB 50009—2012《建筑结构荷载规范》、GB 50007—2011《建筑地基基础设计规范》、GB 50010—2010《混凝土结构设计规范》（2015 年版）、GB 50011—2010《建筑抗震设计规范》（2016 年版）以及工程所在地地方设计标准的规定。

## 二、地下建筑的结构设计

地下变电站结构设计[22]应根据建筑功能、材料性能、建筑高度、抗震设防类别、抗震设防烈度、场地条件、地基及施工等因素，经过技术经济和使用条件综合比较，选择安全可靠、经济合理的结构体系。

**1.** 结构形式的选择

地下建筑的结构形式应根据使用要求、场地地质条件和施工方法等确定，并应具有良好的整体性，避免抗侧力结构的侧向刚度和承载力突变。地下变电站因大部分设备均布置在地下主厂房内，建筑物结构跨度大、层高高，其建筑宜采用钢筋混凝土框架结构、钢筋混凝土框剪结构或剪力墙等结构形式。

**2.** 抗震等级的确定

抗震设防类别为丙类的地下结构的抗震等级，6、7 度时不应低于四级，8、9 度时不宜低于三级，乙类设防列表的混凝土地下结构的抗震等级，6、7 度时不应低于三级，8、9 度时不宜低于二级。

当地下室顶部作为上部结构的嵌固部位时，地下一层的抗震等级应与上部结构相同，地下一层以下的抗震构造措施的抗震等级可逐层减低一级，且不低于四级，地下室无上部结构的部分，可根据具体情况采用三级或四级。

**3.** 结构设计

地下变电站建筑物跨度大、层高高，结构布置复杂，大部分厂房为地下室结构、大空间结构、错层等非规则的复杂结构。对于复杂结构设计，简单的手算复核已不可能，设计时需要依靠软件计算分析，结构设计方法与地上变电站基本一致，下面仅对地下站不同与地上变电站的部分进行说明。

（1）地下室抗浮稳定性验算。建筑物在施工和使用阶段均应符合抗浮稳定性要求。在建筑物施工阶段，应根据施工期间的抗浮设防水位和抗力荷载进行抗浮验算，必要时采取可靠的降排水措施满足抗浮稳定要求。在施工使用阶段，应根据设计基准期抗浮设防水位进行抗浮验算。

地下变电站埋深较大、地上仅有少量房屋或没有房屋，当抗浮水位较高时，抗浮验算通常无法满足规范要求。实际工程中一般可采用多种抗浮方法，如增加结构配重，设置抗拔桩、抗浮锚杆等。

采用配重法即增加地下结构的自重来达到抗浮的效果，设计施工简单，但投资较大。增加配重法一般用于埋深浅、上浮力较小的情况，或用于自重与水浮力相差较小的情况。增加配重法包括增加覆土荷载、增加结构自重、边墙加载等方式，如条件允许可将基础底板外挑，利用四周回填土增加结构自重压力。增加配重法示意详见图 6-16[22]。

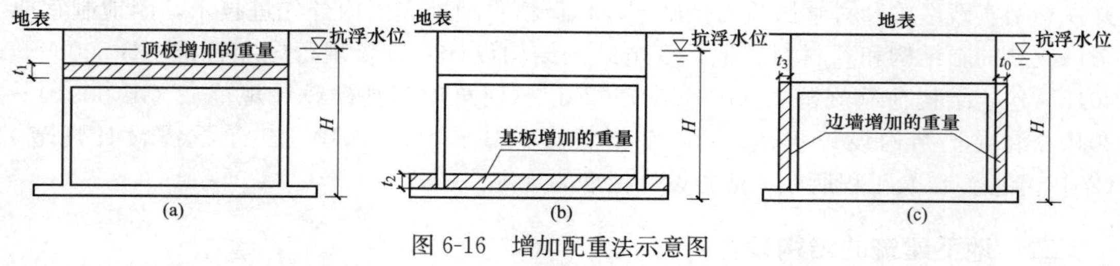


图 6-16　增加配重法示意图

（a）顶板加载；（b）底板加载；（c）边墙加载

采用抗浮锚杆或抗拔桩技术，可减少底板厚度、节约材料、加强安全可靠性。采用抗浮锚杆的方式时，锚杆锚入底板处的防水处理较麻烦，存在一定的施工难度及漏水风险（目前尚未收到漏水的报告）。

抗浮锚杆的设计包括锚杆承载力的计算、杆体截面积计算、锚杆数量计算。土层锚杆的锚固长度不应小于 4m，且不宜大于 10m；岩石锚杆的锚固长度不应小于 3m，且不宜大于 45$D$ 和 6.5m；锚杆的间距除满足锚固的受力要求外，尚需大于 1.5m，如采用的间距较小时，应将锚固段错开布置。

锚杆宜采用热轧带肋钢筋，水泥砂浆强度不宜低于 30MPa，细石混凝土强度不宜低于 C30，灌浆前应将锚杆孔清洗干净。注浆水泥材料标号不得低于 P32.5，压力型锚杆注浆水泥材料标号不得低于 P42.5；注浆材料采用的拌合水宜采用饮用水，不得使用污水；水泥砂浆只能用于一次注浆，水泥浆中的氯化物含量不得超过水泥重量的 0.1%。图 6-17 所示为抗浮锚固常见做法。

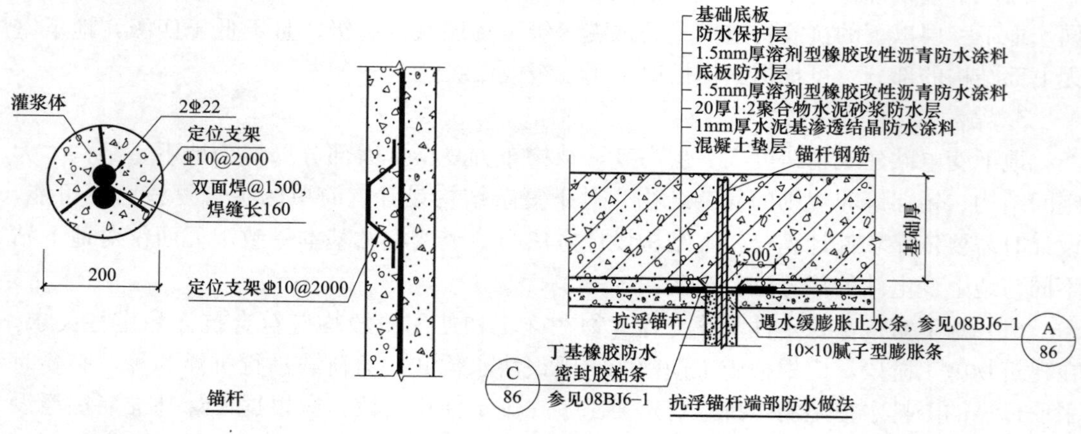


图 6-17　抗浮锚固示意图

（2）地下室外墙计算。

1）地下室外墙的计算方法。地下室外墙除了增加地下室刚度之外，其主要作用是挡土及地下水，承受地下室外侧土压力及水压力。

地下室楼板和与地下室垂直的混凝土墙，均可作为地下室外墙的支座。和楼板受力类似，根据长短边跨度比例不同，可以分为单向板和双向板。短边与长边之比小于 1/3 时，可以按单向板计算。一般情况下，地下变电站混凝土内墙不多，均可按照单向板计算。地下室楼板完整的外墙可以按照承受水平荷载的连续梁进行计算，由于基础较厚，可以作为地下室外墙的固定支座，顶板和中间支座相对于地下室外墙较薄，其平衡地下室外墙传来弯矩的能力有限，一般作为铰接支座。

地下室外墙在垂直于墙平面的地基土侧压力作用下，通常不会发生整体侧移，土压力类似于静止土压力，工程上一般取静止土压力系数 $k_a=0.5$ 来进行计算。当地下室施工采用护坡桩时，静止土压力系数可以乘以折减系数 0.66 而取 0.33。

地下室外墙的计算简图如图 6-18 所示。

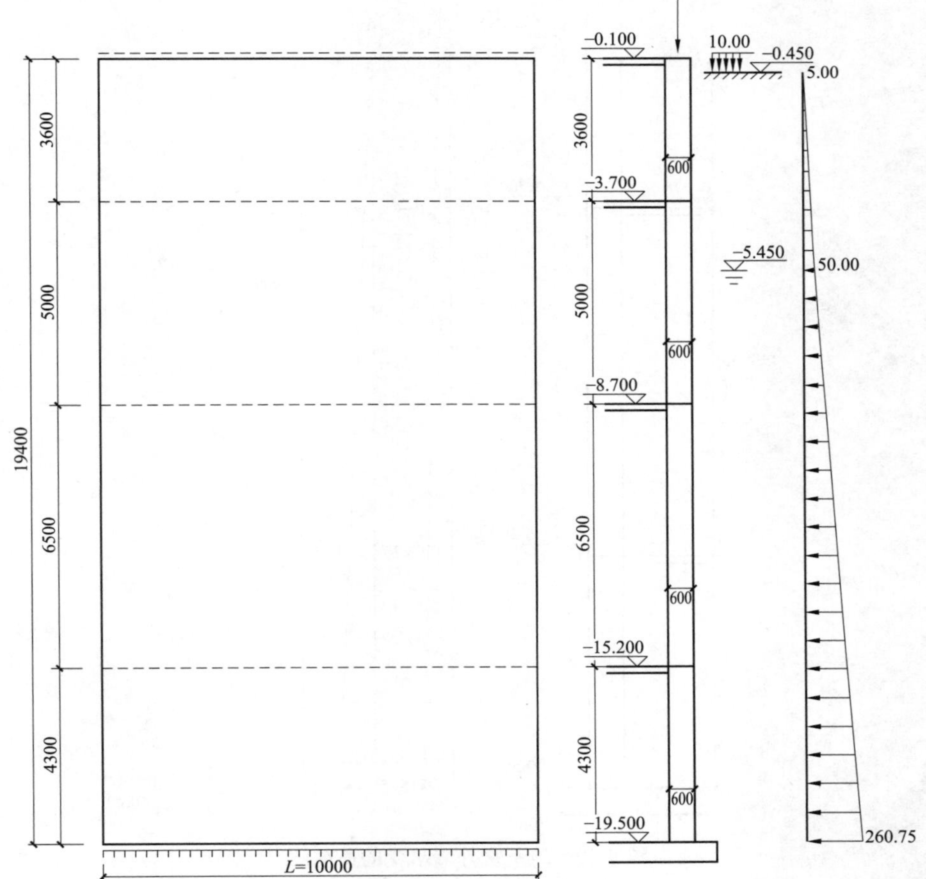


图 6-18　地下室外墙的计算简图

地下室外墙承受的荷载有：

四周覆土传来的土压力，一般按照静止土压力计算；

建筑物四周存在地面活荷载，通过覆土传给地下室外墙，地面活荷载取值一般取 $10kN/m^2$；

地下水传来的侧向水压力；

地下室外墙承受的荷载如图 6-19 所示。

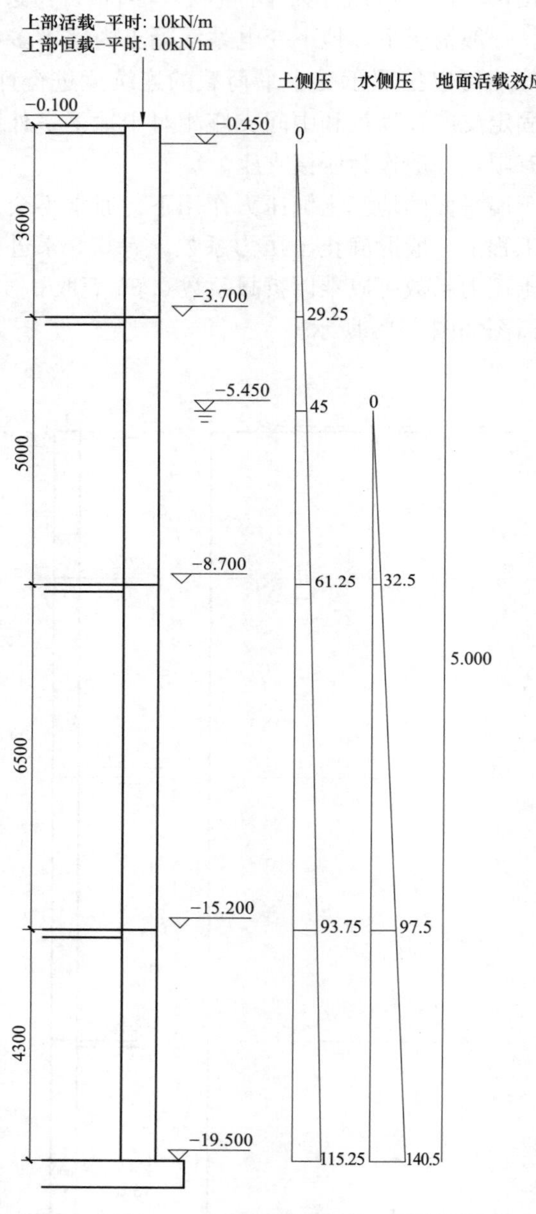


图 6-19　地下室外墙承受的荷载图

2）吊装口外墙。电缆井、吊装口、平面端部布置楼梯间导致楼板缺失，导致地下室外墙缺乏面外支承边界条件，需采用有限元计算分析软件进行详细的墙身内力和变形分析。

一般情况下，地下室外墙可以按照水平受力的连续梁计算。吊装口开洞之后，此处地下室外墙失去支承，地下室外墙的受力变得复杂。根据现有常规柱网，吊装口内侧需要一定宽度的走廊，留给吊装口靠地下室外墙一侧的楼板宽度非常有限，如没有楼板支撑，此处外墙则为跨度近 10m 的悬臂结构，地下室外墙厚度及配筋会很大。

为了解决此问题，可采用吊装孔处设置凸字型外墙的做法，如图 6-20 所示，在吊装孔外侧设置楼板，形成一定宽度的水平梁，作为地下室外墙的支撑。

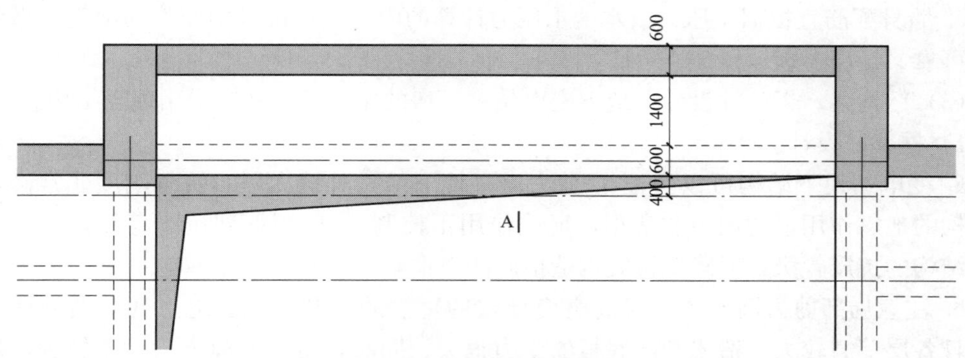


图 6-20　凸字型外墙的做法

3）楼梯间外墙。楼梯间处，有一段宽度内无水平楼板，也造成了地下室外墙支座的缺失。此时可以设置和地下室垂直的混凝土内墙，作为地下室外墙的支撑。此时地下室外墙可以按照左右倒荷计算。

由于楼梯间处地下室受力复杂，可以将楼梯间四周墙体均做成混凝土墙。这样，楼梯间四周的混凝土内墙、外墙、倾斜楼梯板及平台，形成一个中间有隔板的竖直箱型构件，能有效抵抗地下室外侧的土压力，如图 6-21 所示。

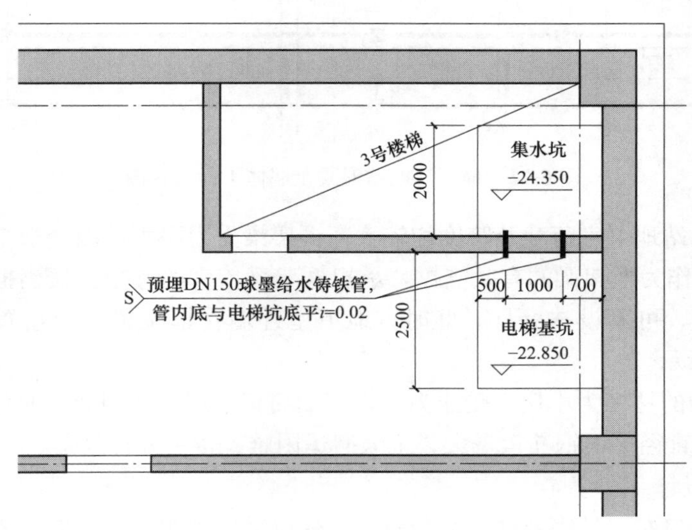


图 6-21　楼梯间做法外墙

4）地下室外墙土构造措施。

a. 地下室外墙厚度不应小于 250mm。地下室外墙采用双层双向布置，间距不宜大于 150mm，配筋率不宜小于 0.3%。

b. 根据 GB 50108—2008《地下工程防水技术规范》要求，地下工程混凝土迎水面保护层厚度不应小于 50mm，并应进行裂缝宽度计算，裂缝宽度不得大于 0.2mm。

c. 因结构恒和活载较大，梁端负弯矩较大，注意梁与墙身垂直相连时，墙身宜设置暗柱。

d. 对墙身较厚的超长结构建议采用收缩后浇带，不建议采用膨胀加强带。

e. 墙身配筋宜根据土压力或水池水压力计算的内力值，可采用非均匀配筋，做到既安全可靠又经济合理。

(3) 结构梁、板、柱设计。地下变电站主厂房的梁、板、柱应采用现浇结构。

1) 框架柱设计。

a. 变电站地下结构可以按框架-剪力墙（地下结构外墙太厚，抗侧刚度非常高，框架结构的地震作用下的内力非常小，地震作用不控制），取用框架抗震等级，减小按纯框架结构的抗震等级，以降低抗震构造措施的对框架截面及配筋的影响。

b. 注意局部剪力墙设置、层高突变导致的短柱的不利影响。地下变电站的柱网较大，且各层荷载较大，造成基础底板的受力很大。同时，由于电缆夹层设备较少，局部设置一些混凝土墙，形成深梁，对基础起支撑作用，亦可减少框架柱的轴压比。混凝土墙体的部位和数量，根据受力情况确定，如图 6-22 所示为某 220kV 地下变电站的混凝土墙体的平面布置图。

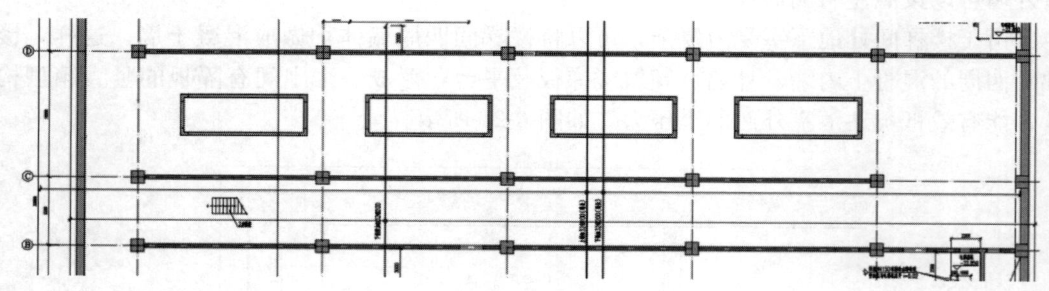

图 6-22　地下变电站混凝土墙体平面布置图

c. 由于变电站地下室荷载及跨度均较大，框架梁受力很大，故一般应在地下室外墙处设置扶壁柱，作为框架梁的有效支撑，承担框架梁传来的弯矩。仅当框架梁跨度较小（不大于 4m）时，可不设扶壁柱。此时，地下室外墙在框架梁对应位置，设置暗柱即可，如图 6-23 所示。

d. 地下结构的柱多为小偏心受压为主，其配筋宜采用高强钢筋，避免采用中等强度大直径钢筋，大直径单根钢筋重量大，工人搬运困难、接头处理复杂。

2) 框架梁设计。

a. 考虑到洞口布置较密及楼板荷载较大，建议采用密布次梁方案，不建议采用平板形式，有洞口的大开间板内力分布和变形复杂。若无洞口，建议采用大开间楼板形式更为经济合理。

b. 地下结构以恒载和活载控制，地震内力因地下室外墙抗侧过刚导致框架结构的地

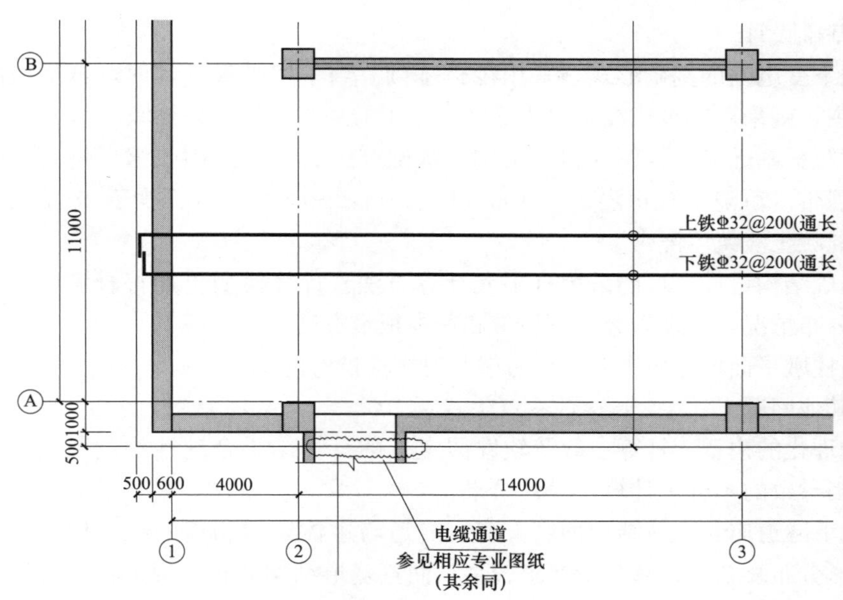


图 6-23 地下变电站外墙扶壁柱位置图

震作用不是框架的控制内力，避免采用次梁边跨点铰的包络设计，需要特别注意正常使用阶段次梁边跨的梁端负弯矩下抗弯配筋设计及主梁的抗扭设计。

c. 主变压器下方的消防油池侧壁板及底板对周边梁的影响较复杂，不仅需要进行承载力包络设计，还应考虑正常使用阶段油池结构对梁的刚度影响及内力和变形的影响。

3）楼板设计。

地下变电站楼板洞口，应视楼板跨度及配筋情况，合理设置洞边次梁或洞口附加钢筋。比如：洞口 1000×600，于洞边纵向设置了次梁，板跨明显较小，当楼板采用构造配筋时单向板承载能力较高。如图 6-24 所示为某地下变电站结构平面布置图。

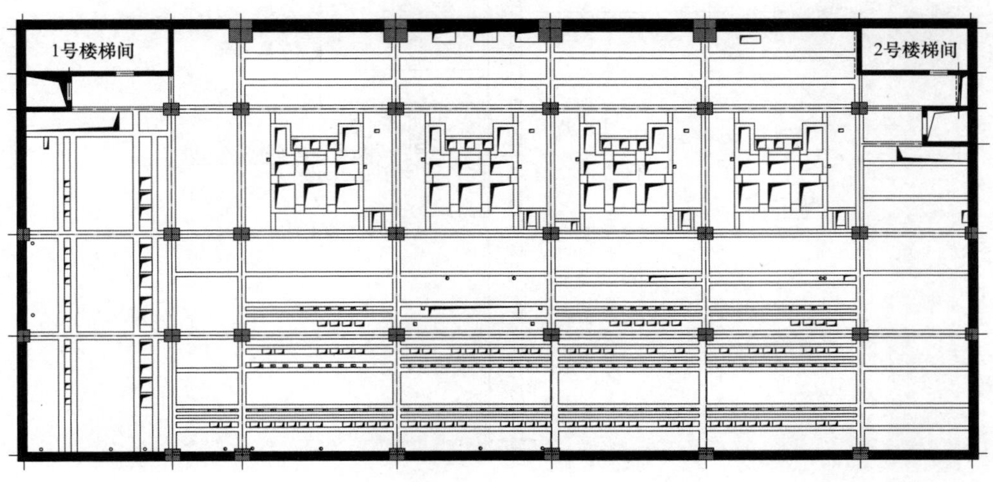


图 6-24 地下变电站结构平面布置图

（4）基础设计。

1）地下变电站的基础形式宜采用筏板基础。当采用平板基础时，若平板配筋以构造配筋为主，则采用梁板式筏基更为经济，也可避免采用抗冲切柱墩。

2）对筏板基础厚度较厚的超长结构，基础施工时建议采用收缩后浇带，不建议采用膨胀加强带。后浇带宜每隔 30～40m 设置一道，宜 2 个月并不少于 45 天后再以高一级强度的混凝土浇筑后浇带。

3）基础结构设计尽可能采用有限元计算方法，计算模型更加符合实际情况。根据筏板内力分布情况，合理划分柱下板带和跨中板带宽度。

4）当柱墩平面尺寸较大时，可考虑其对筏板抗弯的有利影响。

（5）其他问题。

1）合理化的模型、计算参数及软件假定下的计算结果合理性的判断能力，避免软件使用不当导致的不合理计算及设计结果。

2）地下隧道应与主体结构彻底分离。隧道与主体结构相连的结构体系，整体结构内力和变形分布复杂，计算分析要求较高，而且隧道结构的相关规范标准也存在诸多不协调问题。

3）当消防水池与主厂房贴建时，由于地下室埋深很深，地基承载力较高，地下室沉降很小，可以忽略二者沉降差带来的不利因素。图 6-25 为某地下变电站泵房与主厂房贴建时外墙立面图。

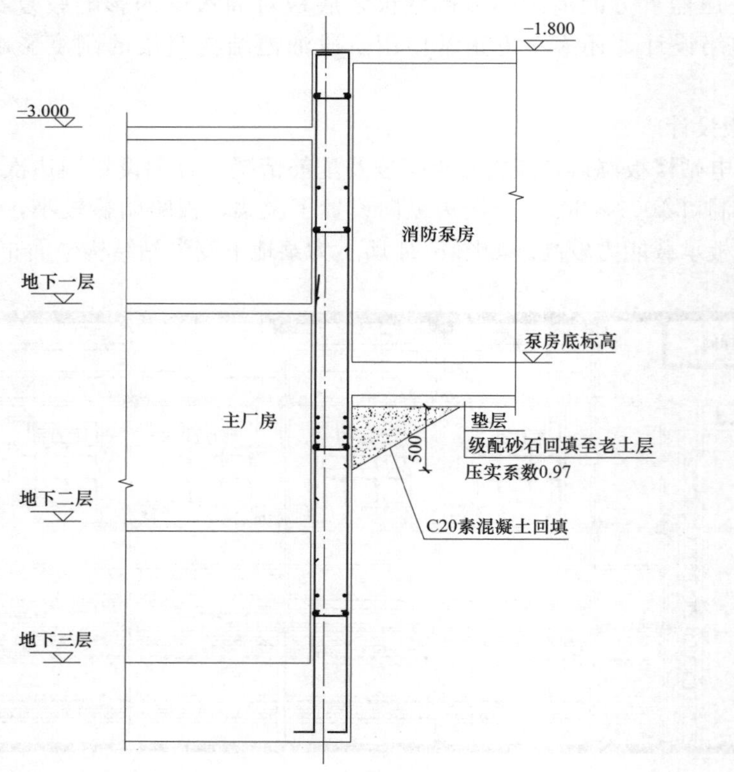


图 6-25　泵房与主厂房贴建时外墙立面图

**4.** 耐久性设计

地下变电站主厂房的混凝土结构应根据设计使用年限和环境类别进行耐久性设计。混凝土结构暴露的环境类别及混凝土材料的耐久性基本要求应按 GB 50010—2010《混凝土结构设计规范》(2015 年版）的规定执行。

根据混凝土结构耐久性设计规范的规定，以及规定的设计使用年限对耐久性设计的要求，地下变电站主厂房室内正常环境类别为一类，室内潮湿环境楼板为二类 a，露天及与水土接触部分的环境楼板为二类 b。

**5.** 正常使用极限状态的设计

钢筋混凝土受弯构件的最大挠度应按荷载的准永久组合，预应力混凝土受弯构件的最大挠度应按荷载的标准组合，并均应按荷载长期作用的影响进行计算，其计算值按 GB 50010—2010《混凝土结构设计规范》(2015 年版）的要求执行。

地下变电站主体结构构件裂缝控制等级为三级。钢筋混凝土裂缝控制宽度按荷载的准永久组合并按荷载长期作用影响进行计算。预应力混凝土按荷载标准组合并考虑长期作用的影响计算。

## 三、建筑防水

地下变电站的防水应遵循“防、排、截、堵相结合，刚柔相济，因地制宜，综合治理”的原则，符合现行国家标准 GB 50108—2016《地下工程防水技术规范》的有关规定和要求。地下变电站应尽量不设变形缝。

**1.** 防水等级

220kV 地下变电站地下防水等级应按 GB 50108—2016《地下工程防水技术规范》规定的一级设计；110kV 及以下地下变电站防水等级可按一级防水设计。地下变电站的主体结构除采用防水混凝土外，还应至少采取一种建筑防水做法（防水卷材、防水涂料等)；施工缝、后浇带等位置除采用防水混凝土外，还应采取两种建筑防水做法。

**2.** 防水混凝土

(1) 防水混凝土抗渗等级。防水混凝土的设计抗渗等级，应符合表 6-1 规定。

**表 6-1　　防水混凝土抗渗等级**

| 工程埋置深度 $H$ (m) | 设计抗渗等级 |
|---|---|
| $H<10$ | P6 |
| $10\leqslant H<20$ | P8 |
| $20\leqslant H<30$ | P10 |
| $H\geqslant 30$ | P12 |

地下变电站基础底板的混凝土垫层，强度等级不应小于 C15，厚度应不小于 100mm。地下变电站防水混凝土外墙结构厚度不应小于 250mm；裂缝宽度不得大于 0.2mm，并不得产生贯通裂缝；钢筋保护层厚度应根据结构的耐久性和工程环境选用，迎水面钢筋保护层厚度不应小于 50mm。

(2) 防水混凝土施工缝要求。地下变电站防水混凝土应连续浇筑，尽量减少施工缝。当必须设置施工缝时，应符合下列规定：

1）墙体水平施工缝不应留在剪力最大处或底板与侧墙的交接处，应留在高出底板表面不小于 300mm 的墙体上。墙体有预留孔洞时，施工缝距孔洞边缘不应小于 300mm。

2）地下变电站尽量不设竖向施工缝。

3）施工缝防水构造形式宜按图 6-26 所示选用，当采用两种以上构造措施时可进行有效组合。

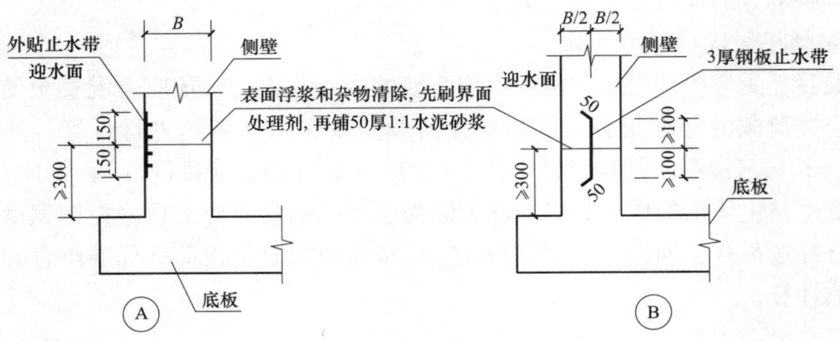


图 6-26　地下室侧壁施工缝防水做法

（3）防水混凝土后浇带做法。后浇带应设在受力、和变形较小的部位，其间距和位置应按结构设计要求确定，宽度宜为 700～1000mm。后浇带应在其两侧混凝土龄期达到 45d 后再施工；后浇带应采用补偿收缩混凝土浇筑，其抗渗和抗压强度等级不应低于两侧混凝土。

后浇带两侧可做成平直缝或阶梯缝，基础底板及侧墙防水构造形式可参见图 6-27 和图 6-28。

（4）防水套管做法。穿墙套管应在浇筑混凝土前预埋。金属止水环应与主管或套管满焊密实，采用套管式穿墙防水构造时，翼环与套管应满焊密实，并应在施工前将套管内表面清理干净；相邻穿墙管间的间距应大于 300mm；穿墙管线较多时，宜相对集中，并应采用穿墙盒方法。防水套管做法参见图 6-29。

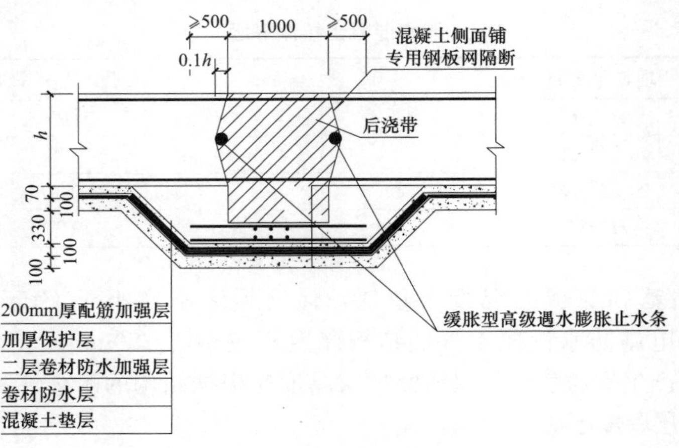


图 6-27　基础底板后浇带做法

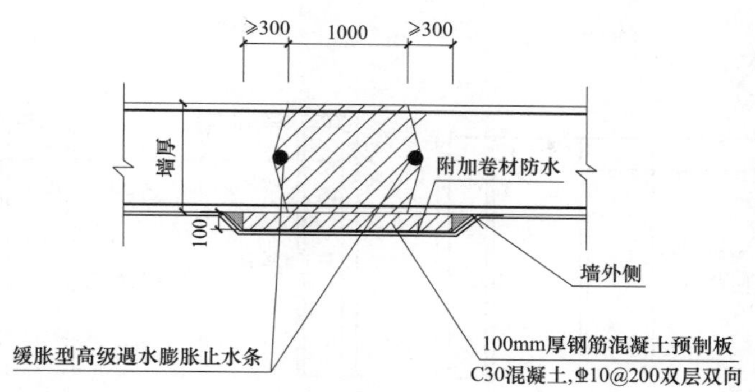


图 6-28　侧墙后浇带做法

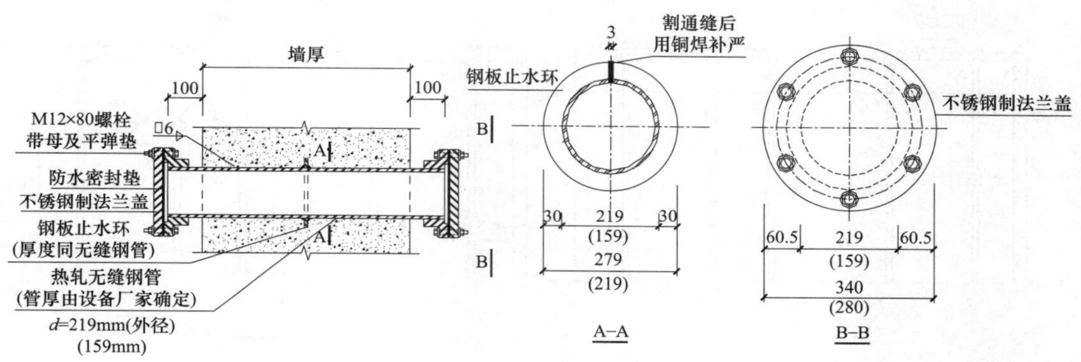


图 6-29　防水套管做法

## 四、地下结构逆作法

对于多层地下室结构，一般采用敞开式的顺做法施工，即先施作支护结构后开挖土方，并根据需要设置支撑或锚杆，挖土至坑底后，再自下而上逐层施工各层地下室结构。顺做法是传统的地下结构施工方法，支护结构与状态结构相对独立，设计方案便捷，施工工艺成熟。如果工程条件不满足采用顺做法施工要求，地下结构可以采用逆作法施工。

逆作法是指地下结构施工时，先施作周围支护结构和中间支承柱，然后施作地下主体结构梁和板，作为支护结构的内支撑体系，依次由上而下逐层开挖土方并施作其余部分地下主体结构。在进行地下结构施工的同时，可根据设计方案进行地上主体结构的施工，地上没有建筑的部分可以恢复地面交通或绿化，也可以作为施工临时用地。其施工流程如图 6-30 所示[23]。

**1.** 逆作法分类

根据地下工程具体情况，逆作法可以按照全逆作法、半逆作法、部分逆做法及分层逆作法开展施工：

（1）全逆作法：利用地下各层水平主体结构对四周支护结构形成水平支撑，自逆作面向下依次施工的施工方法。

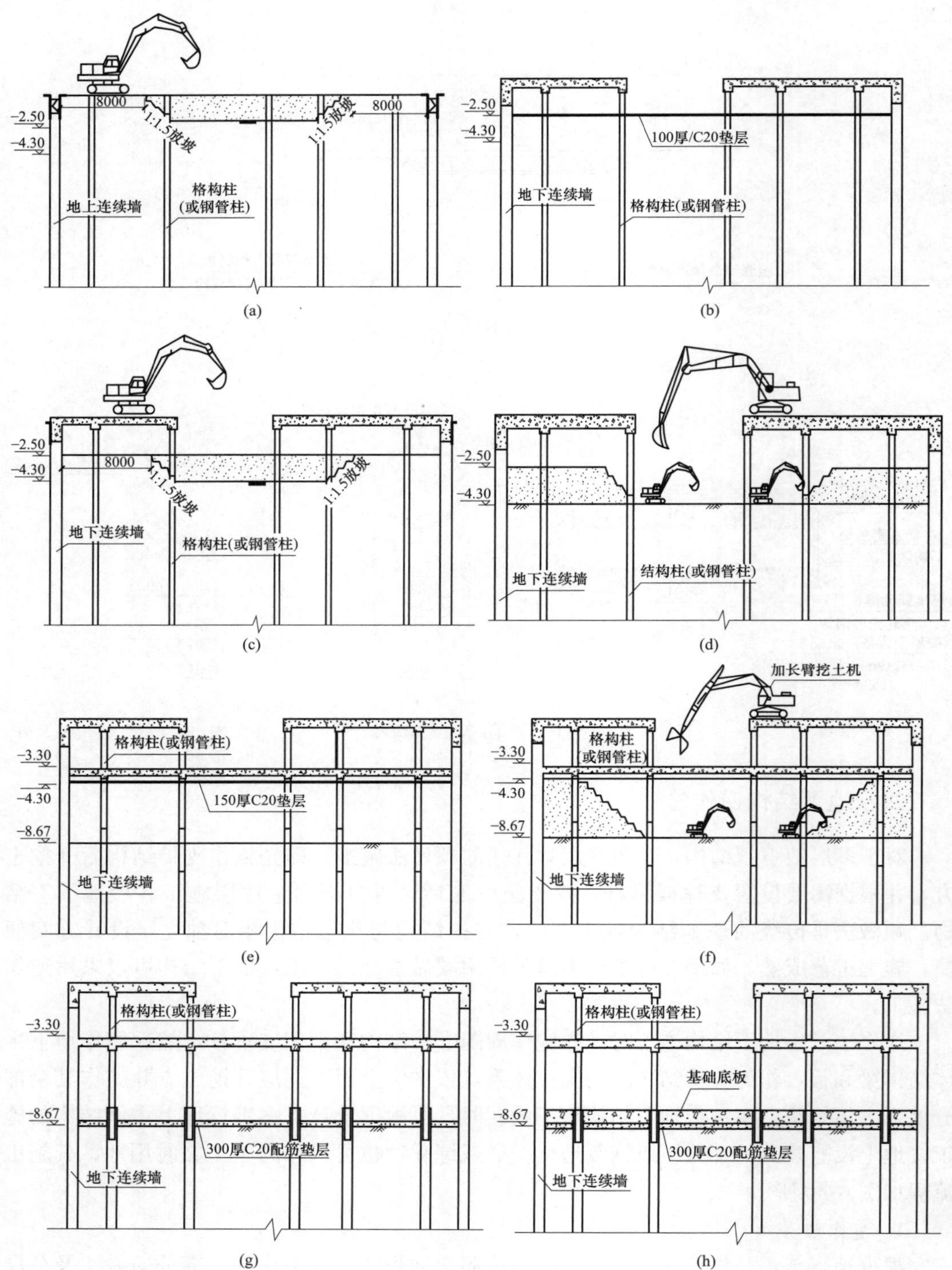


图 6-30　逆作法施工流程示意图

(a) 第一层土方开挖；(b) 垫层及首层梁板施工；(c) 第二层土方开挖；(d) 第二层周边土方开挖；
(e) 地下一层梁板施工；(f) 第三层土方开挖；(g) 配筋垫层施工；(h) 基础底板施工

(2) 半逆作法：利用地下各层水平主体结构的肋梁，对四周支护结构形成水平支撑，待土方开挖完成后，再二次浇筑楼板的施工方法。

(3) 部分逆作法：基坑工程的一部分采取顺做法，另一部分采取逆作法的施工方法。一般用于带裙房的建筑项目。

(4) 分层逆作法：支护结构采用土钉、土层锚杆等方式，自上而下进行施工，各层采取先开挖基坑周边土方，再施工支护结构，继而完成相应楼层的地下结构施工方法。分层逆作法造价降低，施工进度快，一般应用在土质较好的地区。

**2.** 逆作法的特点

(1) 基坑变形较小，有利于周边环境保护。采用逆作法施工，是利用地下主体结构的构件作为支护结构的水平支撑体系，其刚度比临时支撑的刚度大得多，而且没有拆撑、换撑工况，因而可减少围护结构在侧压力作用下的侧向变形。此外，挖土期间用作围护墙的地下连续墙，在地下结构逐层向下施工的过程中，成为地下结构的一部分，而且与柱（或隔墙）、楼盖结构共同作用，结果可减少地下连续墙的沉降，即减少了竖向变形。这一切都使逆作法施工可最大限度地减少对周围相邻建筑物、道路和地下管线的影响，在施工期间可保证其正常使用。

(2) 地上和地下可同步开展施工，缩短施工周期。具有多层地下室的高层建筑，如采用传统方法施工，其结构施工工期为地下结构工期加地上结构工期。而用逆作法施工，一般情况下只有地下一层占部分绝对工期，而其他各层地下室可与地上结构同时施工，不占绝对工期，因此可以缩短总工期。地下结构层数愈多，工期缩短愈显著。

(3) 支护结构与主体结构相结合，减少了工程造价。采用逆作法施工，一般地下室外墙与基坑围护墙采用两墙合一的形式，一方面省去了单独设立的围护墙，另一方面可在工程用地范围内最大限度扩大地下室面积，增加有效使用面积。此外，围护墙的支撑体系由地下室楼盖结构代替，省去大量支撑费用。而且楼盖结构即支撑体系，还可以解决特殊平面形状建筑或局部楼盖缺失所带来的布置支撑的困难，并使受力更加合理。由于上述原因，再加上总工期的缩短，因而在软土地区对于具有多层地下室的高层建筑，采用逆作法施工具有明显的经济效益。

(4) 可充分利用地下室顶板作为施工现场，解决施工场地狭小的难题。地下结构施工土方工程量巨大，工程材料、施工机具和工程组织等方面，都要求有较大的施工现场，但城市中临时占地往往也是主要难以解决的问题。利用逆作法，可以在大量土方开挖前，完成地下室首层顶板施工作为施工场地。

(5) 基坑支护设计与地下主体结构设计关联度较高，设计与施工工作协同紧密。按逆作法进行施工，中间支承柱位置及数量的确定、施工过程中结构受力状态、地下连续墙和中间支承柱的承载力以及结构节点构造、软土地区上部结构施工层数控制等，都与工程设计密切有关，需要施工单位与设计单位密切结合研究解决。

(6) 结构构件节点复杂，竖向支承柱质量要求高，对施工技术要求较高。构件节点是结构质量控制要点，按照传统施工方法，构件节点要同时施工，并加强质量控制措施，但在逆作法情况下，竖向构件需要先期施工，这样给后期节点施作提出了更高的要求。施工中通过预留埋件或接头、增加牛腿、预留后浇空洞等方法解决。

由于中间支承柱上部多为钢柱，下部为混凝土柱，如图 6-31 所示，所以，多用灌筑桩方法进行施工，成孔方法视土质和地下水位而定。用传统方法控制型钢或钢管的垂直度，其垂直误差多在 1/300 左右，传统方法是在相互垂直的两个轴线方向架设经纬仪，根据上部外露钢管或型钢的轴线校正中间支承柱的位置，由于只能在柱上端进行纠偏，下端的误差很难纠正，因而垂直度误差较大。因此要求钢管、型钢的位置要十分准确，否则与上部柱子不在同一垂线上对受力不利。

（7）逆作法存在的施工难点。逆作法还存在一些施工难点，如土方开挖受楼层限制，新型高效挖运设备有待开发；周围维护结构与中间立柱之间的差异沉降较难控制；结构局部需要采用二次浇筑施工工艺；施工作业环境较差等。

图 6-31　逆作法清水混凝土效果

## 第三节　基　坑　支　护

基坑支护是指为保护地下主体结构施工和基坑周边环境安全，对基坑采用的临时性支挡、加固、保护与地下水控制措施，地下结构完成后，基坑支护也就随之完成其用途。对开挖深度在 5m 以内的基坑，由于深度不大，土侧压力较小，一般可采用较为简单的基坑支护方法。当基坑深度超过 5m 时，一般称为深基坑，其支护结构相对复杂，对周边环境及地下结构施工安全影响较大，应给予高度重视[24]。常用的基坑支护方法有排桩（包括悬臂排桩、排桩—锚杆、排桩—支撑、双排桩等）、地下连续墙（包括悬臂连续墙、连续墙—锚杆、连续墙—支撑等）、土钉墙、重力式水泥土墙等。随着城市建设的迅猛发展，尤其是地下工程的建设，使得基坑支护的重要性逐渐被人们所认识。

基坑支护技术是一个复杂的岩土工程课题，既涉及土力学中典型的土体强度、稳定及变形问题，还涉及到土体与支护结构共同作用的问题，它较桩基础、地基处理等更具有难度。保证基坑支护结构的安全，除必须具有合理的设计外，还需要严格按照设计及规范要求精心施工；施工过程就是对支护结构加载过程，任何不规范的操作，使得支护结构超载工作，必然留下严重的安全隐患[25]。一般情况基坑支护的使用期在一年之内，作为临时性工程，支护结构设计在安全与经济之间找到合理的平衡点尤为重要。基坑工程在开挖深、面积大、环境保护要求高等情况下，可采用支护结构与主体结构相结合的方案。

## 一、地下变电站基坑特点

相较于其他工业与民用建筑地下工程项目，地下变电站具有以下特点：一是地下变电站位于城市中心区域，建设环境繁杂。一般情况下，城市变电站采用户内地上变电站，但在城市的核心区域或重要场所，为满足城市整体规划及景观功能需求，往往需要建设地下变电站。这种情况下，项目建设场地狭窄，周边地铁、市政管线密布，建设环境比较复杂；二是基坑开挖深度大，一般超过15m，典型的110kV半地下变电站基坑开挖深度在15m左右，110kV全地下变电站基坑开挖深度在14～19m；220kV半地下变电站基坑开挖深度在10m以下，220kV全地下变电站基坑开挖深度在19～24m；目前建成的500kV地下变电站数量相对较少，其基坑开挖深度在34m左右，地下站基坑支护属于深基坑支护工程；三是平面尺寸相对较小。典型的110kV全地下变电站地下建筑占地面积大约1680m$^2$（长×宽≈60m×28m）；220kV全地下变电站地下建筑占地面积大约3000m$^2$（长×宽≈75m×40m）。典型地下变电站平、剖面图如图6-32～图6-33所示；四是投资大。在地质条件相对不错的地区，护坡项目造价占变电站工程造价约4%～10%，占变电站土建造价约15%～20%，如果地质条件较差，其工程造价还会更高，作为变电站施工过程的一项临时辅助施工措施，费用相对来说占比较大。

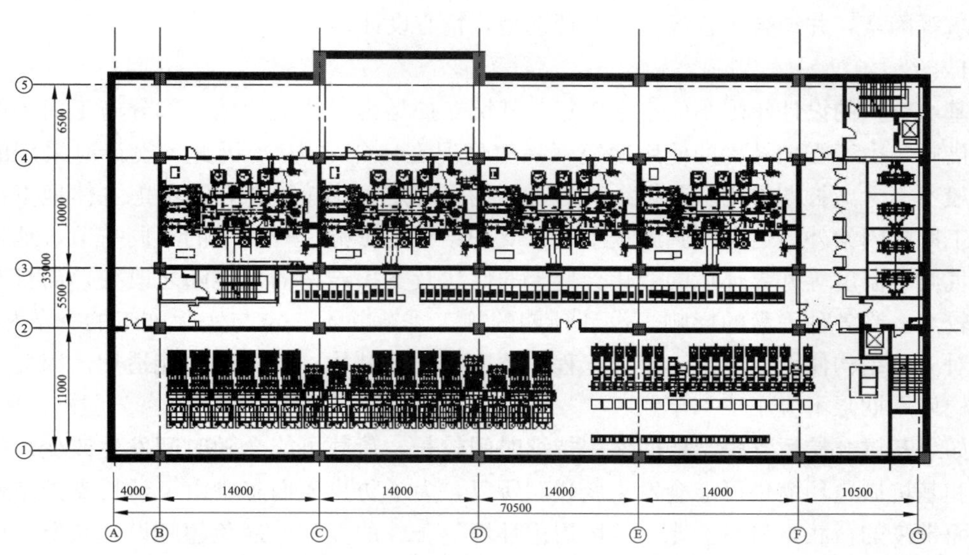


图6-32　典型220kV地下变电站平面

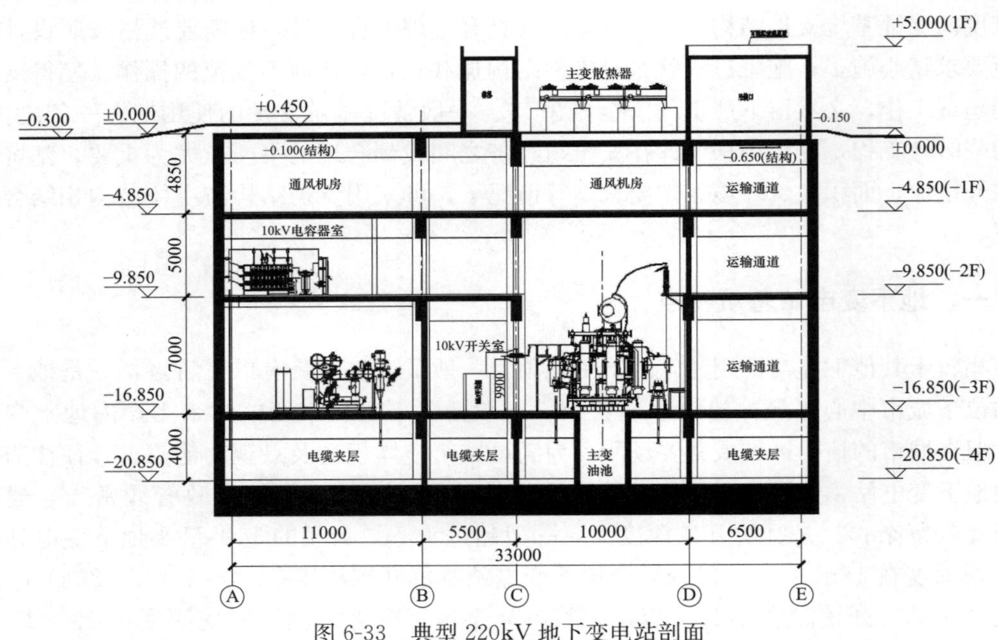


图 6-33　典型 220kV 地下变电站剖面

基坑结构和变电站主体结构比较，在大部分工程中属于临时性施工措施，其结构复杂性和重要性相对较低，基坑设计往往被忽视。但由于其自身结构的特殊性，基坑工程事故时有发生，在工程建设领域内属于高风险技术。不合理的设计和低劣的施工质量是造成事故的主要原因，因此，提高基坑支护结构的设计质量，保证变电站建设项目周边环境安全和工程安全，保持其设计技术和经济合理，和主体结构工程同样重要。

## 二、基坑设计基本规定

基坑支护结构设计应综合考虑工程地质和水文条件、基坑规模、基坑深度、周边环境要求等因素，并结合工程经验，合理选型，精心设计。

**1.** 设计年限

基坑支护的设计年限不应小于 1 年。基坑支护是为主体结构地下部分施工而采取的临时措施，由于支护结构的使用期短（一般情况在一年之内）。因此，设计时采用的荷载一般不需考虑长期作用。支护结构的支护期限规定不小于一年，除考虑主体地下结构施工工期的因素外，也考虑到施工季节对支护结构的影响。一年中的不同季节，地下水位、气候、温度等外界环境的变化会使土的性状及支护结构的性能随之改变，而且有时影响较大。受各种因素的影响，设计预期的施工季节并不一定与实际施工的季节相同，即使对支护结构使用期不足一年的工程，也应使支护结构一年四季都能适用。因此，支护结构使用期限不应小于一年。

如果基坑开挖后支护结构的使用持续时间较长，荷载可能会随时间发生改变，材料性能和基坑周边环境也可能会发生变化。所以，为了防止人们忽略由于延长支护结构使用期而带来的荷载、材料性能、基坑周边环境等条件的变化，避免超越设计状况，设计时应确定支护结构的使用期限，并应在设计文件中给出明确规定。对大多数建筑工程，

一年的支护期能满足主体地下结构的施工周期要求，对有特殊施工周期要求的工程，应该根据实际情况延长支护期限并应对荷载、结构构件的耐久性等设计条件作相应考虑。

**2.** 安全等级

基坑支护结构的安全等级应综合考虑周边环境和地质条件、基坑深度等因素，一般情况定性分析可按照表 6-2 确定；对同一基坑的不同部位，可采用不同的基坑侧壁安全等级；同一基坑周边条件不同可分别划分为不同的基坑侧壁安全等级；当基坑支护结构作为地下建筑结构的一部分时，基坑侧壁安全等级应为一级。

**表 6-2　　支护结构的安全等级**

| | 支护结构的安全等级 |
|---|---|
| 安全等级 | 破坏后果 |
| 一级 | 支护结构失效、土体过大变形对基坑周边环境或主体结构施工安全的影响很严重 |
| 二级 | 支护结构失效、土体过大变形对基坑周边环境或主体结构施工安全的影响严重 |
| 三级 | 支护结构失效、土体过大变形对基坑周边环境或主体结构施工安全的影响不严重 |

如有可靠的工程经验，必要时，可根据基坑的开挖深度 $h$、邻近建（构）筑物及管线与坑边的相对距离比 $\alpha$ 和工程地质、水文地质条件，按破坏后果的严重程度，经定量计算后，结合表 6-2 和表 6-3 按照定性分析和定量计算相结合综合进行确定。

**表 6-3　　支护结构的安全等级**

| 相对距离比<br>开挖深度（m） | $\alpha\leqslant0.5$ | | | $0.5\leqslant\alpha\leqslant1.0$ | | | | $\alpha\geqslant1.0$ | |
|---|---|---|---|---|---|---|---|---|---|
| | 复杂 | 较复杂 | 简单 | 复杂 | 较复杂 | 简单 | 复杂 | 较复杂 | 简单 |
| $h\geqslant15$ | 一级 | | | 一级 | | | | 一级 | |
| $10\leqslant h\leqslant15$ | 一级 | | | 一级 | 二级 | | 三级 | 二级 | |
| $h\leqslant10$ | 一级 | | 二级 | 一级 | 二级 | | 三级 | 三级 | |

其中　$h$——基坑开挖深度。

$\alpha$——相对距离比。为管线、邻近建（构）筑物基础边缘（桩基础桩端）离坑口内壁的水平距离与基础底面距基坑底垂直距离的比值，见图 6-34。

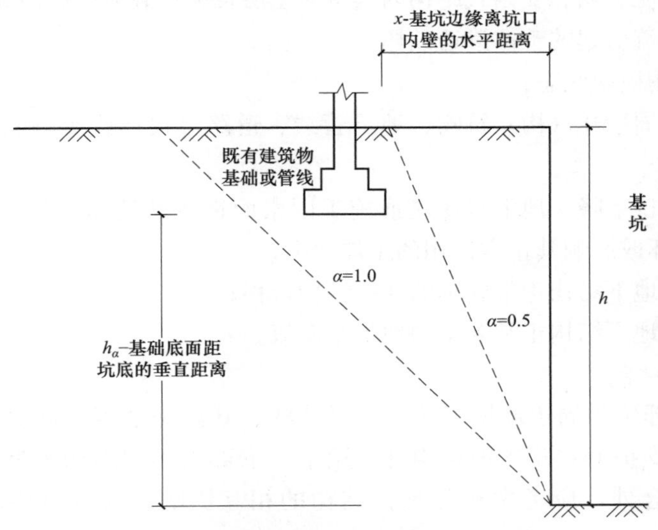


图 6-34　基坑与构筑物相对关系示意

工程地质、水文地质条件分类：复杂——土质差、地下水对基坑工程有重大影响；较复杂——土质较差，基坑侧壁有易于流失的粉土、粉砂层，地下水对基坑工程有一定影响；简单——土质好，且地下水对基坑工程影响轻微。

坑壁为多层土时可经过分析按不利情况确定工程地质、水文地质条件类别。

如邻近建（构）筑物为价值不高、待拆除或临时性的，管线为非重要干线，一旦破坏没有危险且易于修复，则 $\alpha$ 值可提高一个范围值；对变形特别敏感的邻近建（构）筑物或重点保护的古建筑物等有特殊要求的建（构）筑物，当基坑侧壁安全等级为二级或三级时，应提高一级安全等级。当既有基础（或桩基础桩端）埋深大于基坑深度时，应根据基础距基坑底的相对距离、基底附加应力、桩基础形式以及上部结构对变形的敏感程度等因素，综合确定 $\alpha$ 值范围及安全等级。

**3.** 支护结构设计方法

基坑支护结构应按承载能力极限状态和正常使用极限状态进行设计。对承载能力极限状态，由材料强度控制的结构构件的破坏类型采用极限状态设计法，荷载效应采用荷载基本组合的设计值，抗力采用结构构件的承载力设计值并考虑结构构件的重要性系数；涉及岩土稳定性的承载能力极限状态，采用单一安全系数法，土压力计算采用标准值。支护结构设计时应采用下列极限状态：

（1）承载能力极限状态：

1）支护结构构件或连接因超过材料强度而破坏，或因过度变形而不适于继续承受荷载，或出现压屈、局部失稳；

2）支护结构及土体整体滑动；

3）坑底土体隆起而丧失稳定；

4）对支挡式结构，坑底土体丧失嵌固能力而使支护结构推移或倾覆；

5）对锚拉式支挡结构或土钉墙，土体丧失对锚杆或土钉的锚固能力；

6）重力式水泥土墙整体倾覆或滑移；

7）重力式水泥土墙、支挡式结构因其持力土层丧失承载能力而破坏；

8）地下水渗流引起的土体渗透破坏。

（2）正常使用极限状态：

1）造成基坑周边建（构）筑物、地下管线、道路等损坏或影响其正常使用的支护结构位移；

2）因地下水位下降、地下水渗流或施工因素而造成基坑周边建（构）筑物、地下管线、道路等损坏或影响其正常使用的土体变形；

3）影响主体地下结构正常施工的支护结构位移；

4）影响主体地下结构正常施工的地下水渗流。

**4.** 不同结构组合

当基坑不同部位的周边环境条件、土层性状、基坑深度等不同时，可在不同部位分别采用不同的支护形式；支护结构可采用上、下部以不同结构类型组合的形式；不同支护形式的结合处，应考虑相邻支护结构的相互影响，其过渡段应有可靠的连接措施。

**5.** 技术资料

原始技术资料是基坑支护结构设计的基本依据，设计前需要对影响支护结构设计的技术资料，进行全面收集并加以深入了解和分析。一般主要收集三方面的工程资料：工程地质和水文地质、场地周围环境及地下管线以及地下结构设计资料。

（1）工程勘察资料：基坑工程的地质勘察一般与主体结构勘察同时进行，勘察钻孔仅布置在基坑内，正常情况下可以满足支护结构设计需求。当土层分布起伏大或某些软弱地层局部存在时，会使基坑支护设计的岩土依据与实际情况的偏离而造成基坑工程风险。因此，有条件的场地应增设勘察孔，当建筑物岩土工程勘察不能满足本条要求时应进行补充勘察。当基坑面以下有承压含水层时，由于在基坑开挖后坑内土自重压力的减小，如承压水头高于基坑底面时，应考虑是否会发生上覆土层突涌破坏情况。因此，基坑面以下存在承压含水层时，勘探孔深度应能满足测出承压含水层水头的需要。

（2）周围环境勘察：基坑周边环境条件是支护结构设计的重要依据之一。城市内的新建建筑物周围通常存在既有建筑物、各种市政地下管线、道路等，而基坑支护的作用主要是保护其周边环境不受损害。同时，基坑周边既有建筑物荷载会增加作用在支护结构上的荷载，支护结构的施工也需要考虑周边建筑物地下室、地下管线、地下构筑物等的影响。实际工程中因对基坑周边环境因素缺乏准确了解或忽视而造成的工程事故经常发生，为了使基坑支护设计具有针对性，应查明基坑周边环境条件，并按这些环境条件进行设计，施工时应防止对其造成损坏。

（3）地下主体结构调查：基坑支护主要功能之一，是保护主体结构地下部分安全施工，支护结构和主体工程地下结构交替施工，有时支护结构和主体工程地下结构相互作用，因此支护结构设计时应全面收集、了解并熟悉主体结构设计资料，充分满足主体结构设计和施工的要求。

**6.** 地下水

地下水的处理是支护结构设计成功的基本条件，也是侧向荷载计算的重要指标，因此，应认真查明地下水的性质，对地下水可能影响周边环境提出相应的整改措施。

**7.** 监控量测

与其他地下工程和岩土工程相同，基坑支护工程技术也是一门实践性较强的学科，它较桩基础、地基处理等具有更大难度。支护设计时要充分考虑和施工方案的结合，设计应对施工步骤及监控测量提出明确要求。

## 三、基坑支护结构选型

**1.** 支护结构分类

适应各类地质条件要求，支护结构种类繁多，按照支护体系工作机理和围护墙的形式划分，常见的支护结构包括重力式水泥墙、土钉墙、排桩、地下连续墙及其组合结构等多种形式。

（1）排桩。排桩指沿基坑侧壁排列设置的支护桩及冠梁所组成的支挡式结构部件或悬臂式支挡结构。常用的排桩支护桩有混凝土灌注桩、型钢桩、钢板桩、型钢水泥土搅拌桩等桩型，具备条件时优先采用混凝土灌注桩。软土地层中，采用灌注桩时开挖深度不宜大于 20m，采用型钢水泥土搅拌桩时开挖深度不宜大于 15m，采用钢板桩时开挖深度不宜大于 10m。

1）混凝土灌注桩是在基坑周围钻孔，放置钢筋笼并浇筑混凝土成桩，形成桩排用作挡土结构。桩的排列有间隔式、双排式、连续式等形式，如图 6-35 所示。

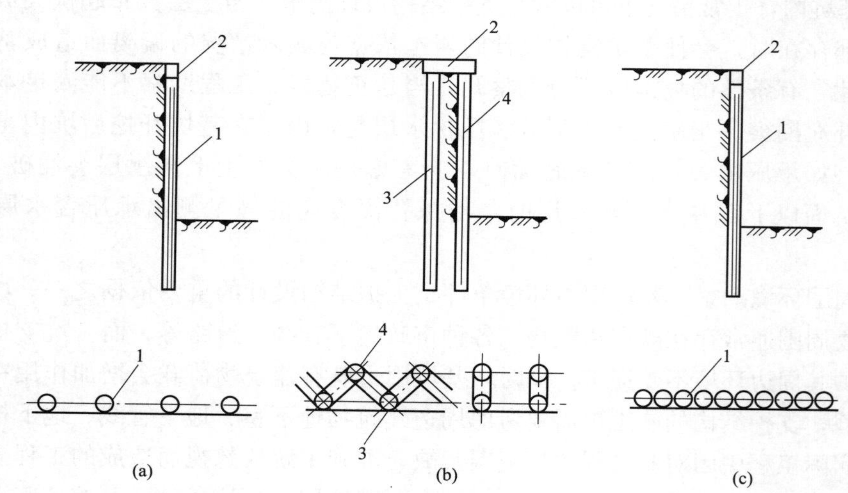


图 6-35　排桩布置示例

（a）间隔式；（b）双排式；（c）连续式

1—灌注桩；2—连续梁；3—前排桩；4—后排桩

间隔式指每隔一定距离设置一桩，成排设置，在桩顶设置连系梁连成整体工作。双排桩指将桩按照梅花形或直线形前后两排布置，桩顶设置连系梁共同工作。当采用双排桩布置形式时，双排桩的排距宜取 2～4 倍桩径。连续式指一桩连接一桩形成排桩地下连续墙，在顶部也设置连系梁连成整体工作。

2）排桩—锚杆支护，是在排桩支护的基础上，沿开挖基坑每隔 2～5m 设置一层锚杆，以增强排桩支护抵抗土压力的能力，同时减少排桩的数量和截面积，常用排桩—锚杆支护形式如图 6-36 所示。

采用排桩—锚杆支护可以充分利用土体的承载能力，发挥支护结构的性能，为地下结构施工提供了良好的作业空间，但不适合于地下水较大或含有化学腐蚀物的土层或在松散、软弱的土层内使用。

3）排桩—支撑支护，是在排桩支护的基础上，在基坑内沿排桩竖向设置支撑点组成内支撑支护体系，以减少排桩的无支护长度，提高侧向刚度，减小变形。常用排桩—支撑支护形式如图 6-37 所示。

内支撑结构为受压构件，长度较大时，设置竖向支撑立柱，内支撑与竖向立柱形成平面支撑体系，平衡支护桩传来的水平力。内支撑材料有钢支撑和钢筋混凝土支撑两类。钢支撑的优点是施工方便，极快发挥支护作用，可以重复利用。钢筋混凝土支撑的优点是承载力高，整体性好，但施工费时，拆除费劲，不能重复利用。

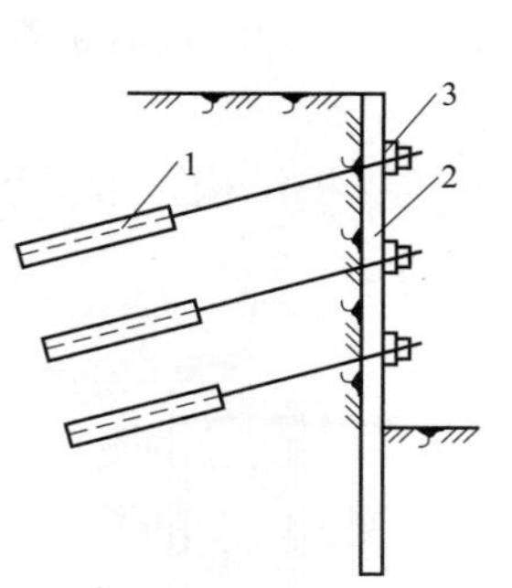

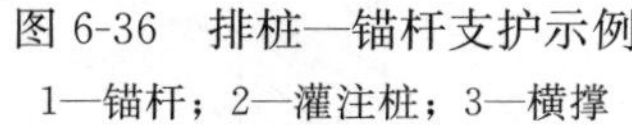

图 6-36　排桩—锚杆支护示例

1—锚杆；2—灌注桩；3—横撑

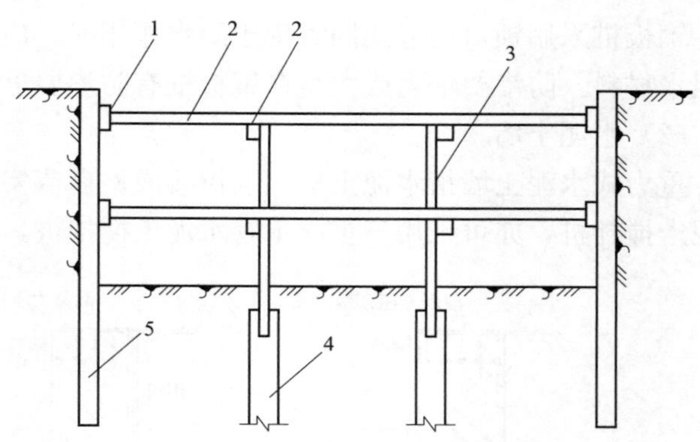

图 6-37　排桩—锚杆支护示例

1—围檩；2—水平支撑；3—立柱；4—灌注桩或专设桩；5—排桩

4）型钢桩，多采用钢轨、工字钢、H 型钢等，横板采用木板或者预制混凝土板，如图 6-38 所示。

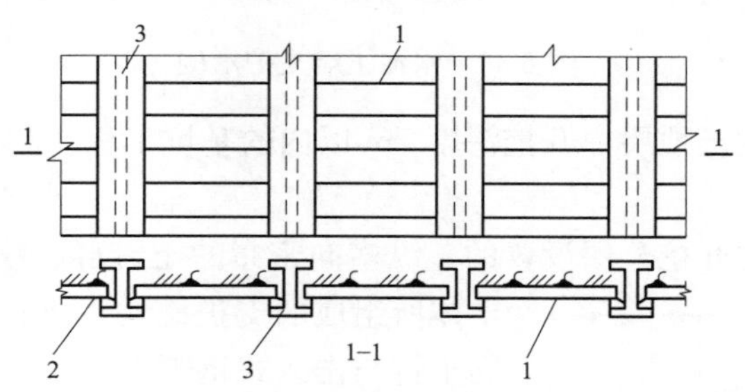

图 6-38　型钢桩示例

1—挡土板；2—木楔；3—型钢桩

型钢桩是沿挡土位置先设型钢桩到预定位置，然后边挖土边将挡土板放置到两块型钢桩之间，组成挡土结构。型钢常用钢轨、工字钢、H 型钢等，间距根据地质情况确定，一般为 1.0～1.5m。横向挡板常用木板或者预制混凝土板。

5）钢板桩，由打入土层中的钢板桩维护体和内支撑或拉锚体系组成。钢板桩形式有 U 型、Z 型、H 型等，其中以 U 型应用最多，可用于 5～10m 深的基坑，如图 6-39 所示。

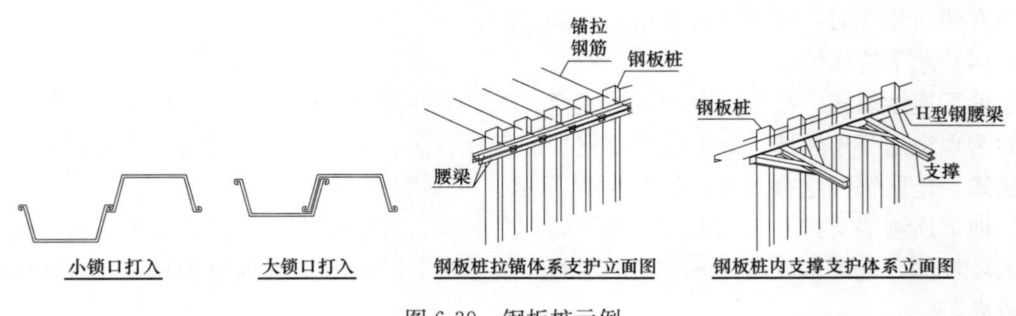


图 6-39　钢板桩示例

钢板桩采用锁口构造式同时用于防水作用时，应在锁口内嵌填黄油、沥青或其他密封阻水材料。防渗要求高或大企口钢板桩有防渗要求时，应在桩外另行设置截水帷幕。

（2）水泥土墙。

重力式水泥土墙指水泥土桩相互搭接成格栅或实体的重力式支护结构。常采用双重水泥土搅拌桩，亦可采用三重或单管水泥土搅拌桩，如图 6-40 所示。

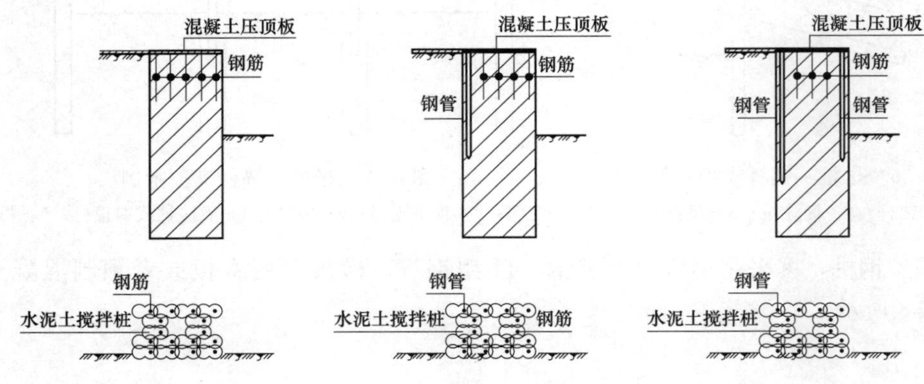


图 6-40　水泥土墙支护示例

水泥土墙适用于软土地层中开挖深度 7m 以内的基坑工程。

（3）土钉墙。

土钉墙指由随基坑开挖分层设置的、纵横向密布的土钉群、喷射混凝土面层及原位土体所组成的支护结构。土钉可分为成孔注浆型钢筋土钉与击入式钢管土钉。

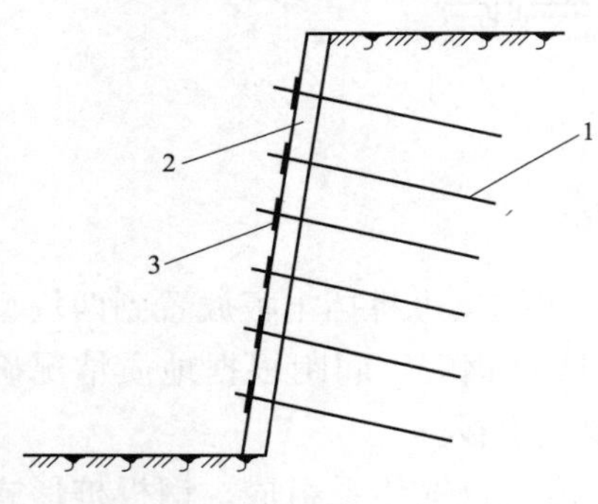


图 6-41　土钉墙示例

1—土钉；2—喷射混凝土面层；3—垫板

土钉墙应结合地区经验确定，其优点是经济、简便、施工快速，但不适合用于淤泥质土、淤泥、膨胀土以及强度过低的土（如新近填土等）。一段时间内，土钉墙支护的基坑工程事故频繁。除去施工质量因素外，事故主要原因之一是在土钉墙的设计理论还不完善的现状下，将常规的经验设计参数用于基坑深度或土质条件超限的基坑工程中。目前土钉墙设计与支挡式结构相比，一些问题尚未解决或没有成熟、统一的认识。因此，理论上土钉墙位移和沉降较大。当基坑周边变形影响范围内有建筑物等时，则不适合采用土钉墙支护。

（4）地下连续墙。

地下连续墙指分槽段用专用机械成槽、浇筑钢筋混凝土所形成的连续地下墙体，亦可称为现浇地下连续墙。地下连续墙支护的形式较多，常用的有悬臂式、内支撑式、逆作法式、土层锚杆组合式等，如图 6-42 所示。

地下连续墙支护具有刚度大、强度高、变形小、截水抗渗等优点，比较适合于开挖面大，较深，地下水较高，要求变形小的大型基坑。但其施工机具较为复杂，一次性投资较高。

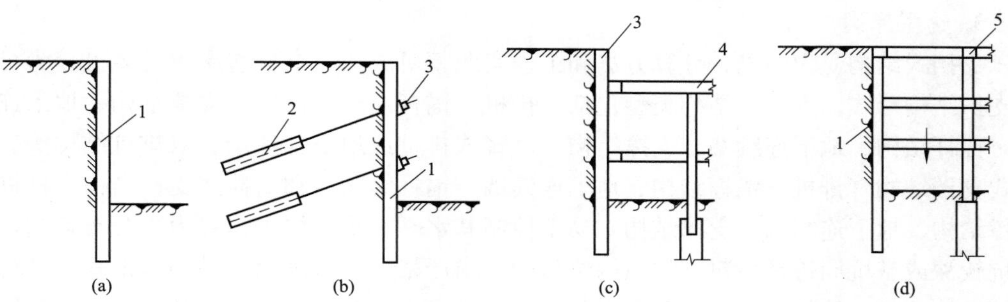


图 6-42　地下连续墙示例

(a) 悬臂式地下连续墙支护；(b) 地下连续墙与土层锚杆组合支护；(c) 内支撑式支护；(d) 逆作法施工支护

1—地下连续墙；2—土层锚杆；3—锚头垫座；4—型钢内支撑；5—地下室梁、板、柱

**2.** 支护结构受力体系

按照支护结构受力体系划分，常用的几种支护结构形式详见表 6-4。

**表 6-4　　常用支护结构形式**

| 结构类型 | | | 适用条件 | | |
|---|---|---|---|---|---|
| | | | 安全等级 | 基坑深度、环境条件、土类和地下水条件 | |
| 支挡式结构 | 锚拉式结构 | | 一级<br>二级<br>三级 | 适用于较深的基坑 | (1) 排桩适用于可采用降水或截水帷幕的基坑；<br>(2) 地下连续墙宜同时用作主体地下结构外墙，可同时用于截水；<br>(3) 锚杆不宜用在软土层和高水位的碎石土、砂土层中；<br>(4) 当邻近基坑有建筑物地下室、地下构筑物等，锚杆的有效锚固长度不足时，不应采用锚杆；<br>(5) 当锚杆施工会造成基坑周边建（构）筑物的损害或违反城市地下空间规划等规定时，不应采用锚杆 |
| | 支撑式结构 | | | 适用于较深的基坑 | |
| | 悬臂式结构 | | | 适用于较浅的基坑 | |
| | 双排桩 | | | 当锚拉式、支撑式和悬臂式结构不适用时，可考虑采用双排桩 | |
| | 支护结构与主体结构结合的逆作法 | | | 适用于基坑周边环境条件很复杂的深基坑 | |
| 土钉墙 | 单一土钉墙 | | 二级<br>三级 | 适用于地下水位以上或经降水的非软土基坑，且基坑深度不宜大于 12m | 当基坑潜在滑动面内有建筑物、重要地下管线时，不宜采用土钉墙 |
| | 预应力锚杆复合土钉墙 | | | 适用于地下水位以上或经降水的非软土基坑，且基坑深度不宜大于 15m | |
| | 水泥土桩复合土钉墙 | | | 用于非软土基坑时，基坑深度不宜大于 12m；用于淤泥质土基坑时，基坑深度不宜大于 6m；不宜用在高水位的碎石土、砂土层中 | |
| | 微型桩复合土钉墙 | | | 适用于地下水位以上或降水的基坑，用于非软土基坑时，基坑深度不宜大于 12m；用于淤泥质土基坑时，基坑深度不宜大于 6m | |
| 重力式水泥土墙 | | | 二级<br>三级 | 适用于淤泥质土、淤泥基坑，且基坑深度不宜大于 7m | |
| 放坡 | | | 三级 | (1) 施工场地应满足放坡条件；<br>(2) 可与上述支护结构形式结合 | |

**3.** 选型原则

支挡式结构受力明确，计算方法和工程实践相对成熟，是目前应用最多也较为可靠的支护结构形式。支挡式结构类型包括：排桩一锚杆结构、排桩一支撑结构、地下连续墙一锚杆结构、地下连续墙一支撑结构、悬臂式排桩或地下连续墙、双排桩结构等。锚拉式支挡结构（排桩一锚杆结构、地下连续墙一锚杆结构）和支撑式支挡结构（排桩一支撑结构、地下连续墙一支撑结构）易于控制其水平变形，挡土构件内力分布均匀，当基坑较深或基坑周边环境对支护结构位移的要求严格时，常采用这种结构形式。悬臂式支挡结构顶部位移较大，内力分布不理想，但可省去锚杆和支撑，当基坑较浅且基坑周边环境对支护结构位移的限制不严格时，可采用悬臂式支挡结构。双排桩支挡结构是一种钢架结构形式，其内力分布特性明显优于悬臂式结构，水平变形也比悬臂式结构小得多，适用的基坑深度比悬臂式结构略大，但占用的场地较大，当不适合采用其他支护结构形式且在场地条件及基坑深度均满足要求的情况下，可采用双排桩支挡结构。

仅从技术角度讲，支撑式支挡结构比锚拉式支挡结构适用范围要宽得多，但内支撑的设置给后期主体结构施工造成很大障碍，所以，当能用其他支护结构形式时，人们一般不愿意首选内支撑结构。锚拉式支挡结构可以给后期主体结构施工提供很大的便利，但有些条件下则不适合使用，例如不宜用在软土层和高水位的碎石土、砂土层中；当邻近基坑有建筑物地下室、地下构筑物等，锚杆的有效锚固长度不足时，不应采用锚杆；当锚杆施工会造成基坑周边建（构）筑物的损害或违反城市地下空间规划等规定时，不应采用锚杆。另外，锚杆长期留在地下，给相邻地域的使用和地下空间开发造成障碍，不符合保护环境和可持续发展的要求。

基坑支护结构应综合考虑场地工程地质与水文地质条件、主体地下结构要求、基础类型、基坑开挖深度、降排水条件、周边环境要求、基坑周边荷载、支护结构使用期、施工季节及施工条件等因素，并结合工程经验，合理选型。当基坑开挖面积大、开挖深、环境保护要求高或对工期有特殊要求等情况时，可以采用支护结构与主体结构相结合以及逆作法工艺，但支护结构与主体结构相结合时应通过充分的技术经济分析选择适宜的方法。

## 四、基坑支护结构设计

**1.** 支挡式支护结构分析

支挡式结构，应根据基坑深度和规模、基坑周边环境条件和地质条件、基坑侧壁安全等级等因素，按下列计算方法进行计算：

（1）挡土结构宜采用平面受力条件的杆系有限元弹性支点法；

（2）内支撑结构可采用平面受力条件的杆系有限元法；

（3）符合空间受力条件时，可用符合实际边界条件的空间结构分析方法；

（4）基坑分层开挖时，应对实际开挖过程的各工况分别进行结构计算，并应按各工况结构计算的最大值进行支护结构设计。当支护结构的锚杆或临时支撑需要在地下结构的施工过程中拆除时，地下结构应形成替换支撑，并对锚杆或临时支撑拆除及地下结构形成支撑作用后的各工况分别进行结构计算。

**2.** 排桩

（1）应根据工程具体情况要求选择混凝土灌注桩、型钢桩、钢管桩、钢板桩、型钢水泥土搅拌桩等桩型。具备条件时优先采用钢筋混凝土灌注桩。

（2）采用混凝土灌注桩时，对悬臂式排桩，支护桩的桩径宜大于或等于 600mm；对锚拉式排桩或支撑式排桩，支护桩的桩径宜大于或等于 400mm；排桩的中心距不宜大于桩直径的 2.0 倍。钢筋混凝土排桩间距应根据排桩受力及桩间土稳定条件确定，排桩间距宜取 1.5～2.5$d$（$d$ 为桩径）；桩径大时取大值，桩径小时取小值；黏性土取大值，砂土取小值。

（3）支护桩顶部应设置混凝土冠梁。冠梁的宽度不宜小于桩径，高度不宜小于桩径的 0.6 倍。冠梁用作支撑或锚杆的传力构件或按空间结构设计时，尚应按受力构件进行截面设计。

（4）案例：排桩—支撑结构。

某 220kV 地下变电站，位于城市核心区域。如图 6-43 所示，站区场地为不规则四边形，东西宽约 100m，南北长约 76m，面积 7383.86m²；站外道路占地面积 90m²，总用地面积约 7473.86m²。本站为全地下变电站，变电站主体部分布置在建筑物地下一至四层。地上首层 5.9m，地下一层层高 4.5m，地下二层层高 5.5m，地下三层层高 6.5m，地下四层层高 4.3m。

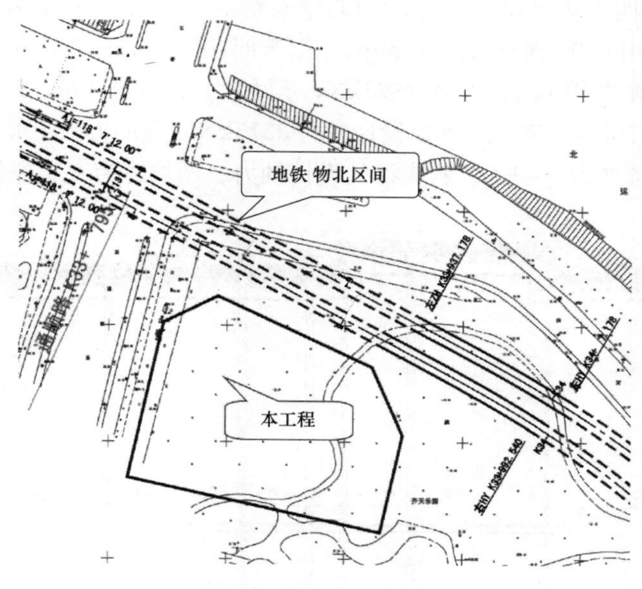


图 6-43　变电站站址位置图

项目东北侧市政道路下有地铁区间线路，为双线盾构隧道，地铁盾构隧道外径 6.0m，地铁隧道距离本基坑支护结构边线 23～47m。项目周边市政管线有：雨水、污水、中水、电力、自来水、热力和燃气管线。

1）地质条件。地层划分为人工堆积层、新近沉积层及第四系沉积层三大类：表层为人工堆积层，包括杂填土及黏质粉土素填土层。人工堆积层一般厚度 2.90～9.10m。

人工堆积层以下为新近沉积的黏土、重粉质黏土，砂质粉土层；细中砂层。新近沉积层以下为第四系沉积的粉质黏土、重粉质黏土层，黏质粉土；黏土、重粉质黏土层，黏质粉土层，粉细砂层；细砂层；黏土、重粉质黏土层，粉质黏土层，黏质粉土层；细中砂层，圆砾层，黏土层。

2）地下水条件。场地地下水位情况如下：第1层稳定水位标高为14.08～15.91m（埋深5.00～7.00m），地下水类型为潜水，主要赋存于砂质粉土层及细中砂层中；第2层地下水稳定水位标高为－1.22～0.03m（埋深21.50～22.30m），地下水类型为层间水，主要赋存于黏质粉土层、粉细砂层及细砂层中；第3层地下水稳定水位标高为－9.92～－7.07m（埋深29.50～31.00m），地下水类型为微承压水，主要赋存于细中砂层及圆砾层中。

3）支护结构设计。基坑长73m，宽36m，地面标高按照23.50～24.50m考虑，基坑深约21.8～22.8m。鉴于项目周围复杂的环境和水文地质条件，基坑上部采用挡土墙支护体系，下部采用围护桩＋内撑的支护体系。围护桩桩间和外侧设止水帷幕。

上部挡土墙采用砖墙，平均支护高度2.5m，墙厚370mm，墙顶设置压梁，墙体设置构造柱，间距3m，挡土墙背后用3：7灰土回填。围护桩采用直径$\phi$1000mm@1500mm的钻孔灌注桩，桩顶设1200mm×1000mm冠梁，桩底嵌入基坑下8～10m，桩身及冠梁混凝土强度等级为C30；桩间护面采用80mm厚C20喷射混凝土＋$\phi$8@150钢筋网；沿竖向设置四道内支撑，支撑的中心绝对标高自上而下依次为：21.00、16.00、9.25、4.95m。采用$\phi$609钢管（$t$＝16mm），钢管间距为3.0m或者6.0m。直支撑的设计轴力为：第一道支撑设计轴力1875kN，预加力945kN；第二道支撑设计轴力2875kN，预加力870kN；第三道支撑设计轴力3375kN，预加力1050kN；第四道支撑设计轴力3000kN，预加力980kN。斜支撑的设计轴力、预加力为直支撑的1.4倍。

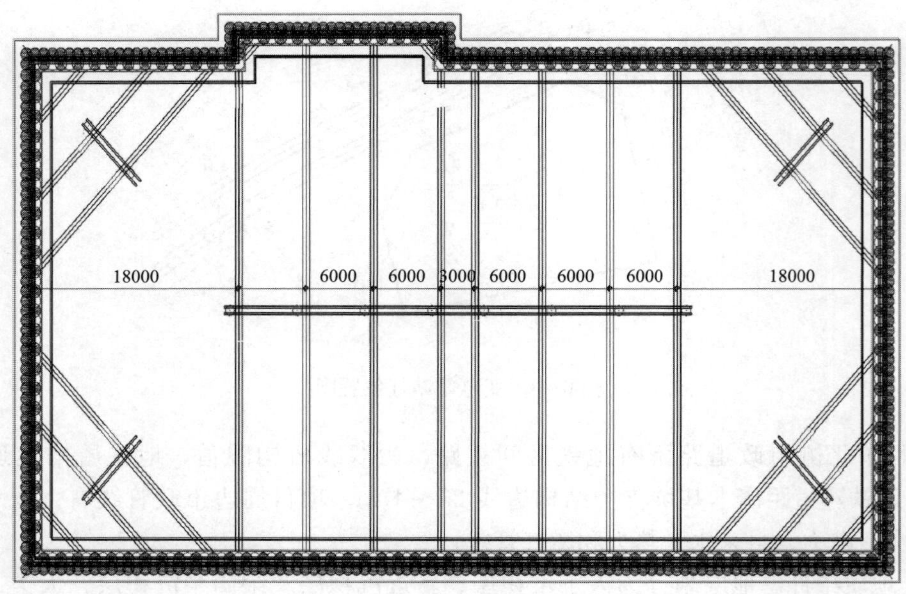

图6-44　第一道钢支撑平面图

4）地下水控制措施。地下水位位于基底以上 12～15m，围护桩桩间和外侧设止水帷幕。围护桩间采用 $\phi$1000mm@750mm 旋喷桩，桩间咬合 250mm；围护桩外侧采用 $\phi$1000mm@750mm 旋喷桩，桩顶标高 18.00m。旋喷桩施工采用三重管，水泥为强度等级 42.5 的普通硅酸盐水泥，水灰比 1∶1，旋喷桩要求完成后的旋喷桩桩体渗透系数不大于 1.0×10cm/s。坑内采用疏干井疏干基坑地下水，井间距 20m 左右，疏干井井底位于坑底以下 2m，共计 6 眼。坑外采用观测井对地下水位进行观测，观测井井底位于坑底以下 2m，共计 12 眼。

**3.** 地下连续墙

（1）地下连续墙的墙体厚度宜根据成槽机的规格，选取 600、800、1000mm 或 1200mm。

（2）当地下连续墙作为主体地下结构外墙，且需要形成整体墙体时，宜采用刚性接头；刚性接头可采用一字形或十字形穿孔钢板接头、钢筋承插式接头等；当采取地下连续墙顶设置通长冠梁、墙壁内侧槽段接缝位置设置结构壁柱、基础底板与地下连续墙刚性连接等措施时，也可采用柔性接头。

（3）地下连续墙墙顶应设置混凝土冠梁。冠梁宽度不宜小于墙厚，高度不宜小于墙厚的 0.6 倍。冠梁用作支撑或锚杆的传力构件或按空间结构设计时，尚应按受力构件进行截面设计。

**4.** 锚杆

（1）锚杆结构宜采用钢绞线锚杆；承载力要求较低时，也可采用钢筋锚杆；当环境保护不允许在支护结构使用功能完成后锚杆杆体滞留在地层内时，应采用可拆芯钢绞线锚杆。

（2）在易塌孔的松散或稍密的砂土、碎石土、粉土、填土层，高液性指数的饱和黏性土层，高水压力的各类土层中，钢绞线锚杆、钢筋锚杆宜采用套管护壁成孔工艺。

（3）锚杆铀固段不宜设置在淤泥、淤泥质土、泥炭、泥炭质土及松散填土层内；在复杂地质条件下，应通过现场试验确定锚杆的适用性。

**5.** 内支撑

（1）内支撑结构宜采用超静定结构。对个别次要构件失效会引起结构整体破坏的部位宜设置冗余约束。内支撑结构的设计应考虑地质和环境条件的复杂性、基坑开挖步序的偶然变化的影响。

（2）内支撑结构可选用钢支撑、混凝土支撑、钢与混凝土的混合支撑。优先采用钢支撑。

（3）内支撑结构选型应符合下列原则：一是宜采用受力明确、连接可靠、施工方便的结构形式；二是宜采用对称平衡性、整体性强的结构形式；三是应与主体地下结构的结构形式、施工顺序协调，应便于主体结构施工；四是应利于基坑土方开挖和运输。

（4）内支撑结构应综合考虑基坑平面形状及尺寸、开挖深度、周边环境条件、主体结构形式等因素，选用有立柱或无立柱的下列内支撑形式：一是水平对撑或斜撑，可采用单杆、衍架、八字形支撑；二是正交或斜交的平面杆系支撑；三是环形杆系或环形板系支撑；四是竖向斜撑。

**6.** 土钉墙

土钉墙是一种经济、简便、施工快速、不需大型施工设备的基坑支护形式。一段时间内，不管环境条件如何、基坑多深，几乎不受限制的应用土钉墙，土钉墙支护的基坑工程险情不断、事故频繁。事故除去施工质量因素外，主要原因之一是土钉墙的设计理论还不完善。目前的土钉墙设计方法，主要按土钉墙整体滑动稳定性控制，同时对单根土钉抗拔力控制，而土钉墙面层及连接按构造设计。土钉墙设计与支挡式结构相比，一些问题尚未解决或没有成熟、统一的认识。当基坑周边变形影响范围内有建筑物等时，是不适合采用土钉墙支护的。

土钉墙与水泥土桩、微型桩及预应力锚杆组合形成的复合土钉墙，主要有下列几种形式：土钉墙十预应力锚杆、土钉墙＋水泥土桩、土钉墙＋水泥土桩＋预应力锚杆、土钉墙＋微型桩＋预应力锚杆。不同的组合形式作用不同，应根据实际工程需要选择。

**7.** 支护结构与主体结构相结合

基坑工程在开挖深、面积大、环境保护要求高等情况下可采用支护结构与主体结构相结合的方案。方案确定前宜进行技术经济分析。

支护结构与主体结构相结合可采用以下形式：

（1）地下结构外墙与围护墙体相结合，即地下连续墙“两墙合一”。

（2）地下结构水平构件与支撑结构相结合。

（3）地下结构竖向构件与竖向支撑相结合。

采用支护结构与主体结构相结合的基坑工程的设计应符合下列规定：

（1）在基坑开挖阶段应根据相关规范满足支护结构的设计计算要求，在永久使用阶段应根据相关规范满足主体结构的设计计算要求。

（2）基坑开挖阶段坑外土压力采用主动土压力，永久使用阶段坑外土压力采用静止土压力。

（3）支护结构相关构件的节点连接、变形协调与防水构造尚应满足主体工程的设计要求。

## 五、地下水控制

基坑支护受地下水影响时，应首先确定地下水控制方法，然后再根据选定的地下水控制方法，选择支护结构形式。地下水控制方法包括：集水明排、降水、截水。合理确定地下水控制的方案是保证工程质量，加快工程进度，取得良好社会和经济效益的关键。当降水不会对基坑周边环境造成损害且国家和地方法规允许时，可优先考虑采用降水。有些城市地下水资源紧缺，降水造成地下水大量流失、浪费，因此，地下水控制方案要重视社会责任，根据地下水赋存状态和地下水资源形势，最大限度减少抽取地下水量，如果不可避免的需要采取降水方案，则相应地采取地下水回灌等补救措施，避免地下水环境质量恶化。当采用回灌方法时，需要考虑各层水混合后对地下水环境的影响，并不得将上层水导入下层水引起下层水水环境的恶化。

（1）经常采用的地下水控制方法及其适用范围见表 6-5。根据具体工程的特点，基坑工程可采用单一地下水控制方法，也可采用多种地下水控制方法相结合的形式。

表 6-5 地下水控制方法及适用条件

| 适用条件方法 | | 土质类别 | 渗透系数（m/d） | 降水深度（m） |
|---|---|---|---|---|
| 截水 | | 黏性土、粉土、砂土、碎石土、岩石 | 不限 | |
| 降水 | 真空井点 | 粉质黏土、粉土、细砂、中细砂 | 0.1～20.0 | 单级，<6<br>多级，<12 |
| | 喷射井点 | 粉土、砂土 | 0.1～20.0 | <20 |
| | 管井 | 粉质黏土、粉土、砂土、碎石土、岩石 | >1 | 不限 |
| | 真空管井 | 粉质黏土、粉土、粉细砂 | 0.1～20.0 | 不限 |
| | 渗井 | 粉质黏土、粉土、粉细砂、碎石土 | >0.1 | 不限 |
| | 辐射井 | 粉砂、细砂、中砂、粗砂、卵石和黏性土 | >0.1 | 不限 |
| 集水明排 | | 填土、黏性土、粉土、砂土 | <20.0 | <5 |
| 回灌 | | 填土、粉土、砂土、碎石土 | >1 | |

一般情况时，单独采用集水明排方案，难以疏干含水丰富土层，且遇到粉、细砂层时，还会出现严重的翻浆、冒泥和流砂现象。在深基坑工程中，集水明排用于降水或截水方案时的基坑内排水。深基坑常采用悬挂式截水帷幕＋坑内降水，基坑周边控制降深的降水＋截水帷幕，截水或降水＋回灌，部分基坑边截水＋部分基坑边降水等复合控制方案。采用截水时，对支护结构的要求更高，增加排桩、地下连续墙、锚杆等的受力，需采取防止土的流砂、管涌、渗透破坏的措施。当坑底以下有承压水时，还要考虑坑底突涌问题。

（2）截水帷幕经常选用水泥土搅拌桩帷幕、高压旋喷或摆喷注浆帷幕、地下连续墙或咬合式排桩。支护结构采用排桩时，可采用高压喷射注浆与排桩相互咬合的组合帷幕。截水帷幕宜采用沿基坑周边闭合的平面布置形式。如采用搅拌桩、旋喷桩、旋喷搅拌桩、咬合桩建议先施工水泥土桩，后施工钢筋混凝土支护桩，这样可以克服先支护桩施工过程中形成的“大肚子”和“大脑袋”的影响。

搅拌桩、旋喷桩帷幕一般采用单排或双排布置形式（如图 6-45 所示），受施工偏差制约，很难达到理想的搭接宽度要求。实际上桩之间就不能形成有效搭接。所以帷幕超过 15m 时，单排桩难免出现搭接不上的情况。如桩的设计搭接过大，则桩的间距减小、桩的有效部分过少，造成浪费和增加工期。双排桩帷幕形式可以克服施工偏差的搭接不足，对较深基坑双排桩帷幕比单排桩帷幕的截水效果要好得多。

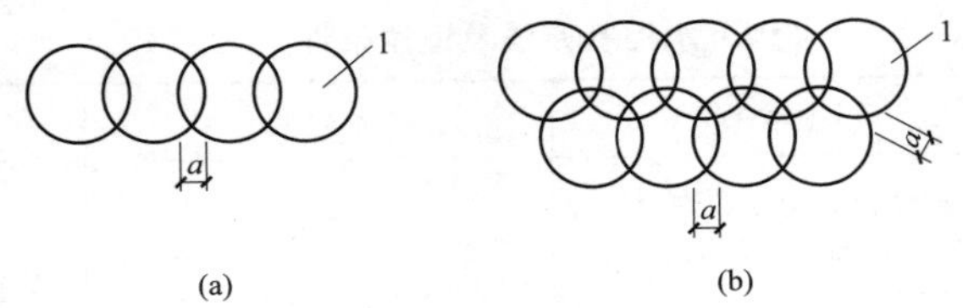


图 6-45　搅拌桩、旋喷桩平面布置形式

（a）单排搅拌桩或旋喷桩帷幕；（b）双排搅拌桩或旋喷桩帷幕

1—帷幕桩；a—搭接长度

高压喷射注浆与排桩组合的帷幕，高压喷射注浆可采用旋喷、摆喷形式。为使排桩在迎坑面为平面，组合帷幕的平面布置应使旋喷、摆喷固结体表面在排桩迎坑面内侧，同时，也应使固结体受力后与支护桩之间有一定的压合面。如图 6-46 所示是搅拌桩、高压喷射注浆与排桩常见的连接形式。

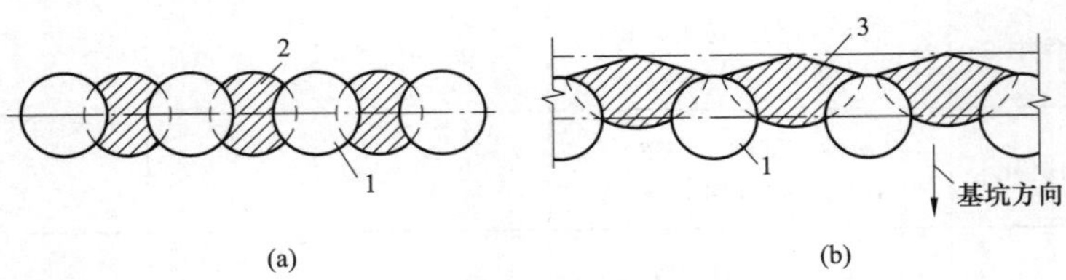


图 6-46　截水帷幕平面形式

（a）旋喷固结体或搅拌桩与排桩组合帷幕；（b）摆喷固结体与排桩组合帷幕

1—支护桩；2—旋喷固结体或搅拌桩；3—摆喷固结体

（3）基坑降水可采用管井、真空井点、喷射井点等方法，降水井宜在基坑外采用封闭式布置，在地下水补给方向降水井间距应加密。当基坑面积大、开挖深时，可在基坑内增设疏干井。基坑内的设计降水水位应低于基坑底面 0.5m。当主体结构的电梯井、集水井等部位使基坑局部加深时，应按其深度考虑设计降水水位或对其另行采取局部地下水控制措施。基坑采用截水结合坑外减压降水的地下水控制方法时，尚应规定降水井水位的最大降深值。当基坑降水引起的地层变形对基坑周边环境产生不利影响时，宜采用回灌方法减少地层变形量。回灌用水应采用清水，宜用降水井抽水进行回灌。回灌水质应符合环境保护要求，回灌后的地下水位不应超过降水前的水位。

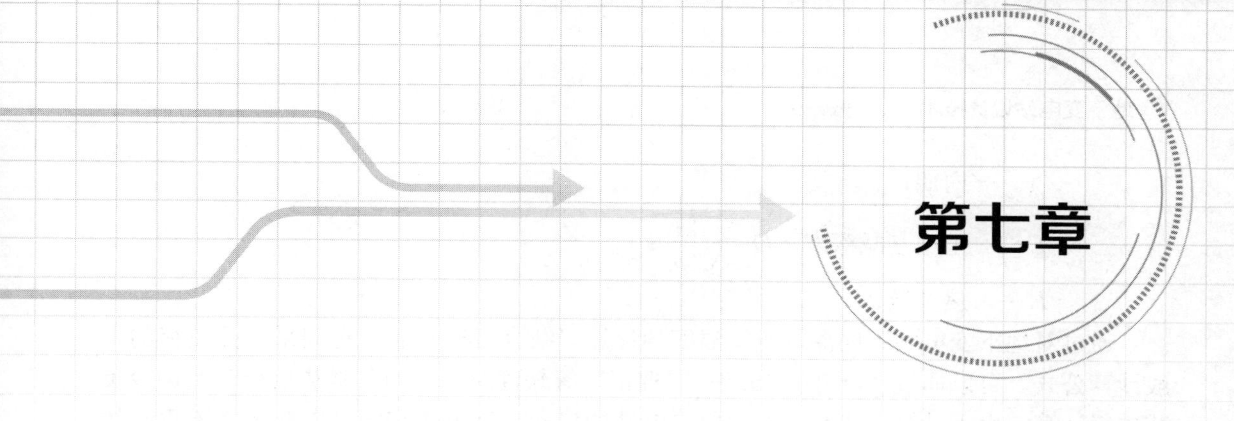

# 第七章

# 建 筑 设 备

地下变电站建筑设备是变电站建设中一项十分重要的工作内容，在城市建设步伐日益加快的今天，为地下变电站配置一套科学、高效的建筑设备系统，是体现变电站与城市融合，实现环境友好型工业建筑的有力保障，从而促进城市生态环境的良性循环和城市经济的可持续发展。

本章结合地下变电站的特点，对采暖通风与空气调节、防排烟系统、噪声控制、给水排水和主变压器消防灭火系统进行重点描述，并以工程设计实例及计算软件进行展开论述。

## 第一节　采暖通风与空气调节

电气设备正常运行时会产生电能损耗，由此带来的热量需要适时排出，地下变电站各电气设备房间无外窗，只能通过机械通风的方式将多余热量排出，因此地下变电站的暖通设计在土建设计中是非常关键的。暖通设计包括站内采暖、空气调节、通风和防排烟系统的设计。

### 一、采暖与空气调节

地下变电站外围护结构置于土壤之中，通常埋深在13～30m之间，土壤温度主要受季节气候变化的影响[26]，土壤温度介于夏季通风计算温度和冬季采暖设计温度之间。夏季室内热量通过围护结构向土壤传递，夏季总冷负荷较户内变电站要小；冬季土壤通过围护结构向室内传递热量，冬季总热负荷也要较户内变电站要小。这一特点就决定了地下变电站采暖自然条件及制冷自然条件均优于户内变电站。地下变电站中的二次设备室和警卫室等应设置空调，常见的热交换系统有冷水机组加冷却塔系统和风冷热泵机组等。

土壤温波方程的一般表达式为：

$$T(\tau,t)=\overline{T}+A(0)\times \mathrm{e}^{-\tau/D}\times \sin(\omega t-\tau/D) \tag{7-1}$$

式中　$A(0)$——地表温波振幅；

$\omega$——角速度，$\omega=\dfrac{2\pi}{\tau}$；

$\tau$——周期；

$D$——土壤衰减深度，$D=\sqrt{\dfrac{2K}{\omega}}$；

$K$——热扩散率。

通过对地下变电站不同深度土层温度的计算，结合暖通专业对房间采暖热负荷的一般计算公式，可以通过“红叶”“天正”“理正”等软件对房间的采暖热负荷和空调冷负荷进行计算，由于计算公式与一般户内变电站的房间计算方式相同，因此本文不再具体介绍。

下面以北京地区为例，给出一些布置在不同深度房间的采暖热负荷（见表 7-1）及空调冷负荷（见表 7-2）指标，方便进行采暖热负荷的简单估算。

**表 7-1　　北京地区冬季采暖热负荷估算指标（W/m²）**

| | 二次设备室 | 警卫室 | 泵房 | 厨卫 | 蓄电池室 |
|---|---|---|---|---|---|
| 地上 | — | 180 | 80 | 80 | — |
| 地下 0～5m | 150 | 160 | 60 | 60 | 150 |
| 地下 5～10m | 140 | 150 | 50 | 50 | 140 |
| 地下 10m 以下 | 120 | — | — | — | 110 |

**表 7-2　　北京地区夏季空调冷负荷估算指标（W/m²）**

| | 二次设备室 | 警卫室 | 蓄电池室 |
|---|---|---|---|
| 地上 | — | 120 | — |
| 地下 0～5m | 160 | 120 | 160 |
| 地下 5～10m | 150 | 100 | 150 |
| 地下 10m 以下 | 140 | — | 140 |

“冬暖夏凉”是人们对地下建筑物室内环境的普遍看法，这一点在夏季冷负荷计算方面更加明显。尤其是地表 5m 以下的土壤，受日气温变化的影响较少，采用平方米指标估算法在可行性研究和初步设计阶段节省一定的计算时间。

在使用分体空调系统进行采暖和制冷时，对于室外机的设置，应注意如下事项：

（1）满足冷媒压力的前提下，室外机应布置在首层建筑的屋顶；

（2）当屋顶布置有困难时，应布置在室外；

（3）当室外机受室外景观等因素影响无法布置在地上时，应尽量布置在人员可进入的排风道内，且附近应有排水设施；

（4）确需布置在地下走廊时，不宜布置在二次设备室等人员巡视较多的房间外。

## 二、通风系统

地下变电站由于电气设备均置于地下而无法采用自然通风，机械通风系统的设计参数选取是否准确、通风设备布置是否合理，对电气设备的安全运行有很大影响，因此通风系统设计是地下变电站暖通专业乃至工程的设计重点和难点。常见的排风系统可以分为自然通风、机械进风自然排风、自然进风机械排风和机械进风机械排风四种。其中，大家公认的能耗最低、最经济的通风方式是自然通风，但由于地下变电站电气设备的布置特点和维护结构的构造特点，决定了地下变电站热压与风压这两项自然通风的关键因素对地下变电站影响几乎为零。地下变电站平面一般为较为规整的矩形或圆形，电气设备布置紧凑，所以通风系统的作用区域不大。

根据变电站运行特点，其通风系统可分为换气通风、散热通风和事故通风三大类：

（1）换气通风主要是指发热量小的设备间和办公房间必要时进行的换气通风。

（2）散热通风为地下变电站主要通风方式，主要设在主变压器室（主变压器户内布置）、电抗器室、电容器室、站用变室等发热量大的设备间，为保证设备正常运行通风设备需要经常运行，达到通风散热的目的。

（3）事故通风包括 $SF_6$ 气体绝缘设备间的 $SF_6$ 气体泄漏排风、电池室事故排风和地下设备间及部分地上设备间的火灾后排烟。

变电站通风设备的选择按运行条件可分为排烟风机（280℃条件下保证正常运行不得少于 30min）、防爆风机（经防爆处理）和普通通风机；按风机结构形式变电站多选用轴流风机、离心风机（含箱式离心风机）和斜流风机。

一般情况下，设备间的通风量多少取决于设备的发热量，采用自然进风机械排风系统既能满足散热需求，也能节约通风设备费用，同时也减少了通风设备噪声源。因此，自然进风、机械排风的通风方式是目前使用最广泛的通风方式。进风方式可设置单独横向或竖向进风通道，也可利用大件设备吊装口兼做进风口，由排风机通过通风竖井排至大气。设置 $SF_6$ 事故排风系统排除因故障而泄露的 $SF_6$ 气体，$SF_6$ 事故排风系统的吸风口设置在设备室地面。

主变压器如果采用自然油循环风冷，其所有的热量均须通风系统承担，所以通风管道截面较大，通风系统占用地下空间很大。如果主变压器采用强油风冷或水冷，本体与散热器分体布置，散热器可布置在地面，此时，主变压器的散热器带走 90%～95%热量，主变压器本体剩余 5%～10%热量由通风系统承担散热，因而使通风管道截面减小。

通风系统有两种型式：一是直接通风，采用轴流风机，不设集中风机房；二是集中通风，多采用离心风机，通过风管道引入风机房。地下变电站的通风系统从所需要的风量、风压选择风机，离心风机的运行工况要优于轴流风机。但离心风机也存在占地大、管道布置复杂等缺点。而轴流风机可体积小，易于布置。110kV 地下变电站通风系统大多选用轴流风机。

地下变电站的通风系统设计基本还可以分为如下几部分：

**1.** 全站通风排热风量估算

根据通用设备发热量或常用电气设备的经验发热量和设备房间的换气次数，进行全站总通风量的估算。估算数据主要用于计算总的进、排风通道断面面积和外墙百叶窗面积的估算。

**2.** 确定竖向风道位置

根据各层的通风量及总通风量选择地下变电站竖向风道。竖向风道分为进风风道、排风风道及排烟风道三种，当无特殊要求时，排风风道和排烟风道可以合用。

地下变电站多建于城市繁华地区，通风竖井和百叶窗设计时应考虑变电站所在整体区域及周围环境要求、地上和地下房间的平面布局、外立面造型要求、规划控高限制及站区道路出口位置等各项制约因素，在与站址所在地的规划管理部门和建筑、总图专业进行充分沟通协商后确定。同时，为保证进、排风不发生短路，进风风道与排风风道应分开设置，两者的间距不宜小于10m，并尽可能利用风压对进、排风气流的影响，将进风风道的进风口宜置在夏季盛行风向的上风侧的正压区，排风风道的排风口宜设置在负压区。

**3.** 确定各层通风机房位置及风管排布

根据各个房间内设备发热量等参数计算房间进、排风风口尺寸。以110kV地下变电站为例，其主要的设备房间为主变压器室、电抗器室、电容器室、10kV配电装置室、接地变压器室、站用变压器室、GIS室、二次设备室和蓄电池室等。各类房间的通风系统要求如表7-3所示。

**表7-3　常见单台电气设备发热量**

| 设备 | 参数 | 发热量 | 设备 | 参数 | 发热量 |
| --- | --- | --- | --- | --- | --- |
| 主变本体（双绕组） | 50MVA | 23kW | 主变散热器 | 50MVA | 207kW |
| 主变本体（三绕组） | 180MVA | 70kW | | 180MVA | 630kW |
| | 240MVA | 90kW | | 240MVA | 810kW |
| 10kV电容器 | 3000kvar | 5kW | 10kV并联电抗器 | 10000kvar | 40kW |
| | 6000kvar | 10kW | 站用变压器 | 800kVA | 11kW |
| 干式接地变压器 | 315kVA | 4kW | 10kV开关柜 | | 0.2kW |

**注**　不同厂家设备发热量有一定差距，上表仅做估算使用，具体以厂家提供的发热量为准。

**4.** 主变压器室、并抗器室、电容器室、接地变压器及站用变压器室

上述房间内电气设备的发热量较大，通风系统以排除室内余热为主，应采用式（7-2）进行通风量的计算。

$$L=\frac{1000\sum Q}{0.28C\rho_{av}\Delta t} \tag{7-2}$$

其中　$L$——计算通风量，$m^3/h$；

$\sum Q$——区域内所有设备的总发热量，kW；

$C$——空气的比热容，取1.01kJ/(kg·℃)；

$\rho_{av}$——空气密度，$kg/m^3$；

$\Delta t$——进排风度温差，℃。

**5.** 配电装置室

配电装置室除了要进行排热通风系统的计算外，还需另设事故通风系统。配电装置室通风量应满足事故后10次/h的要求。

**6.** GIS室

根据DL/T 5035《发电厂供暖通风与空气调节设计规范》和DL/T 5216《35kV～220kV城市地下变电站设计规定》的要求，GIS室应设置排除$SF_6$气体的通风系统，并保证非事故情况下低位风口的换气量不低于2次/h，事故情况下高、低位排风口换气量不低于4次/h和2次/h。

**7.** 蓄电池室

根据DL/T 5035《火电厂供暖通风与空气调节设计规范》中要求，蓄电池室应设置每小时通风次数不低于6次的通风系统，用来排出早期铅酸蓄电池工作时释放的氢气。近年来，普遍采用的免维护蓄电池在正常工作时不会释放氢气，事故时释放的少量氢气累积24h也不会达到爆炸极限浓度，因此，也有一些观点认为蓄电池室可以不用设置事故通风系统。但是，目前相关规范并未对此进行修改，而易燃易爆气体的排放又是强制性条文，因此蓄电池室的通风系统设计应满足现行规范的要求。

**8.** 碰撞检查

在完成风机风管布置后，重点对夹层电缆支架和各类电缆槽盒之间的位置关系进行检查，避免与之碰撞。对于布置在运输通道内的风管，还应重点检查风管下方空间能否满足电气设备的运输要求。

## 三、工程实例

以某110kV地下变电站为例，地上布置人员出入口、警卫控制室和进排风口，地下一层布置蓄电池和附属用房，地下二层布置主变压器、GIS和电容器，地下三层为电缆夹层，全站总建筑面积为6000m$^2$。全站电气设备总发热量如表7-4所示。

**表7-4　　某110kV地下变电站设备发热量**

| 序号 | 设备名称 | 单台发热量（kW） | 设备数量（台） | 总发热量（kW） |
|---|---|---|---|---|
| 1 | 主变压器本体 | 20 | 4 | 80 |
| 2 | 主变压器散热器 | 180 | 4 | 720 |
| 3 | 电容器 | 5 | 4 | 20 |
| 4 | 电容器 | 10 | 4 | 40 |
| 5 | 配电装置 | 1 | 130 | 260 |
| 6 | 站用变压器 | 11 | 2 | 22 |
| | 合计 | | | 1142 |

以北京地区为例，如果主变散热器为披挂式布置，则主变压器间的设备发热量为20＋180＝200(kW)，北京夏季室外通风计算温度为30℃，主变压器间的排风计算温度为45℃，将45℃时空气密度1.1078kg/m$^3$带入式（7-2），可以得到单台主变压器排热通风量为42560m$^3$/h。采用相同的方法，电容器室的排风计算温度为40℃，将40℃时空气密度1.128kg/m$^3$带入式（7-2），可以得到单台电容器的排热通风量为6270m$^3$/h。除了上述设备需要通过通风进行排热外，还有GIS室、电缆夹层等区域需要进行换气，此类区域的通风换气量通过每小时换气次数与区域体积的乘积来进行计算。

**表7-5　　某110kV地下变电站通风量估算**

| 设备名称 | 单台设备通风量（m$^3$/h） | 总风量（m$^3$/h） | 区域名称 | 换气通风量（m$^3$/h） |
|---|---|---|---|---|
| 主变压器 | 42560 | 170240 | 电缆夹层 | 18000 |
| 电容器 | 1567 | 6270 | 消防泵房 | 3200 |
| 电容器 | 3135 | 12539 | GIS室 | 8236 |

续表

| 设备名称 | 单台设备通风量（$m^3/h$） | 总风量（$m^3/h$） | 区域名称 | 换气通风量（$m^3/h$） |
|---|---|---|---|---|
| 配电装置 | 63 | 8151 | 配电装置室 | 34320 |
| 站用变压器 | 3448 | 6897 | | 63756 |
| 合计 | | 267852 | | |

通过表 7-5 的统计，全站正常运行是所需总通风量约为 267852$m^3/h$，下面将进行进排风风道断面面积 $S$ 的估算。

$$S=\frac{Q}{3600V} \tag{7-3}$$

式中 $S$——通风断面面积，$m^2$；

$Q$——通风量，$m^3/h$；

$V$——风速，m/s。

风管或结构风道内风速很大程度上将影响通风风道的断面面积，也将影响地下站的平面布置。风速过大不仅将加大风管噪声和出口噪声，而且阻力也会相应增大；风速过小则会增加风管或风道尺寸，造成空间上的浪费。风管内风速应满足表 7-6 的要求。

**表 7-6　　风 管 内 风 速**

| 风管类别 | 金属及非金属风管 | 砖及混凝土风道 |
|---|---|---|
| 干管 | 6～14 | 4～12 |
| 支管 | 2～8 | 2～6 |

示例：地下变电站采用竖向机构风道，风道内风速取 8m/s，代入式（7-3）得到风道断面面积为 9.30$m^2$，如果进排风均采用百叶窗进风，那么进风或排风百叶窗的总面积应不小于 18.6$m^2$。

全站通风系统估算完成后，结合电气设备布置及防火分区划分，采用主设备吊装口兼做进风口，吊装口面积大于计算得到的进风风道面积，因此不需要额外设置竖向进风风道。排风竖向风道尽量靠近通风量较大的房间或区域，示例站排风竖井分为两部分，都靠近楼梯间，且两部分面积之和不小于计算得到的排风风道面积。

完成竖向进排风风道定位后，就是通过各类型风机、通风干管和支管被通风房间与竖向风道相连，此时应注意如下事项：

（1）选择风机参数时应考虑管道的漏风量，通常设计通风量为计算通风量的 1.1 倍。

（2）通风机的压力在排风系统中应附加 10%～15%，在排烟系统中附加 10%；风机的选用设计工况效率不应低于风机最高效率的 90%。

（3）多台风机宜并联使用，不推荐串联使用，宜选择同型号通风机。

（4）当风机使用工况与风机样本工况不一致时，应对风机性能进行修正。

（5）风机应尽量靠近被通风房间或房间内进风口，以减少风管负压段长度。

（6）地下房间的风口开口率不宜低于 70%。

## 四、防、排烟系统

防排烟系统是地下变电站消防系统设计的重要组成部分，合理而有效的防烟、排烟系统对于建筑物的消防安全和人员逃生等均起着至关重要的作用。

GB 50016《建筑设计防火规范》中对防排烟系统的设置有如下要求：

第 8.5.1 条，建筑的下列场所或部位应设置防烟设施：1. 防烟楼梯间及其前室；2. 消防电梯间前室或合用前室。

第 8.5.2 条，厂房的下列场所或部位应设置排烟设施：1. 人员或可燃物较多的丙类生产场所，丙类厂房内建筑面积大于 300m$^2$ 且经常有人停留或可燃物较多的地上房间；其他厂房内长度大于 40m 的疏散走道。

第 8.5.4 条，地下或半地下建筑（室）、地上建筑内的无窗房间。当总建筑面积大于 200m$^2$ 或一个房间建筑面积大于 50m$^2$，且经常有人停留或可燃物较多时，应设置排烟设施。

而 GB 50229《火力发电厂与变电站设计防火规范》中的第 11.6.1 条对防烟、排烟系统的设置也有如下要求：地下变电站采暖、通风和空气调节设计应符合下列规定：1. 电气配电装置室应设置机械排烟装置，其他房间的排烟设计应符合现行国家标准 GB 50016《建筑设计防火规范》的规定。本条的条文解释为：地下变电站的电气配电装置室一般都设计消防系统，一旦发生火灾事故，灭火后需尽快进行排烟，因此应设置机械排烟装置。

**1.** 防烟系统

GB 50016《建筑设计防火规范》规定，埋深大于 10m 且总建筑面积大于 3000m$^2$ 的地下或半地下建筑均应设置消防电梯；丙类多层厂房的疏散楼梯应采用封闭楼梯间或室外楼梯，地下变电站只能考虑设置封闭楼梯间，且当封闭楼梯间不具备自然通风或自然通风不能满足要求时，应设置机械加压送风系统或采用防烟楼梯间。因此，地下变电站防烟系统设计主要是针对防烟楼梯间、消防电梯间前室或合用前室进行防烟设计。

地下变电站因其位于地下，无法实现自然防烟，设计一般采用机械防烟的方式满足消防要求。最常用的机械防烟系统是通过加压送风机向防烟楼梯间、消防电梯间前室或合用前室送风，维持这些区域的微正压，防止烟气进入，以保证人员逃生安全。整个加压送风系统由加压送风机、送风通道和送风口等三部分组成，余压值应满足以下要求：防烟楼梯间为 40～50Pa，前室及合用前室为 25～30Pa。轴流式风机及离心式风机均可作为加压送风机使用。

2014 年版《建筑设计防火规范》要求设置在建筑内的防排烟风机应设置在不同的专用机房内。地下变电站一般位于城市繁华地段，站内用地面积紧张。单独为防烟风机设置通风机房，较难实现。且根据防火规范要求，每个防火分区均需设置消防电梯、封闭楼梯间及前室，布置防烟机房难以实现。目前，大多数的做法是将加压送风机布置在楼梯间屋面，室外空气通过楼梯间及前室设置的通风道，传送至防烟区域。各防火分区及楼梯间与前室的机械加压送风系统均应独立设置。前室的加压送风口多采用常闭型加压送风口，每层均设置。楼梯间的加压送风口多采用常开型加压送风口，隔 2～3 层设置一个，因地下站一般层数较少，且楼层高，也可每层楼梯间均设置加压送风口，提高楼梯间防烟安全性。

**2.** 排烟系统

地下变电站的消防排烟设计具有一定的特殊性，准确把握“消防排烟”的目的，是合理设计地下变电站排烟系统的关键。在火灾发生的过程中会产生大量的浓烟，一些装修材料经过火的燃烧后产生的浓烟带有大量的有毒物质，会导致人员中毒或窒息死亡，在建筑物内设置排烟系统可减少浓烟在人员逃生时对人体的伤害。目前国内各电压等级的变电站绝大多数均为无人变电站，理论上均无人员逃生的问题。但考虑部分变电站存在值班人员的可能性，以及降低消防人员灭火时浓烟中毒的风险，结合上文对建筑物内设置排烟设施场所的要求，一般地下变电站内仅在疏散走道设置用于保证人员逃生的消防排烟设施。根据上文规范描述，地下或半地下建筑（室）、地上建筑内的无窗房间。当总建筑面积大于 200$m^2$ 或一个房间建筑面积大于 50$m^2$，且经常有人停留或可燃物较多时，也应设置排烟设施。

地下变电站不存在经常有人停留的房间，一般认为可燃物较多的房间为主变压器室、电容器室等火灾危险性定义为丙类的房间。这类房间在消防灭火系统设计时，均考虑了自动灭火设施，主变压器室常用高压细水雾灭火，电容器室常用气体灭火。当自动灭火设施开启时，均应关闭其他风机及非消防电源，当火灾确认扑灭后开启通风系统，排除室内有害气体。这类排烟均属于工业建筑中的“事故后排烟”范畴，与“消防排烟”有所区别，其排烟的目的是为尽快进行灾后生产。GB 50229《火力发电厂与变电站设计防火规范》中关于电气配电装置室应设置机械排烟装置的条文解释也是出于类似考虑。

整个地下变电站消防机械排烟系统由排烟风机、排烟通道和排烟口等三部分组成。轴流式风机及离心式风机均可作为排烟风机使用，但需注意的是应能在 280℃的环境条件下连续工作不小于 30min，且排烟风机入口处的总管上应设置当烟气温度超过 280℃时能自行关闭的排烟防火阀，该阀与排烟风机连锁，当该阀关闭时，排烟风机应能停止运转。排烟风机一般设置在通风机房内，部分条件所限也可将排烟风机布置于建筑物屋面。排烟通道一般包含水平通道和竖向通道，水平通道一般采用镀锌铁皮风管，竖向则多采用土建风道或镀锌铁皮风管。建议一个防火分区或一个防烟分区采用各自独立的排烟通道。当单独设计排烟通道具有困难时，也可几个防火分区或防烟分区合用一个排烟通道。穿越防火分区的排烟管道应在穿越处设置排烟防火阀。当各层排烟系统共用排烟竖井时，应在每一层水平风管与竖井连接处设置全自动排烟防火阀。布置在走道里的排烟口应尽量设置在与人流疏散方向相反的位置处，以便人疏散过程中接触到的烟气浓度越来越低。排烟口一般布置在顶棚或靠近顶棚的墙面上。在一个防烟分区内，排烟口距最远点得水平距离不大于 30m。地下变电站在进行消防排烟的同时，应考虑及时的补风。整个地下站一般利用正常排热通风时的自然进风口作为排烟时的补风口。因各房间的自然进风口一般开在疏散走道侧，根据消防要求，进风口应采用防火进风口或在进风口室内侧设置进风防火阀。

## 第二节　噪声控制技术

地下变电站多布置在城市中心区，从用地性质上看紧邻 C2 类商业用地或 R1 类居住

用地，有时也会与其他建筑合建。根据 GB/T 15190—2014《声环境功能区划分技术规范》中对各类型声环境功能区的描述（见表 7-7），可以看到地下变电站一般处于 1 类或 2 类声环境功能区内。

**表 7-7　　声环境功能区划分**

| 类型 | 描述 |
|---|---|
| 0 | 康复疗养区等特别需要安静的区域 |
| 1 | 以居民住宅、医疗卫生、文化教育、科研设计、行政办公为主要功能，需要保持安静的区域 |
| 2 | 以商贸金融、集市贸易为主要功能，或者居住、商业、工业混杂、需要维护住宅安静的区域 |
| 3 | 以工业生产、仓储物流为主要功能，需要防止工业噪声对周围环境产生严重影响的区域 |
| 4 | 交通干线两侧一定距离之内，需要防止交通噪声对周围环境产生严重影响的区域 |

根据 GB 12348—2008《工业企业厂界环境噪声排放标准》第 4.1.1 条要求，厂界环境噪声不得超过表 7-8 要求。根据大量工程经验，地下变电站厂界外声环境功能区多数划分为 1 类，少量划分为 2 类，因此，地下变电站厂界噪声排放限值要控制在 50dB(A）以内。

**表 7-8　　厂界环境噪声排放限值**

| 厂界外声环境功能区类别 | 时段 | |
|---|---|---|
| | 昼间 | 夜间 |
| 0 | 50 | 40 |
| 1 | 55 | 45 |
| 2 | 60 | 50 |
| 3 | 65 | 55 |
| 4 | 70 | 55 |

## 一、地下变电站噪声源

根据 DL/T 5216《35kV～220kV 城市地下变电站设计规程》中规定，全部或部分主要电气设备装设于地下建筑内的变电站被称为地下变电站。如前文表 7-4 中所述，110kV 全地下变电站的设备发热量可以达到 1000kW 以上，220kV 全地下变电站设备发热量之和可以达到 4000kW，为了排出这些热量所需要的排风量之和更是可以达到 600000$m^3$/h，这不仅给地下变电站的平面布置带来了挑战，也使得风机叶片旋转产生的风机噪声与主变噪声一起并列成为地下变电站的主要噪声源。

以某地 220kV 地下变电站为例，该站平面布置如图 7-1 所示，所有电器设备均布置在地下，地面只有人员出入口、警卫值班及消防控制用房以及进排风口，建筑整体外观与周围环境相适应。

在降噪设施未安装时，对厂界噪声及各敏感点采用手持声级计进行测试，各测点位置及测量值见表 7-9。

图 7-1 某 220kV 地下变电站效果图

**表 7-9** **未安装降噪设备前各测点实测值**

| 测点序号 | 位置描述 | 噪声水平 dB (A) |
|---|---|---|
| 1 | 主进风口 | 52.2 |
| 2 | 排风口 | 56.7 |
| 3 | 西侧厂界 | 50.6 |
| 4 | 东侧厂界 | 48.3 |

从上表可以看出，主进风口由于肩负着为全站电气设备排热的任务，与主要电气设备房间直接相通，变压器、电抗器等电气设备的噪声经多次反射形成了混响，且由于衰减较慢，对厂界噪声的影响较大。测量排风口时，地下变电站所有的通风风机出于开启状态，是地下变电站噪声水平最高的位置，也是地下变电站噪声控制的重点部位。

## 二、噪声产生原因

### （一）主变压器噪声特性

主变压器、站用变压器、电抗器的内部构造和原理基本一样，噪声产生的原因也基本相同。一种较为普遍的认知是：主变压器等内部的绕组线圈在施加负载之后，电流产生的电磁力在环型线圈的不同部位相互作用从而使线圈自身产生周期性伸缩振动，而铁芯在电磁场中产生的磁致伸缩振动以及电磁力对其施加的作用，也是铁芯本身产生振动的原因，铁芯和绕组的振动经过箱体结构传递至空气中向外传播，最终成为了常说的主变压器本体噪声。

从图 7-2 可以看出，主变本体噪声集中在以 100Hz 为基频的倍频上[27]，且能量主要集中在 100、200、300、400、500、600Hz 上。人们为了使人耳听觉主观感受近似取得一致，对测量得到的声音进行计权处理，常见的是 A 计权，A 计权对高频带比较敏感，低频带要减去的计权值较大，但由于100Hz的倍频点上能量实在高出其余谐频很多，因此上述6个频点的能量不能忽略。了解了主变压器本体噪声的特点，想要有针对性地进行治理还需要研究它的传播特性。众所周知，频率与波长的换算公式如下：

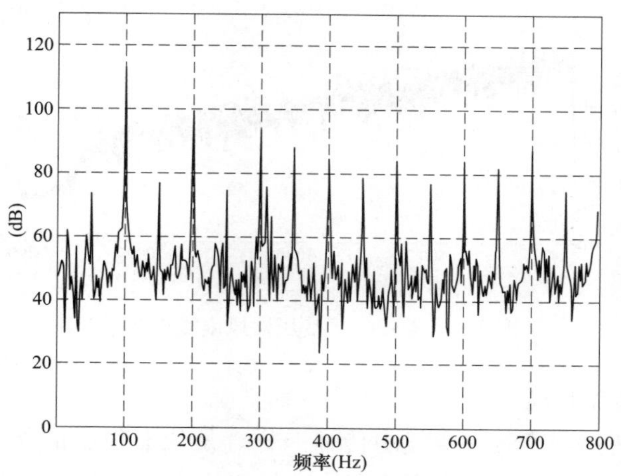


图 7-2　某 220kV 变压器噪声频谱

$$\lambda = \frac{V}{f} \tag{7-4}$$

声音在空气中的传播速度又与温度有关，具体为：

$$V = 331 + 0.6T \tag{7-5}$$

式中：$V$ 为传播速度，m/s；$\lambda$ 是波长；$f$ 是电磁波的频率，Hz；$T$ 是环境温度,℃。从式（7-4）和式（7-5）中可以看出，在温度一定时，声波的波长与频率成反比，频率越低波长越长，声波的衍射性能越好。

主变压器一般分为主变压器本体、储油柜及散热器三部分。储油柜内部充满变压器油，储油柜本身不产生振动和噪声，与主变压器本体的硬连接虽然会使主变压器本体的振动传导到储油柜，但基本可以忽略不计。

在主变压器散热器根据其安装位置与散热原理不同，可以分为以下几种形式：

- 散热器
  - 分体式
    - 水冷
    - 风冷
  - 披挂式
    - 自冷
    - 风冷

不论是风冷散热器还是水冷散热器，都是通过风机来提高散热片的热交换效率，所以，不管是主变压器散热器上的风机还是排热通风风机，两者噪声形成的机理是一致的。风机噪声是由于风扇转动引起空气漩涡流动，流动的空气经过风机内部的围护和支撑结构就形成了噪声。风机噪声的能量较为均匀地分布在一段较宽的频带上，没有明显的峰谷，属于典型的白噪声，会随着声源与敏感点距离的增加而产生较快的衰减

（如图 7-3 所示）。

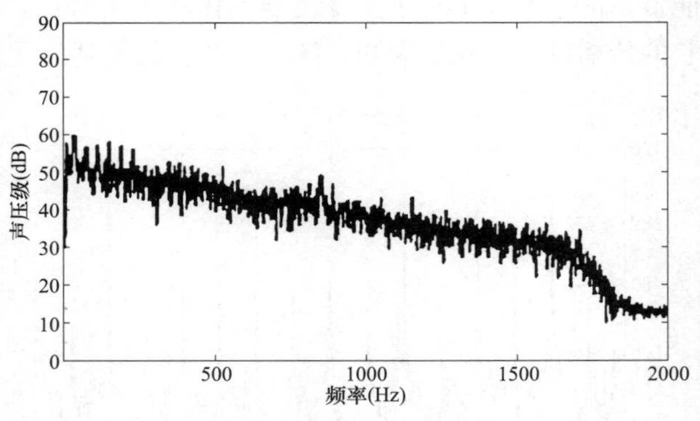


图 7-3　某 220kV 变压器风扇噪声频谱

（二）主变压器隔振技术

声音在固体中传播与声音在空气中传播一样，是依靠粒子的相互作用来传递能量，也就是常说的振动。不同的是，声音在固体中的传播速度较在空气中传播快得多，可以达到 5000m/s。

本章第三节已经做过描述，主变压器本体的噪声来源于铁芯和线圈振动产生的机械噪声，因此目前国内外都是通过改变材料性能和加工、安装工艺来降低变压器本体噪声，通过上述手段，可以将主变本体噪声降低 5dB（A）左右，继续降低将会导致变压器成本的快速上升，性价比较低，因此主变压器本身的隔振降噪并不在考虑范围之内。

目前现有比较成熟的结构模型分析软件有 ANSYS Workbench，它可以将 AUTODES 的 CAD 模型导入系统进行建模和计算，进而得到主变压器表面的振动结果，在通过 LMS 公司的 Vibro-Acoustics 和 Acoustics 进行噪声分析和仿真预测，通过前人的经验，目前有效地降低变压器本体振动的办法是在主变压器本体底部布置减振垫。

由于变压器的噪声主要由铁心和绕组在工作时的振动引起，铁芯和绕组的振动通过夹件和定位部件传递到油箱的顶部和底部，导致油箱表面的振动造成辐射噪声。考虑到铁芯绕组的重量很大，因此考虑在箱底连接处放置阻尼减振装置，通过其阻尼特性来衰减振动的能量，并减弱振动的传递。

金属橡胶阻尼减振技术是近二十年伴随航天工程的实际需要而发展起来的一门新型阻尼减振技术，具有结构简单、效果良好、使用方便等优点，在工程领域中得到了广泛的应用。考虑到在变压器内部的工作环境和具体的变压器结构，采用的金属橡胶阻尼结构如图 7-4 所示。

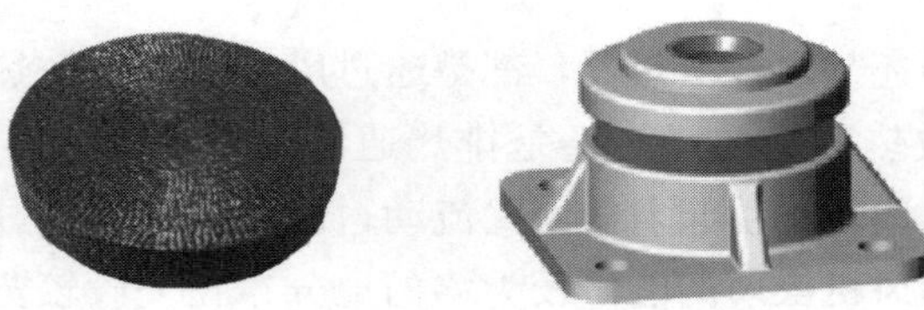

图 7-4　金属橡胶阻尼减振装置

为了确保减振效果，金属橡胶阻尼减震装置的材料属性应至少达到表 7-10 中的标准。

表 7-10　金属橡胶阻尼材料性能

| 材料 | 密度 | 弹性模量 | 泊松比 | 阻尼系数 |
| --- | --- | --- | --- | --- |
| 金属橡胶阻尼 | 3100kg/m | 2.3MPa | 0.45 | 0.35 |

除了设备材料的要求外，还应对减振材料的设置位置进行要求。根据变压器的安装方式以及力的传递路径确定减振垫的布置形式。一般来讲，隔振器的个数应和变压器本体与下方基础连接点的数量相符，以便增大接触面积，减少每只隔振器所受到的荷载，这样基础所受到的动扰力分布也均匀一些。因此，具体的方案是在变压器箱底的定位销处布置若干个减振垫，减振垫的布置形式如图 7-5 所示。

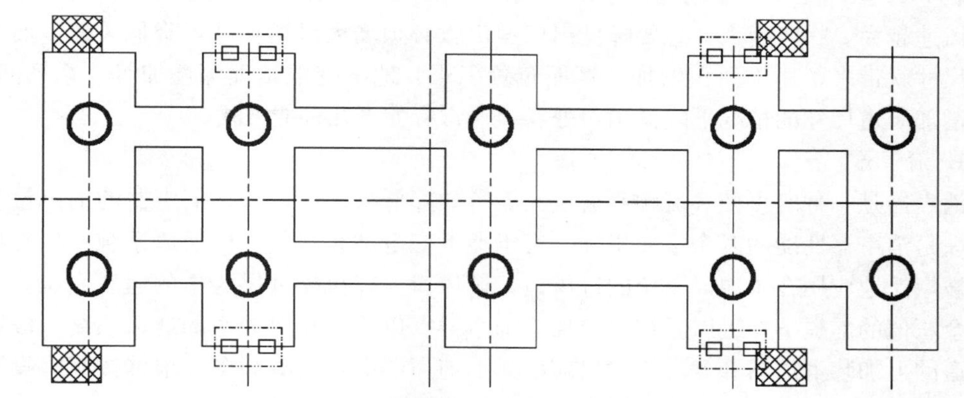

图 7-5　金属橡胶阻尼减振装置布置位置

通常的金属橡胶阻尼减振装置是将金属丝卷成螺旋形，经过编织、加压成型，并经热处理而成的金属材料，其寿命相对较长，性价比合理，以单台 220kV 主变压器为例，一般需要设置 12～16 个属橡胶阻尼减振装置，单个装置费用在 5000～8000 元之间，整体费用在 10 万元左右，可以带来 2.5dB（A）左右的减振降噪效果，尤其适用于 1 类声环境功能区的降噪设计。

（三）地下变电站消声技术

地下变电站的最主要特点就是将主要电气设备布置在地下。地下变电站中，发热量排名前三的依次为主变散热器、电抗器、电容器。与此同时，不同电压等级配置的电气设备的发热量相差较大，容量为 50MVA 的 110kV 主变压器发热量一般为 200kW 左右，容量为 180MVA 的 220kV 主变压器散热器发热量一般为 600kW 左右，根据平面布置的不同，散热器又可以分为地上布置和地下布置，但不管何种布置形式，巨大的设备发热量将导致巨大的散热通风量，而后者又导致了巨大的风机风扇噪声。

本章第一节已有描述，某四台变压器 110kV 地下变电站的总通风量可以达到 $260000m^3/h$，共配有各类通风风机 30 余套，仅单台主变就需要配备 3 台 $24000m^3/h$ 的柜式风机箱。目前市场上常见的 20000～30000m³/h 风量的低噪声柜式风机箱的壳体噪声一般可以控制在 65～70dB（A）之间，但建筑外墙百叶处或风道出口散流器处噪声受风道尺寸和出风口尺寸的影响，有时甚至可以达到 90dB（A）。GB 50019—2015《工业建筑供暖通风与空气调节设计规范》附表中对风速与噪声的关系进行了描述：

**表 7-11　风速与噪声的关系**

| 允许噪声 | 风道内风速 | 出口处风速（散流器后） |
|---|---|---|
| ≤45dB（A） | ≤4m/s | ≤1.6m/s |
| ≤50dB（A） | ≤5m/s | ≤2m/s |
| ≤55dB（A） | ≤6m/s | ≤2.4m/s |
| ≤60dB（A） | ≤7m/s | ≤2.8m/s |

表 7-11 虽然是基于室内空调系统送风道的要求，但也指明了风速与噪声的关系，那就是风速越大，噪声越大。想要降低出口噪声就必须增大风道尺寸，降低风速，而增加风道尺寸就带来了建筑面积增加、平面布置困难、地下变电站埋深增加等一系列问题，在不增加风道尺寸的情况下降低出口处噪声通常有如下几种能方式。

**1.** 消声器

消声器是一种既可使气流顺利通过又能有效降低噪声的设备，消声器的消声量和风压损失是消声器性能的两个重要指标，对于地下变电站相对集中的通风系统，各类型消声器被广泛地应用在了通风系统的进风口、排风口。以机械进风为主的通风系统，应在确保余压值的前提下在进风系统上应加装消声器；以机械排风为主的通风系统，应在排风管道的上加装消声器和静压箱。目前市面上消声器的种类有很多，根据按其降噪原理主要有如下三种类型：阻性消声器、抗性消声器和复合式消声器。

阻式消声器是通过吸声材料来吸收声能降低噪声，一般是用来消除风机风扇噪声等高、中频噪声，常见的片式消声器、折板式消声器、弯头式消声器等都属于阻式消声器，如图 7-6 所示。

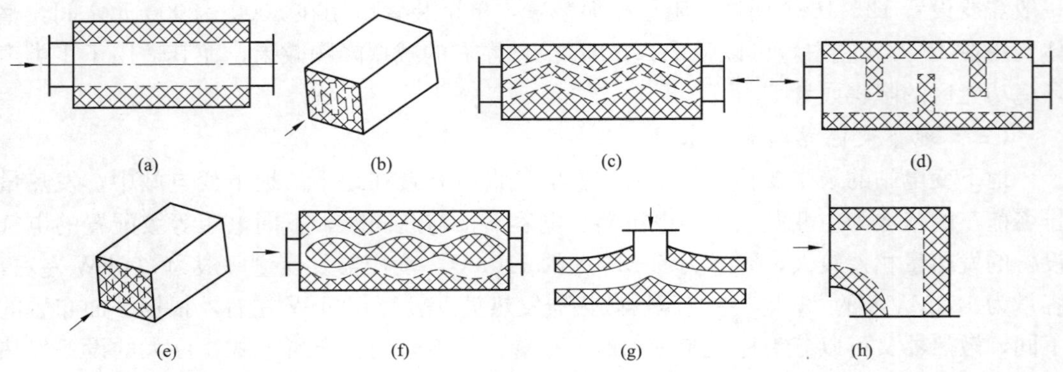


图 7-6　常见的阻式消声器

(a) 直管式；(b) 片式；(c) 折板式；(d) 迷宫式；(e) 蜂窝式；(f) 声流式；(g) 障板式；(h) 弯头式

阻式消声器其理论技术公式为：

$$\Delta L = \Psi(\alpha_0)\frac{F}{S}l \tag{7-6}$$

式中　$F$——消声器气流通道断面周长，m；

$S$——消声器气流通道截面积，$m^2$；

$l$——消声器有效长度，m；

$\Psi(\alpha_0)$——与材料吸声系数有关的消声系数。

地下变电站常用的阻性消声器有迷宫式消声器和折板式消声器。迷宫式消声器消声片上设置有若干开口，并将相邻消声片的开口交错设置，使通过消声器进入通风设备的气流流通面积为传统矩形片式消声器流通面积和迷宫式消声片的单向开口面积之和，从而有效地降低了进风口的压力损失。折板消声器以片式消声器为基础，将直板消声片做成弯折板，以增加声波的反射次数，进而增加声波与消声片的基础次数，提高消声效果。

抗性消声器是通过控制声抗的大小来进行消声的。与阻性消声器不同，它不使用吸声材料而是在管道上接截面积突变的管段或旁接共振腔，利用声阻抗的改变，使某些频率的声波在声阻抗突变的界面发生反射、干涉等现象，从而达到消声的目的。常见的共振消声器就属于抗性消声器，抗性消声器对低频窄带噪声有较好的消除效果。

阻抗复合消声器是按照阻性消声器和抗性消声器的各自原理通过适当的结构复合起来的一种消声器，主变噪声属于典型的低频噪声，风机噪声有属于宽频带噪声，采用组合阻性共振复合消声器或近年来流行的微穿孔板消声器对这种宽频带的噪声有良好的消除效果。

上述几种形式的消声器的平均消声量可以达到15～20dB（A）左右，但值得注意的是，市面上这些类型的消声器售价相差极大，低至200元/$m^2$，高至4000元/$m^2$，建议在设计图纸中务必明确材料的消声性能，必要时应对进场设备进行抽检。

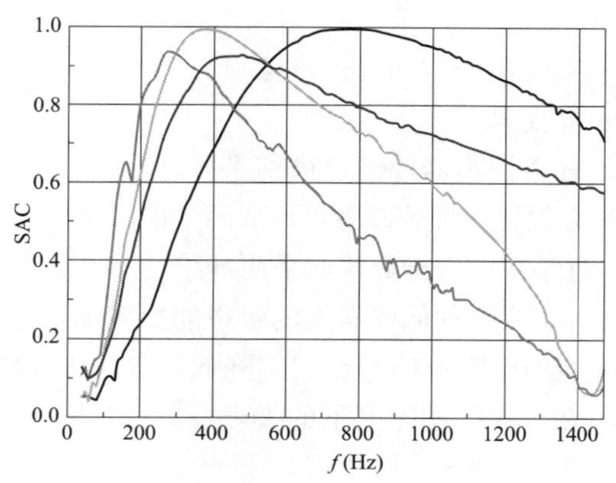


图7-7　微穿孔消声器消声性能曲线

**2.** 消声百叶窗

消声百叶窗本质上也属于一种消声器，但因其对于地下变电站的重要性，有必要将其单独提出来进行描述。即便是地下变电站，也有很多电气设备房间与室外并非通过风管，尤其是集中自然进风时，变电站的进风道断面可能会达到近百平方米，有些变电站也会使用进风道兼做主变压器的吊装口，通过非风管与大气相连的电气设备噪声就必须要有消除的途径，这就是消声百叶窗。消声百叶窗多数安装在建筑外墙，因此消声百叶窗不仅外形要美观，还要满足防雨、防侵入等要求，消声百叶窗从外至内分别是防雨百叶、消声板、防虫（尘）网，如图 7-8 所示。

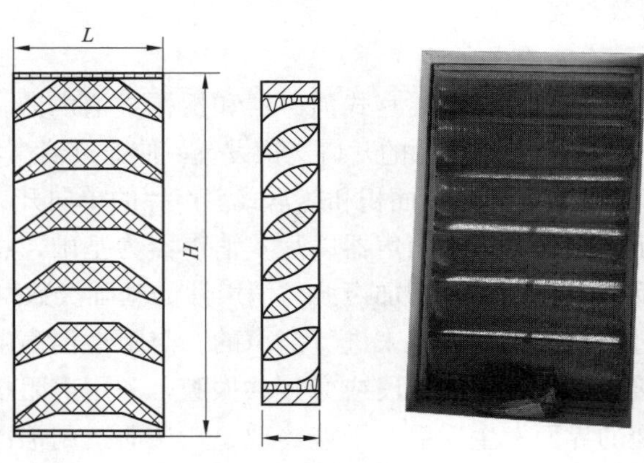


图 7-8　消声百叶窗

在进行地下变电站消声百叶窗设计时，应重点注意如下内容：

（1）地面进、排风口应设置消声百叶窗，地下部分的电气设备房间的进风口宜安装消声板；

（2）在降雨量为 75mm/h，风速 13mm/s 的模拟降雨测试中，消声百叶窗的有效防雨率不应低于 95％；

（3）消声百叶窗的通风系数应大于 0.40；

（4）设置在多风沙地区的消声百叶窗应有可开启的防虫（尘）网，便于对滤网和消声板的清洁；

（5）消声百叶窗据地不应小于 500mm。

（四）地下变电站吸声技术

如果说消声百叶窗、管道消声器等消声措施是外功，那么电气设备房间的吸声措施更像是内功，地下变电站必须要内外兼修方可修成降噪的大果。目前吸声降噪措施主要体现在吸声材料的应用上，近年来电力行业普遍采用纤维类多孔吸声材料，这种材料成本较低，吸声频带较宽，但针对主变这种低频噪声的吸声能力较弱，更重要的是，纤维类多孔吸声材料在潮湿的环境中使用时吸声能力会大幅降低，其防火性能也是一大诟病。

一些常见的吸声材料在不同结构厚度下的吸声系数可见图 7-9～图 7-11。

从上图可以分析出，对于 100Hz 和 200Hz 频道的噪声，0.5mm 的镀锌板的厚度最小，最便于安装和带电保护，且由于镀锌板相比铝板价格更低，所以从材质上看镀锌板是一个比较理想的选择。美中不足的是，常规多孔板的吸声频带较窄，为了改变这个缺点，已有研究单位和厂商采用孔径更小，穿孔率更高的薄镀锌板与背后空腔组成共振结构，这种结构也被称为微穿孔板。微穿孔板相较普通穿孔板声阻更大，更耐高温，更适合在潮湿环境下使用。

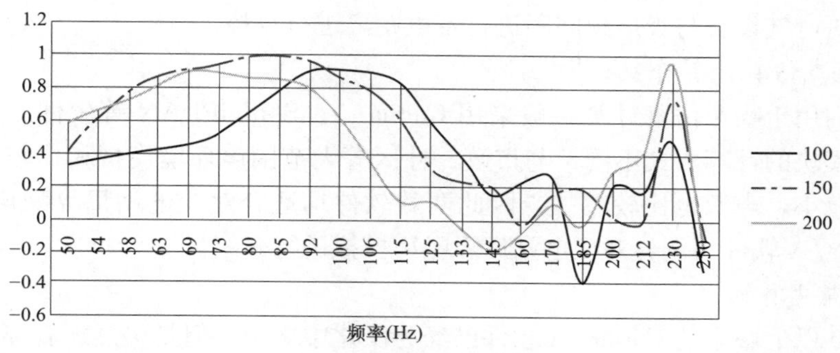


图 7-9　石膏板吸声系数

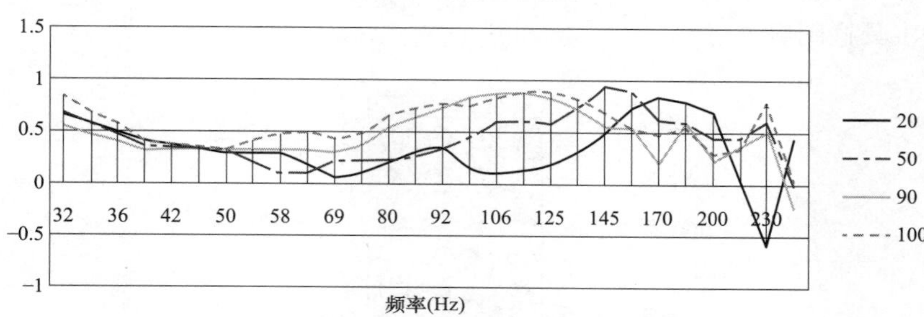


图 7-10　0.5mm 厚镀锌板吸声系数

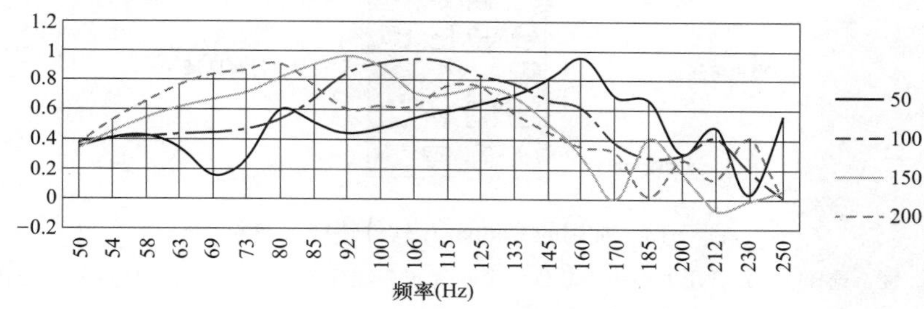


图 7-11　1mm 厚铝板吸声系数

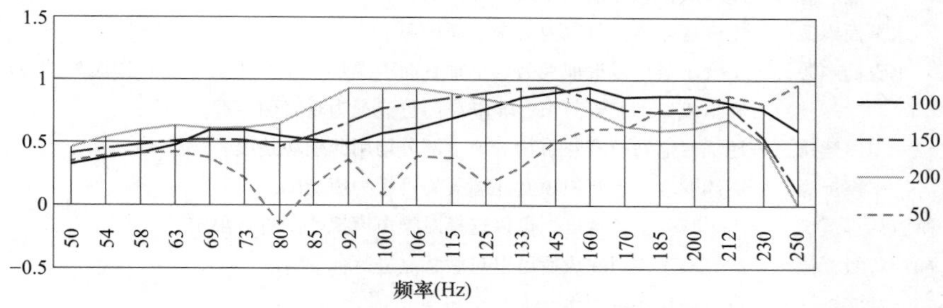


图 7-12　0.1%穿孔率微穿孔镀锌板吸声曲线

近年来市面上的各类吸声材料层出不穷，质量良莠不齐，在进行工程设计时应避免盲目追求低造价，应有针对性地根据设备的噪声频谱选择与之相对应的吸声材料，切忌盲目追求低成本，除此之外，还应着重注意以下内容：

（1）吸声板应采用 A 级不燃材料；

（2）吸声板悬挂高度不宜小于主变压器本体高度；

（3）吸声板厚度宜为 150～200mm；

（4）应对电气设备与吸声板间距进行带电距离进行校核。

（五）噪声仿真计算介绍

目前国内用于噪声仿真计算一般采用 Cadna/A、SoundPLAN 等软件。虽然两款软件对于不同模块的计算方式不同，与市政、社区等大范围声环境模拟相比较，变电站用地范围相对较小，声源也比较单一，因此两款软件均适合对变电站厂界噪声进行模拟。下述以 Cadna/A 软件为例，对变电站厂界噪声模拟进行介绍。

**1.** 软件常用界面

目前 4.0 以上版本的 Cadna/A 软件已经为汉化中文版，但是仍然还有部分注解采用英文，为了介绍方便，本章均以中文进行描述。如图 7-13 所示是对变电站厂界噪声预测经常采用的工具栏图解。

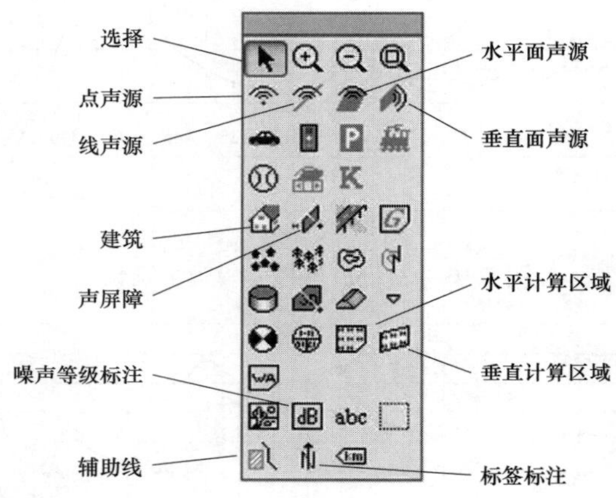


图 7-13　常用的 Cadna/A 软件快捷工具栏

注：选择——最常用的命令，软件设置在完成一项建模操作后不会自动返回“选择”按钮，必须手动点击。

点声源——屋顶风机和外墙轴流风机等都属于点声源。

水平面声源——主变压器顶面可以视为水平面声源。

垂直面声源——主变压器可以近似视为四个垂直面声源加一个水平面声源，同时外墙百叶窗和出风口、非隔声窗、非隔声门也应视为垂直面声源。

建筑——地下变电站所有建筑物的地上部分均用此模块建模。

声屏障——实体围墙、建筑屋顶女儿墙等均可视为声屏障。

水平、垂直计算区域——为了减少运算速度，可以选择对噪声模拟范围进行限定。

噪声等级标注——厂界噪声模拟完成后可以对敏感点进行标注。

标签标注——可以创建各种图例。

在 Cadna/A 软件第一次使用时，为了确保计算数据的准确，还应该对反射级数进行设置，具体为点击软件菜单“计算”—“设定”，在“计算配置”对话框中将“反射”选项中的反射级数设为 2（详见图 7-14），反射级数设置过高将导致计算过于缓慢。

**2.** 声源设置

声源设置是噪声模拟的基础，也是影响噪声模拟准确性的关键，因此必须对主要噪声源逐一建模，包括户外布置的主变压器散热器、各类外墙或屋顶安装的风机、与主变

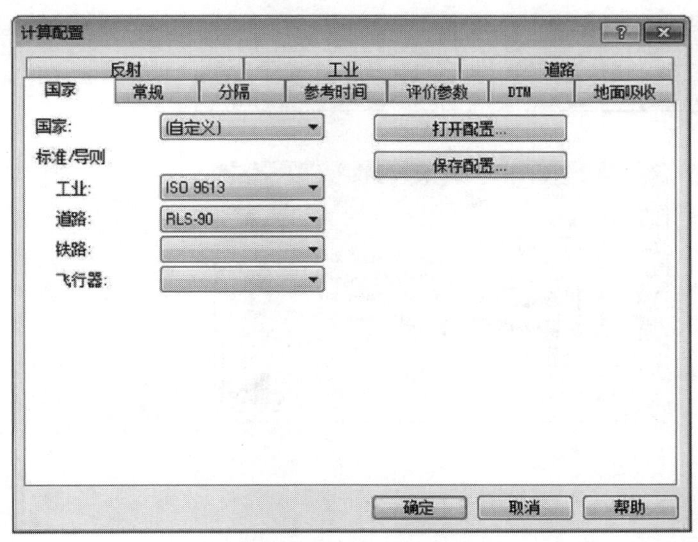


图 7-14　反射级数设置

压器本体有连通的各类进排风口、电气设备房间的非隔声门窗等。前文已经有描述，风机风扇类噪声属于典型的“白噪声”，其能量相对稳定，可以在“类型”中选择“单一频率”对其进行建模，电气设备或与电气设备相连的进排风口应按照“频谱”进行建模，具体可见图 7-15。

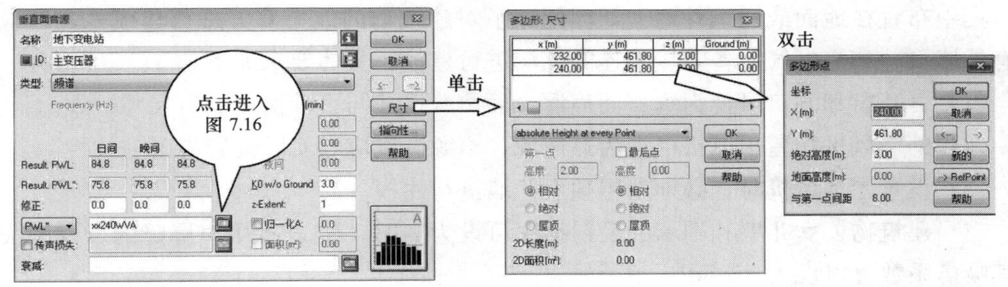


图 7-15　主变声源高度设置

图 7-15 中垂直面声源模块中点击文件夹图标可以进入如图 7-16 所示的对噪声频谱进行设置，在这里要注意“类型”选择“Lw”，“频谱”选“择 A 计权”，并根据电气设备的测量频谱进行录入。这里一定要注意的是频谱的 ID 不能以数字开头。点击如图 7-15 所示的“尺寸”可以进入“多边形尺寸”对话框，在这里可以对每一点的坐标和高度进行设置，Cadna/A 软件在这里提供了三种选项——绝对高程、相对标高和逐点标高，如果选择逐点标注，需要双击坐标点并在弹出的对话框中设置每一点的坐标和高程。这里需要强调两点：一是主变压器建模时垂直面声源高度宜与主变压器本体高度相同，而百叶窗的建模也要与其真实高度相符；二是如果主变压器间采用吸声材料及消声百叶，应在“修正”一栏中减去对应的消声量进行声源修正。

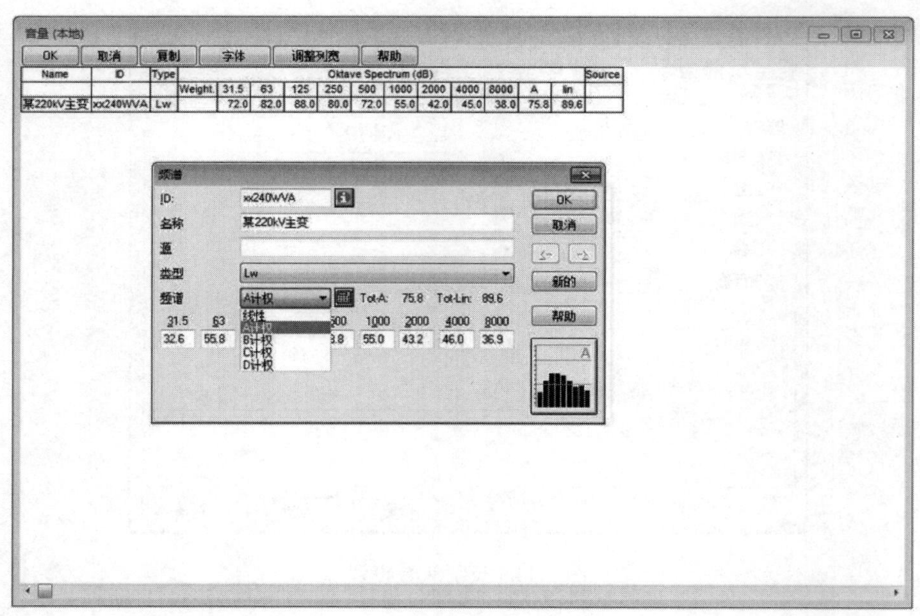


图 7-16　主变声源频谱设置

**3.** 变电站建模

变电站建模的准确性是影响厂界噪声分布模拟的另一个重要影响因素。地下变电站地上建筑面积很小，绝大多数地下变电站地上都是单层，各种通风用进排风口和设备吊装口集中布置在地面或建筑外墙上，因此除了对建筑物的地上部分进行建模外，还应对所有外墙百叶和与电气设备间接相连的孔洞进行建模，具体要求如下：

（1）百叶窗和洞口可视为垂直面声源，面声源尺寸与百叶窗或洞口尺寸一致。

（2）外墙风机和屋顶风机可视为点声源，声源高度应与实际设置高度一致。

（3）设置屋顶风机时，必须对屋顶女儿墙进行建模。

（4）建筑物、女儿墙和围墙的反射损失可设为 2dB（A），专用声屏障的反射损失根据其吸声系数可以设为 3～5dB（A）。

（5）建筑物、围墙、声屏障的高度设置同声源的高度设置，如图 7-17 所示。

**4.** 建模计算

通过对地下变电站建筑物、外墙进排风口和地上电气设备的准确建模，下一步就可以对进行模拟计算了，通常影响模拟运算速度的因素一般有下列几种：

（1）先前设置的反射次数。

（2）声源数量。

（3）遮挡物（建筑、声屏障）数量。

（4）模拟计算面积。

在前三项指标相对固定的情况下，合理的限制模拟计算区域就显得尤为重要了，这时要从常用快捷工具栏中选择“水平计算区域”按钮，通过其建立一个包裹地下变电站的多边形，多边形与地下变电站的用地红线的距离不小于 2m，同时不宜大于 10m，设

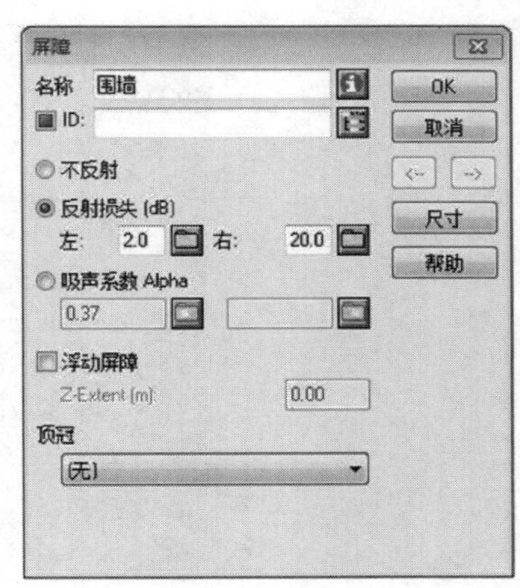


图 7-17　建筑物、围墙、声屏障设置

置完成后，模拟计算的范围将只包含在先前所选择的水平计算区域内，既可以突出重点，又可以节约计算的运算时间。

确定计算区域后就要进行模拟计算输出结果的设置了。首先在菜单栏上点击“格点”—“性质”，弹出的对话框详见图 7-18。对受声点进行设置时，由于地下变电站的占地范围相对较小，建议将受声点间距的横纵网格长度均设为 1m，受声点高度根据需要模拟显示的高度而定。根据 GB 12348—2008《工业企业厂界环境噪声排放标准》要求，厂界噪声的测点选在厂界外 1m、高度 1.2m 以上、距任一反射面距离不小于 1m 的位置，如果厂界有围墙且周围有受影响的噪声敏感建筑物时，测点应选在厂界外 1m、高于围墙 0.5m 以上的位置，因此地下变电站常规的受声点高度在有围墙时宜设置 2.8m，没有围墙时宜设置 1.2m。

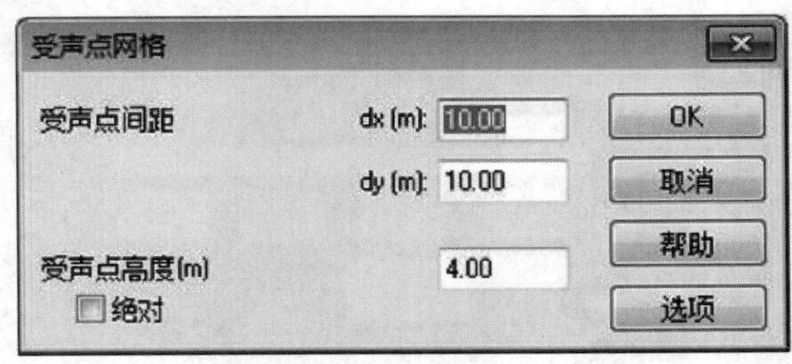


图 7-18　受声点网格设置

完成受声点的设置，还要对所计算出的结果显示方式进行选择。具体点击“格点”—“外观”，弹出的对话框见图 7-19。

在完成上述全部设置后，就可以点击“格点”—“网格计算”对变电站厂界噪声进行模拟计算了，结算后的显示成果可见图 7-20。

**5.** 建模技巧

作为一款声环境模拟软件，从实际操作上看 Cadna/A 的用户体验不如 AtuoCAD 等

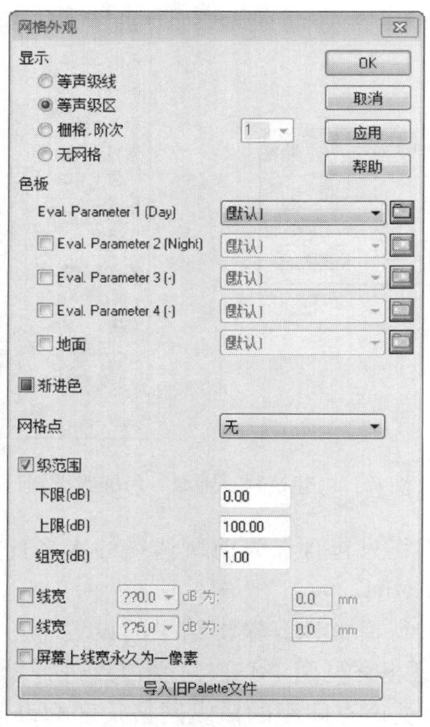


图 7-19　噪声计算不同显示方式的选择

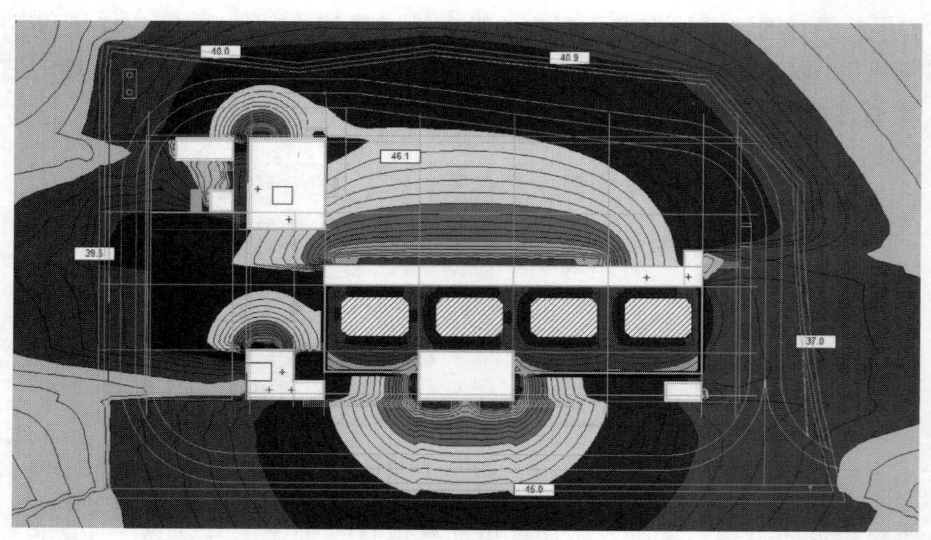


图 7-20　某 220kV 变电站 1.6m 高厂界声环境模拟图

专业制图软件，界面也不是十分友好，所有的建模过程都要求逐点输入坐标或位置关系。地下变电站的占地面积虽然相较户外变电站要小，但是如果一切从零开始建模也是一件很繁琐的事情。在进行厂界噪声计算时往往是在变电站的平面布置完成后，此时已经有了 DWG 文件。

将 AtuoCAD 软件制作的图纸作为底图导入 Cadna/A 软件的方法由以下几个步骤组成：

第一步，需要将 AtuoCAD 常用的 DWG 文件另存为 DXF 文件；第二步，点开 Cadna/A 软件菜单栏“档案”—“汇入数据”，在弹出的对话框内将文件类型选择为 DXF；第三步，点击“选项”按钮，在弹出的对话框中点击“变换”按钮，在新弹出的对话框中将变换类型改为“普通变换”，并根据 DXF（DWG）文件的制图比例选择对应的坐标变换公式（详见图 7-21），一切选择好后点击需要打开的 DXF 图纸完成导入工作。导入后的底图示例可见图 7-22。因为 Cadna/A 软件的坐标单位以“米”计，而 AtuoCAD 总图的坐标有“米”和“毫米”之分，因此必须对坐标进行变换，如果 DXF 文件的坐标是“米”计，则可不进行第三步操作。

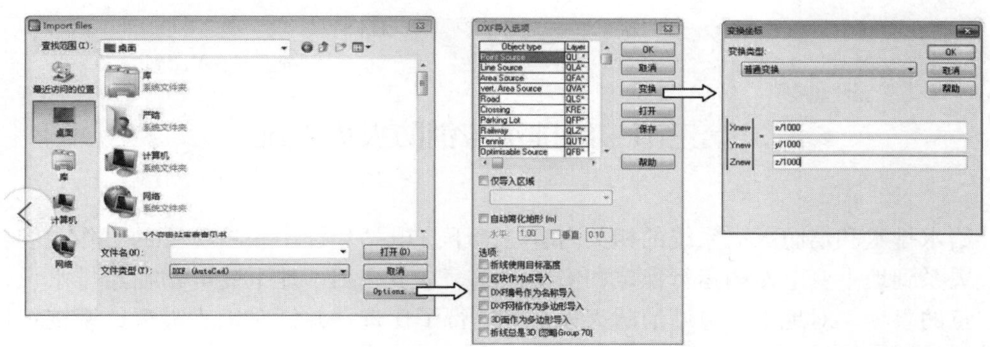


图 7-21　底图导入流程

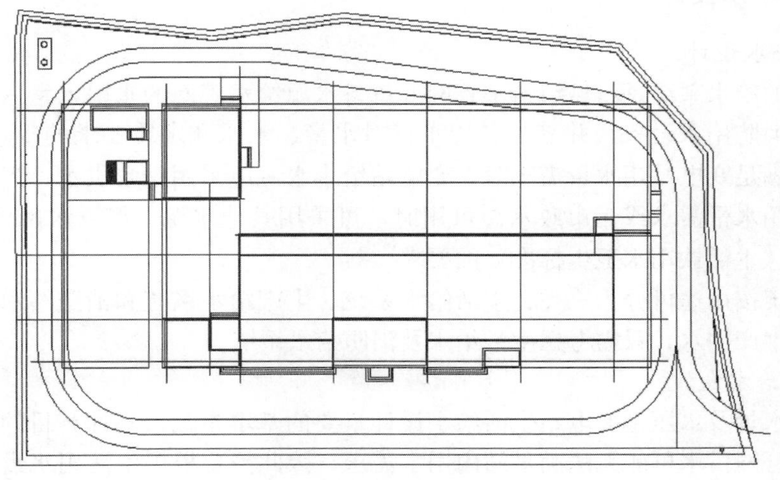

图 7-22　底图导入示例

此外，在某一建筑物或者声源完成设置后，可以通过 3D 视图对建立的模型进行检查。具体操作为同时按住“ALT”键和“3”键，如图 7-23 所示，在 3D 视图可以使用“↑↓”按键对视点进行远近控制，使用“↔”按键进行视点的转向（也可以使用鼠标代替）。

图 7-23 变电站模型 3D 视图

## 第三节 给排水与消防灭火系统

给水排水和消防灭火系统的相关内容是地下变电站建设中一项重要的工作内容，它直接关系到地下变电站的运行稳定和安全保障。本节介绍了地下变电站在给排水设计中应注意的事项，对地下变电站消防灭火系统进行了比选，并针对细水雾灭火系统在地下变电站的应用提供了设计思路及工程实例。

### 一、给排水设计

（一）给水设计

变电站的给水系统是将城镇给水管网或自备水源给水管网的水引入室内，经配水管送至生活和消防用水设备，并满足各用水点对水量、水压和水质要求的冷水供应系统。当市政供水满足变电站用水量需求时，变电站给水水源应采用市政供水；当市政供水不满足变电站用水量需求或无市政水源可用时，可采用其他水源，但供水水质应满足 GB 5749—2006《生活饮用水卫生标准》的要求。

给水系统按用途可分为三类：生活给水系统、生产给水系统和消防给水系统。变电站内一般无生产用水，只需考虑生活给水及消防给水系统。

**1.** 生活给水设计

生活用水量及水压是变电站生活给水设计重要的基本参数，其计算目的：当用水高峰时，市政管网供水可能无法满足站内用水需求，因此需要根据生活用水量及最大时用水量计算确定站内是否需要设置生活水箱并明确生活水箱有效容积。目前国家电网公司正式推行智能型装配式变电站，变电站全面实现无人值班有人值守运行模式，站内用水人数较少，用水量亦较小，市政用水一般可满足生活用水量及压力的要求。水量水压计算过程详见《城市户内变电站设计》。

**2.** 消防给水设计

消防给水设计首先需要明确消防水源。市政给水、消防水池、天然水源等均可作为消防水源，且规范明确宜采用市政给水。但同时 GB 50974—2014《消防给水及消火栓系统技术规范》第 4.2.2 条规定，用作两路消防用水的市政给水管网应符合下列要求：①市政给水厂应至少有两条输水干管向市政给水管网输水；②市政给水管网应为环状管网；③应至少有两条不同的市政给水干管上不少于两条引入管向消防给水系统供水。从规范条例中可以看出，用作消防水源的两路消防用水条件较为严格，而各城市市政管网建设差异较大，在不具备条件的情况下，市政管理部门也无法根据实际需求调整管网以满足变电站用水条件，因此一般变电站需设置消防水池以存储消防用水。

（1）消防用水量。

根据 GB 50229—2006《火力发电厂与变电站设计防火规范》表 11.1.1 可明确，地下变电站属于丙类厂房，耐火等级为一级。

1）室外消火栓用水量。

建筑物室外消火栓设计流量，应根据建筑物的用途功能、体积、耐火等级、火灾危险性等因素综合分析确定。变电站属厂房性质，耐火等级为一级，火灾危险级别为丙类，明确地下变电站总体积后，可根据 GB 50974—2014《消防给水及消火栓系统技术规范》表 3.3.2 确定室外消火栓用水量。

2）室内消火栓用水量。

建筑物室内消火栓设计流量，应根据建筑物的用途功能、体积、高度、耐火等级、火灾危险性等因素综合分析确定。当明确地下变电站建筑高度及体积后，可根据 GB 50974—2014《消防给水及消火栓系统技术规范》表 3.5.2 确定室内消火栓用水量。

3）总消防用水量。

消防用水量应根据同时作用的室内外消防给水用水量之和计算，其计算公式详见 GB 50974—2014《消防给水及消火栓系统技术规范》第 3.6.1 条。

以某 110kV 地下变电站为例，丙类厂房，耐火等级为一级，建筑高度 7.2m，建筑体积约 18000$m^3$，查表可明确，室外消火栓用水量 25L/s，室内消火栓用水量 20L/s，火灾延续时间 3h，可确定总消防用水量为 486$m^3$。

（2）消防给水补水量。

GB 50974—2014《消防给水及消火栓系统技术规范》中 4.3.3 规定：消防泵房补水管应根据其有效容积和补水时间确定，补水时间不宜大于 48h。根据上述计算，地下变电站消防用水量为 486$m^3$，补水时间 48h，市政供水管道流量应为 10.125$m^3$/h。

从以上结果可以看出，当变电站内设置消防水池，其对市政管网供水要求降低，在不考虑消防用水同时补水的情况下，市政管网只需保证管道流量为 10.125$m^3$/h。此时，若市政管网仍无法满足要求，需与市政部门沟通，保证其供水水量及压力。本案例消防用水量及补水量的计算，仅涉及消火栓系统，当地下变电站采用其他水消防灭火系统时（如水喷雾灭火系统等），应同时考虑其他水消防灭火系统补水量，并根据计算结果明确消防给水补水量。

### （二）排水设计

建筑的排水系统是将建筑内人们在日常生活和工业生产中使用的水收集起来，及时排到站外。按系统接纳的污废水类型不同，建筑内部排水系统分可为三类：生活排水系统、工业废水排水系统、雨水排水系统。户内变电站生活排水、生产废水及雨水的排放宜采用分流制。

**1.** 地下变电站生活污水排放

地下变电站通常布置在城市中心区，站区用地面积紧张，在方案或可研阶段时，为保证与周围环境的协调性，规划部门往往会对地下变电站的建设提出苛刻要求，甚至取消地上建筑物。市政污水管网普遍埋深在3～5m间，布置在地上的卫生间，生活污水可以通过管道直接排至市政污水管网；对于不能通过重力流进行生活污水排放的地下变电站，可以通过悬吊式化粪池或同层污水提升系统，将生活污水提升后排入市政污水管网。

地下变电站有时会与民用建筑或公共建筑合建，当条件允许时，可以在取得产权单位同意的前提下，将变电站卫生间与民用建筑或公共建筑统一考虑，共同建设。此外，国内也有取消变电站卫生间的先例。

**2.** 地下变电站雨水排放

近年来，广州、上海、北京、杭州、成都等地相继发生了特大暴雨致市政排水系统瘫痪的险情，尽管我国现行的GB 50014—2006《室外排水设计规程》中将重现期P取值范围定义为1～10a，但各地老旧的市政排水管网仍然作为“瓶颈”制约着市政排水能力的整体提升。在此背景下，地下站的防洪防涝和排水系统设计显得尤为重要。在变电站的防排水设计中，应以防水和挡水为主，辅以截水、排水等措施，确保在发生意外事件时，变电站的站用电系统和主要电气设备不会因为灌水而停止运行。

根据DL/T 5056—2007《变电站总布置设计技术规程》和DL/T 5216—2017《35kV～220kV城市地下变电站设计规定》的要求，地下变电站应高于百年一遇洪水水位，且室内外高差不应小于300mm。站外雨水主要通过人员出入口、进/排风口、设备吊装口进入地下变电站，考虑到近些年频发的城市内涝灾害，建议地下变电站人员出入口、进/排风口、设备吊装口与室外自然地坪间的距离不宜小于450mm，使雨水不会轻易进入地下变电站内部，减轻排水、截水等系统的工作压力。

地下变电站的首层是挡水和排水的重点。近年来，随着市政规划与景观要求的不断提升，大量地下变电站被要求减少地上建筑面积，甚至未规划地上建筑面积，这就需要在地下变电站的首层（没有首层时是地下一层）露天楼梯间和通风井增设挡水和排水系统，类似设计在我国新建的一些地铁站出入口也常常见到，其目的就是降低雨水进入地下变电站的可能性，达到分流雨水和减少进水量的效果。

**3.** 地下变电站废水排放

（1）电气设备房间防积水措施。

地下变电站的消防水系统和生活水系统往往会上下贯穿整个地下变电站，北京发生过数次因消防水管爆裂（冻裂）导致的溢水或漏水事件，因此在进行有压水系统设计时，应充分考虑有压管道立管和水平管的布置位置。有条件时应将立管布置在专用管道井内，并进行相应的阻水处理，做法可见图7-24。对于消火栓给水系统及其他系统的水平干管，则应尽量布置在走廊的区域，并将走廊面层厚度适当减小，以防止走廊积水进入电气设备房间。

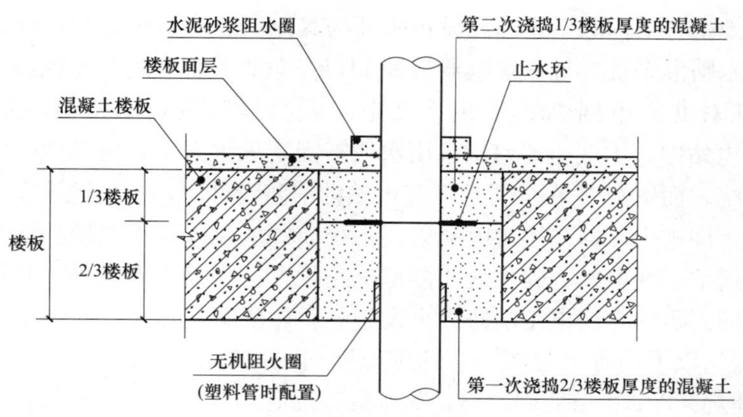


图 7-24 管道穿楼板时阻水做法

(2) 地下变电站防积水措施。

一般的建筑地下室会有设备用房，如果发生火灾，消防系统会启动，大量的消防水若不能及时排出就会造成地下室积水，如果积水过深，超过设备基础甚至更高的位置，就会造成设备损坏。因此，积水不能高过准许高度。地下变电站的夹层只是电缆支架及电缆，对积水高度没有严格要求，但也应尽量保证电缆夹层不产生积水，以免电缆漏电造成人员伤亡。

以某地下变电站为例，分析电缆夹层发生火灾时的排水工况：当夹层发生火灾时，室内消火栓启动，消火栓流量 20L/s，火灾持续时间为 3h，消防水量 216m$^3$，夹层面积约为 1000m$^2$，可确定如果没有排水设施，夹层内的积水深度为 0.216m；为保证夹层不产生积水，216m$^3$ 积水在 3h 内需要排出，即夹层所需出水量为 72m$^3$/h，夹层设置四个集水坑，每个集水坑排污量为 18m$^3$/h。GB 50015—2003《建筑给水排水设计规范》中 4.7.8 规定，集水池有效容积不宜小于最大一台污水泵 5min 的出水量，即每个坑的容积为 1.5m$^3$。集水坑尺寸大小应根据泵的型号确定，宜按“一用一备”的比例设置备用泵。污水潜污泵的停泵水位宜距坑底 200mm，起泵水位距坑顶 200mm，报警水位距坑顶 100mm。

## 二、消防灭火系统

### (一) 电力设备火灾危险性分析

地下变电站中主要设备房间包括电缆夹层、主变压器室、电容器室、配电装置室、电抗器室、接地变室、GIS 室、继电保护室、通信室、蓄电池室以及其他附属用房等。根据 GB 50974—2014《火力发电厂与变电站设计防火规范》(以下简称《火规》) 规定，上述主要设备房间中，除主变压器室、电容器室（有可燃介质）及电缆夹层火灾危险性为丙类外，其他房间火灾危险性均为丁戊类。

### (二) 地下变电站消防灭火设施应用场所

目前，国内地下变电站的建设已成规模，然而关于地下变电站自动灭火设施的设计研究鲜有报道。高晓华[28]等人对 220kV 地下变电站消防技术进行了优化研究，已建上海 220kV 济南变电站分别在油浸变压器室、电抗器室、接地变电站及站用变室设置水喷雾灭火系统，地下各层内除上述油浸设备间外的其他所有电器设备间、辅助用房和走道均设置预作用水喷淋系统，且在继电器室和110kV就地继保室另设全淹没灭火系统。周丽巍[29]等人在对北京电网220kV地下变电站安全运行分析中指出，北京电网3座220kV地下变电站中，主变压器室均采用水喷雾固定灭火系统，而其他电气房间均采用移动式灭火系统。而贾奎[30]在分析地下变电站的消防设计时，只关注了主变压器自动灭火设施的配置，即主变压器采用水喷雾灭火系统或二氧化碳灭火系统。从上述结果可以看出，虽然同属地下变电站，除主变压器室统一设置自动灭火系统外，其他电气房间采取措施各不相同。目前，变电站消防灭火设施的设计依据主要为GB 50016—2014《建筑设计防火规范》（以下简称《建规》），两规范同属国家标准，对地下电气设备室的要求略有不同。《建规》8.3.1条明确指出，除本规范另有规定和不宜用水保护或灭火的场所外，建筑面积大于500m$^2$的地下半地下丙类厂房都应设置自动灭火系统，并宜采用自动喷水灭火系统。而《火规》11.5.4条则表明，地下变电站的油浸变压器，宜采用固定式灭火系统，对其他电气设备房间未作明确规定。两规范对地下变电站自动灭火设施配置要求不同，是导致消防设计出现差异的主要原因。

《建规》8.3.1的条文解释指出："对于按建筑规定的，要求该建筑内凡具有可燃物且适用设置自动喷水灭火系统的部位或场所，均需设置自动喷水灭火系统"。从条文解释中可以看出，《建规》规定了该建筑物内具有可燃物的场所应设置自动灭火设施，而在地下变电站中除主变压器、电容器室（有可燃介质）和电缆夹层为丙类电气房间外，其他电气房间的火灾危险性均为丁戊类，即其他电气房间内均为难燃物或不燃物，因此不需设置自动灭火系统。其次，条文解释中指出"自动灭火设施的设置原则是重点部位、重点场所，重点防护"，说明电气设备房间自动灭火设施的配置无需采取全保护措施。从《建规》条文理解可以看出，其并未对地下变电站的设备房间消防设施做出具体要求，而是需要设计者根据设备房间的重要程度及其火灾危险性进行判别，相应地选择其灭火设施。

地下变电站消防灭火系统是变电站安全保障的重要组成部分，在变电站的防火设计中占有重要地位。如何在满足规范的要求下，结合变电站的实际情况，使消防灭火设施在需要时能够有效投入使用，并能节约投资，是变电站消防设施设计的核心所在。除此以外，作为消防灭火设施的设计者，应在合理化设计消防灭火设施配置的前提下，尊重消防审核部门意见。

### （三）主变压器灭火方式

范明豪[31]等人对2002～2011年我国电力火灾案例进行了整理，结果表明，在81起电力火灾中变电站火灾63起，火灾比例为77.78%，其中，由于变压器含有大量的可燃绝缘油，火灾事故占比31%，且造成较大人员伤亡和经济损失。通过计算机模拟结果表明：变压器室如果满足一定的密闭要求，油浸主变压器发生火灾后，会出现火灾窒息现象。依据重点部位、重点场所作重点防护的原则，地下变电站主变压器室消防灭火设施的选择需要更多考虑。

#### 1. 水喷雾灭火系统

水喷雾灭火系统的灭火机理主要是通过高压产生细小的水雾滴直接喷射到正在燃烧

的物质表面产生表面冷却、窒息、乳化、稀释等作用，从水喷雾头喷出的雾状水滴，粒径细小，表面积很大，遇火后迅速汽化，带走大量的热量，使燃烧表面温度迅速降到燃点以下，使燃烧体达到冷却目的；当雾状水喷射到燃烧区预热汽化后，形成比原体积大1700倍的水蒸气，包围和覆盖在火焰周围，因燃烧体周围的氧浓度降低，使燃烧因缺氧而熄灭；对于不溶于水的可燃液体，雾状水冲击到液体表面并与其混合，形成不燃性的乳状液体层，从而使燃烧中断；对于水溶性液体火灾，由于雾状水能与水溶性液体很好融合，使可燃烧性浓度降低，降低燃烧速度而熄灭。

水喷雾灭火系统（如图7-25所示）技术较为成熟，灭火效率高，在国内变电站主变消防中应用广泛。水喷雾灭火系统设计流量主要根据主变压器外形尺寸确定，常见的系统流量介于80～130L/s，主变灭火时间0.4h，用水量在115.2～187.2$m^3$之间，与其他灭火系统相比，水喷雾灭火系统用水量较大，需增大消防水池容积，而地下变电站的建设目的是为解决供电需求与用地紧张的矛盾问题，因此地下变电站主变消防较少采用水喷雾灭火系统。

图7-25 变压器水喷雾灭火系统

**2.** 细水雾灭火系统

细水雾（如图7-26所示）是在水喷雾灭火系统的基础上开发的新型灭火系统，一般指滴径小于200$\mu$m的小水滴，可通过撞击、气动、高压、静电及超声波等多种方式获得。主要通过汽化隔氧、冷却燃料和氧化剂以及吸收部分热辐射等效应与火相互作用，降低燃烧化学反应速率和火焰传播速率，达到控制和扑灭火灾的目的，不会产生“二次环境污染”，达到火灾防治且洁净的目标。

图7-26 细水雾灭火系统

细水雾对明火的扑灭作用相当明显，雾滴具有一定的渗透力，对深位火灾更有效，能有效扑灭处于隐蔽角落被遮挡的燃烧物，降低再次起火的危险。水呈喷雾状时，雾滴之间因混夹空气形成不连续的喷射状态，电气绝缘性能良好，可用于电气设备火灾的扑救。细水雾灭火系统具有良好的排烟除尘的能力，可吸收火场中的烟雾和毒气，以便火场中的人员疏散和消防力量靠近火源实施扑救，可用于有人的场所。系统管道尺寸小，适用于在狭窄的电缆通道或走廊中安装，工程施工更为方便，不需要专用消防水池或使用较小容积的消防水池。

与其他灭火设施相比，细水雾系统虽造价较高，但由于其具备较多与地下变电站消防特点相适应的优点而广泛应用于地下站的消防设计中。

**3.** 气体灭火系统

气体灭火系统（如图 7-27 所示）是以某些在常温、常压下呈现气态的物质作为灭火介质，具有化学稳定性好、耐储存、腐蚀性小、不导电、毒性低、蒸发后不留痕迹等特点，适用于扑救多种类型的火灾，气体灭火剂的使用范围由其性质决定。正是利用气体灭火剂的这一特点，即可通过这些气体在整个防护区内或保护对象周围的局部区域建立起灭火浓度实施灭火，又可利用其易挥发不污染被保护对象的优点，用于不用水喷洒且保护对象较重要的又要求洁净的场所。如高（低）压配电房、集控室、计算机房、变压器室、油开关室等。

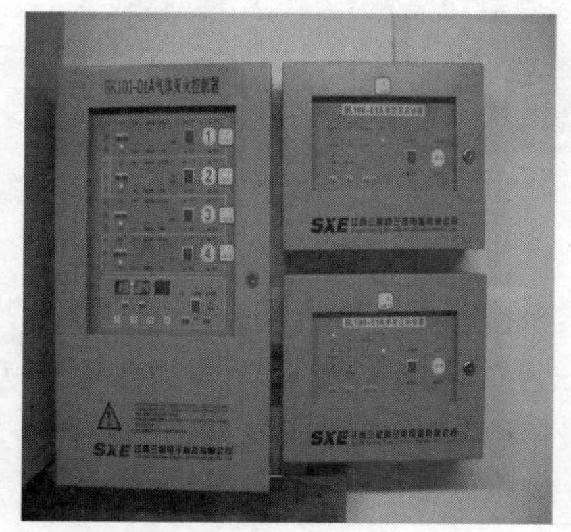

图 7-27　气体灭火系统

七氟丙烷（FM200）灭火系统是目前卤代烷灭火剂较为理想的替代物，属于清洁气体灭火剂，其毒副作用比卤代烷的更小，具有灭火能力强、灭火速度快、性能稳定、不导电、无残留等特点，可用于变配电设备、电缆、通信设备、档案资料库等场所灭火。近年来，气体灭火系统在地下变电站的应用逐渐增加。

（四）工程实例

以某 110kV 地下变电站为例，地上一层，地下四层，地下埋深 16.8m，主变压器室设在地下三层，单台主变压器室建筑面积 80m²，本期安装三台主变压器，采用高压细水雾开式灭火系统进行保护。消防设备间设置在地上一层，内设高压细水雾泵组及其附属设施。

**1.** 高压细水雾灭火系统的设计程序

（1）根据保护对象类别，确定细水雾系统选型。

根据 GB 50898—2013《细水雾灭火系统技术规范》要求，油浸变压器室宜采用局部应用的开式系统。

（2）确定设计技术数据。

设计数据参数，主要包括喷雾强度、持续喷雾时间及最不利点喷头工作压力。GB 50898—2013《细水雾灭火系统技术规范》要求主变压器灭火持续喷雾时间 20min，喷雾强度不小于 1.2L/(min·m$^2$)，最不利点喷头工作压力大于 10MPa。

（3）确定喷头参数和数量。

1）喷头的设计流量应按下式计算：

$$q = k(10P)^{1/2} \tag{7-7}$$

式中　$q$——喷头的设计流量，L/min；

$k$——喷头的流量系统，L/min/(MPa)$^{1/2}$；

$P$——喷头的设计工作压力，MPa。

2）保护对象喷头设置数量应按下式计算：

$$N = Aq_u/q \tag{7-8}$$

式中　$N$——保护对象的喷头设置数量；

$A$——保护对象的保护面积，m$^2$；

$q_u$——保护对象的设计喷雾强度，L/(min·m$^2$)；

$q$——喷头的流量，L/min。

在公式中，喷头个数 $N$ 是能够达到要求的最小数量，是一个参照数量，在实际的喷头设计中，起到限制作用。具体喷头数量是要根据保护面积、喷头流量、喷头间距、布置形式等因素来确定，同时，需要兼顾设计的美观性以及分层设置的原则。

（4）结合变压器尺寸布置喷头。

变压器体型较大，为实现全保护，喷头需要分层设置。变压器主体包括两方面：一是主体部分，二是油池表面部分。为了保证油池部分灭火效果，需要在主体底部标高以下设置喷头，以保证油池表面和变压器底部能够同时被保护，而主体部分面积较大，需要设置两至三层来保护。

（5）进行管网流量计算。

系统的设计流量应按下式计算：

$$Q_S = \sum_1^n q_i \tag{7-9}$$

式中　$Q_S$——系统的设计流量，L/min；

$n$——计算喷头数，个；

$q_i$——计算喷头的设计流量，L/min。

从公式中可以看出，细水雾的设计流量为所有开启喷头流量总和。由于系统存在局部水头损失，每个喷头的实际流量应有所差别，因此需要精确计算。然而在实际设计过程中，由于细水雾系统一般采用柱塞泵且喷头实际间距较小，水头损失较少，可以把所有喷头的设计流量看成一样，而由此产生的差异可利用大管径来弥补。同时，在选择泵组流量时，可考虑1.05～1.1之间的安全系数。

（6）校验。

根据系统的设计流量，结合主变压器的保护面积，校验细水雾系统是否满足规范要求的喷雾强度。若不满足要求，需增加喷头数量重新布置或调整喷头型号，增大喷头流量，并重新计算系统流量。

（7）管网压力计算。

系统的设计供水压力应按下式计算：

$$P_t = \sum P_f + P_e + P_s \tag{7-10}$$

式中 $P_t$——系统的设计供水压力；

$\sum P_f$——管道的水头损失，包括沿程水头损失和局部水头损失，MPa；

$P_e$——最不利点处喷头与储水箱或储水容器最低水位的高程差，MPa；

$P_s$——最不利点处喷头的工作压力，MPa。

其中管道的水头损失计算过程相对比较复杂，详见GB 50898—2013《细水雾灭火系统设计规范》第3.4.11条。

（8）根据系统流量及压力确定泵组，明确水箱尺寸。

确定了系统的设计流量及灭火持续喷雾时间，可明确水箱有效容积。此时应根据厂家样本合理选择细水雾水箱尺寸或根据房间大小，定制细水雾水箱所需容积，为减少施工中带来不便，应尽量结合厂家提供水箱型号进行选择。此外，明确细水雾灭火系统设计流量及水压，可参考样本选择泵组型号。

**2.** 工程具体设计参数

表7-12 设计参数表

| 序号 | 保护场所 | 保护面积（$m^2$） | 喷头数量 | 流量系数 | 喷雾强度 | 阀箱型号 |
|---|---|---|---|---|---|---|
| 1 | 1号主变压器 | 125 | 30 | $K=1$ | 2.4 | DN40 |
| 2 | 2号主变压器 | 125 | 30 | | 2.4 | DN40 |
| 3 | 3号主变压器 | 125 | 30 | | 2.4 | DN40 |

（1）设计参数。

本工程主变压器持续喷雾时间20min，主变压器喷雾强度不小于1.2L/(min·$m^2$)，最不利点工作压力大于10MPa，系统设计流量按同时动作喷头的总流量乘安全系数1.05计算。

（2）主要设备选型：

1）根据保护对象火灾危险性和保护面积选择喷头。主变压器室选择$K=1.0$的喷头，喷头安装间距不大于3.0m，喷头与墙壁的距离不大于喷头最大布置间距的一半。

2）泵组单元选型。主变压器设置30只喷头，流量系数$K=1$，设计流量$Q=315$L/min，选用细水雾灭火装置一套，装置配泵组单元四套（3用1备）。泵组单元参数：$Q=110$L/min，$P=16$MPa，$N=37$kW。

3）水箱。系统供水的水质不应低于现行国家标准GB 5749—2006《生活应用水卫生标准》的有关规定。系统设置 12$m^3$ 不锈钢水箱一套，含高低位报警、自动补水、放空装置，水箱直接连接市政管网或消防管网，由液位变送器控制补水电磁阀的启闭实现对水箱的自动补水。

4）细水雾灭火装置控制柜。泵组单元、补水增压装置及水位控制共设一套系数无灭火装置控制柜，总功率 160kW，采用消防双电源供电。

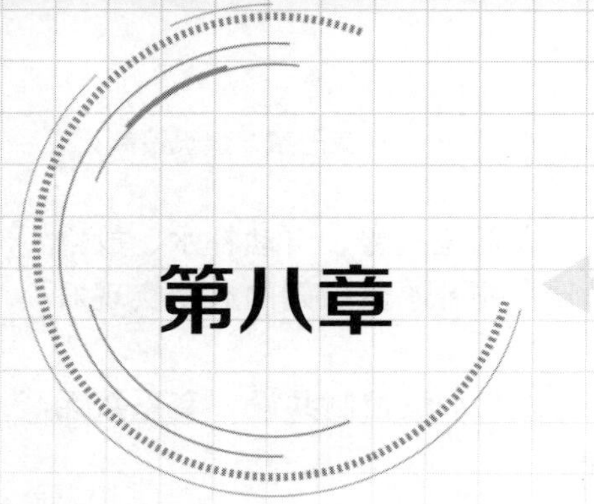


# 工 程 设 计 实 践

随着我国城镇化建设进程的不断加快，地下变电站在城市建设和发展中将发挥愈来愈重要的作用，为城市节约集约用地和市政规划需要，许多城市正在建设或规划建设全地下或半地下变电站。对于地下变电站在工程设计中的特殊性和关键点在前面几章都有阐述，但工程建设的实例在实际应用中更加具有参考意义。

目前，国内外地下变电站建设情况在第一章中已经进行了综合论述，按照已经投运的地下变电站建设数量来说，110kV 地下变电站建设最为普遍，220kV 和 500kV 的工程相对较少。因此，本章地下变电站工程建设实例 110kV 列举了 2 个，其中地下和半地下各 1 个，220kV 和 500kV 各列举 1 个。

## 第一节　110kV 半地下变电站设计实例

城市 110kV 半地下变电站建设是地下变电站建设中相对比较普遍的建设形式，适用于用电负荷密度高、人口稠密、土地紧缺以及站址选择困难的地区。变电站可以结合城市广场、市政绿地、公共建筑等进行联合建设，也可独立建设。由于半地下变电站具有合理的性价比，城市规划部门和电力部门都能够接受，因此在工程中应用较多。

虽然半地下变电站定义为变电站主变压器和高压电气设备其中之一装设于地下建筑内，但绝大多数半地下变电站采用将主变压器装设于地面建筑中。主要原因有如下几点：一是主变压器可选用油浸变压器，选厂范围较广；二是变压器在室内产生的噪声能够通过合理布置得到有效的抑制；三是通风、消防设施等得到大大的简化。国家电网公司 2005 版[4]典型设计就收纳了半地下变电站的典型设计方案，即 110kV C-1 和 110kV C-2 半地下方案。

本实例为独立建设的城市 110kV 半地下变电站，一期安装 2 台 110kV/10.5kV 50MVA 主变压器，终期 4 台 110kV/10.5kV 50MVA 主变压器；110kV 出线一期 2 回，终期 4 回；10kV 出线一期 28 回，终期 56 回，110kV、10kV 均采用电缆进出线。工程建设规模如表 8-1 所示。

表 8-1　　110kV 半地下变电站建设规模

| 项目 | 最终规模 | 本期规模 |
|---|---|---|
| 变压器容量 | 4×50MVA | 2×50MVA |
| 电压等级 | 110/10.5kV | 110/10.5kV |
| 110kV 接线 | 单母线分段，4 回出线 | 单母线分段，2 回出线 |
| 10kV 接线 | 单母线八分段，56 回出线 | 单母线四分段，28 回出线 |
| 无功补偿 | 2×5010kvar 电容器/主变压器 | 2×5010kvar 电容器/主变压器 |

变电站地上一层，地下三层；工程建设用地面积 2122m$^2$；总建筑面积 3908m$^2$，其中，地上部分 685m$^2$。工程实景如图 8-1 所示。

图 8-1　110kV 半地下变电站工程实景

## 一、电气主接线

本 110kV 半地下变电站为 110kV/10.5kV 两级电压地区负荷变电站，采用安全可靠、经济合理的主接线方案。110kV 侧采用单母线分段接线，110kV 出线一期 2 回，终期 4 回；主变压器一期安装 2 台 110/10.5kV 50MVA，终期安装 4 台 50MVA 主变压器；10kV 终期采用单母线 8 分段环形接线，一期采用单母线 4 分段环形接线。10kV 出线一期 28 回，终期 56 回。

每台主变压器配置 2 组 5010kvar 并联电容器，并联电容器采用单星形接线，分别串 6%、12%串联电抗器。

变电站电气主接线如图 8-2 所示（见文后插页）。

## 二、主要设备选择

针对半地下变电站的设备型式，主要电气设备选择通用设计技术参数，采用小型化、智能化设备。

110kV 采用三相共筒式 GIS 设备，母线额定电流按 2000A 考虑，操动机构选用弹簧机构。

主变压器选用三相，两绕组，自然油循环自冷，有载调压变压器，容量 50MVA；额定电压：(110±8×1.25%)/10.5kV；联结组标号：YNd11；短路阻抗电压：Uk%＝17。

10kV 配电装置采用中置式手车开关柜，柜内安装真空断路器，进线及分段额定电流为 3150A，额定开断电流为 31.5kA；馈线额定电流为 1250A，额定开断电流为 25kA。电容器组采用成套组装式设备，单星形接线，单台电容器容量为 334kvar，中性点不平衡电压保护。串联电抗器选用干式空芯电抗器。接地变压器采用 Z 型接线干式变压器，带二次辅助绕组。站用变压器采用 200kVA Dyn11 接线干式变压器。

110kV 为中性点直接接地方式，10kV 为低电阻接地方式。

110kV、10kV 短路电流水平分别按照 25kA、25kA（或 31.5kA）考虑。

## 三、总平面及各层平面布置

主体建筑由地上一层、地下三层构成。通过分析各功能房间的空间大小和布置位置及相互关系，优化变电站平面和空间布置方案。只有主变压器布置在地上，其余设备均布置在地下。将 110kV GIS 布置在地下二层，采用一层楼层空间布置，合理设置运行维护空间。兼顾各功能室设备安装空间和设备运输通道要求，地下二层设有主运输通道。

主厂房地上一层设 4 个主变压器室、露天散热器间、大吊装口兼进风口、排风口、保安室及疏散楼梯间等，层高 9.5m，局部层高 3m（保安室），室内外高差 0.3m。

地下一层设有主变压器储油池、主控制室、通信室等设备间，层高为 4.9m。

地下二层是主要设备间层，布置有 10kV 开关室、110kV GIS 室、10kV 电容器室、10kV 站用变室、接地变室、土建配电室等，层高为 4.5m，局部为 5.2m，其中 110kV GIS 设备室贯穿地下一、二层空间。

地下三层为电缆夹层，安装高压电缆和低压电缆支架及桥架，与电缆隧道相接，层高为 3.0m。各层东西两侧均设有封闭楼梯间，遇有火情，人员可以从两侧楼梯间疏散。

电气总平面如图 8-3 所示（见文后插页）。地下一层平面如图 8-4 所示，地下二层平面布置图如图 8-5（见文后插页）所示。

## 四、二次设计

计算机监控系统由站控层和间隔层两部分组成，并用分层、分布式网络系统实现连接。

直流系统电压采用 110V，采用两套阀控式密封免维护铅酸蓄电池，每组蓄电池容量按 2h 放电考虑，约为 300Ah，蓄电池组屏安装，放置在主控制室，不设置独立的蓄电池室。直流系统采用两套高频开关充电装置（充电模块按 $N+1$ 配置），系统采用单母线分段接线，两段母线采用断路器联络。

变电站内配置一套逆变电源系统，逆变电源容量为 5kVA，为变电站内监控系统、故障录波等重要设备提供不间断电源。

## 五、土建设计

变电站为地上一层、地下三层建筑物，围墙内占地面积 2122m$^2$；总建筑面积 3908m$^2$。其技术经济指标见表 8-2。总平面如图 8-6 所示。

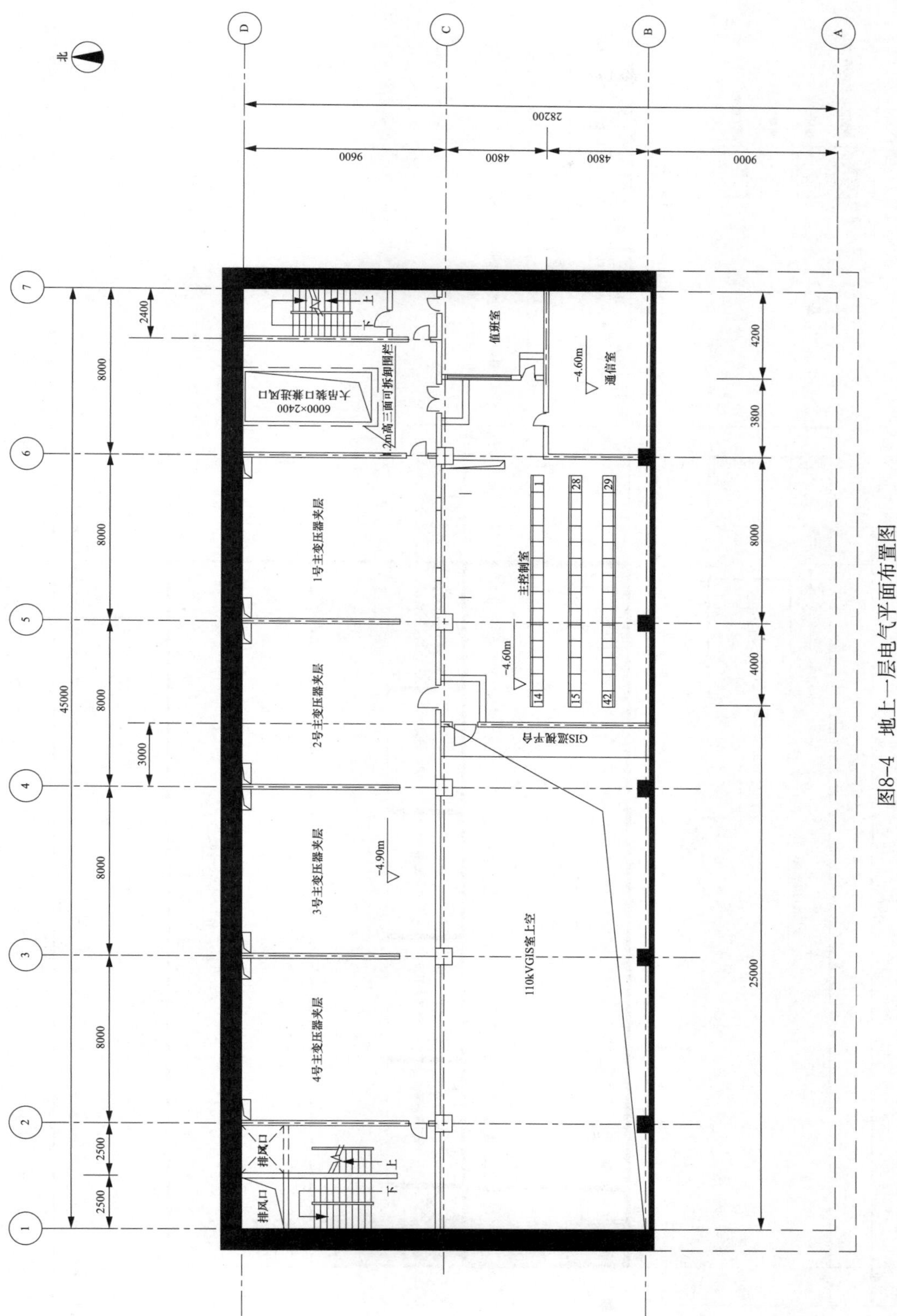


图8-4　地上一层电气平面布置图

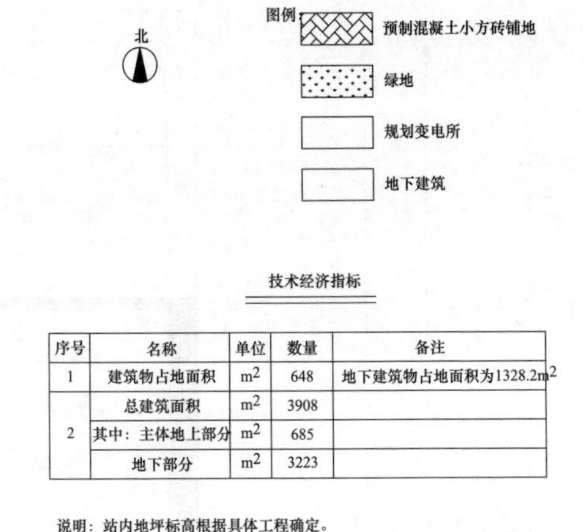


技术经济指标

| 序号 | 名称 | 单位 | 数量 | 备注 |
|---|---|---|---|---|
| 1 | 建筑物占地面积 | $m^2$ | 648 | 地下建筑物占地面积为1328.2$m^2$ |
| 2 | 总建筑面积 | $m^2$ | 3908 | |
| | 其中：主体地上部分 | $m^2$ | 685 | |
| | 地下部分 | $m^2$ | 3223 | |

说明：站内地坪标高根据具体工程确定。

图8–6　总平面图

表 8-2　　　　**110kV 半地下变电站技术经济指标表**

| 序号 | 名称 | 单位 | 数量 |
| --- | --- | --- | --- |
| 1 | 规划建设用地面积 | $m^2$ | 2122 |
| 2 | 总建筑面积 | $m^2$ | 3908 |
|  | 其中地下部分 | $m^2$ | 3223 |
|  | 其中地上部分 | $m^2$ | 685 |
| 3 | 建筑容积率 |  | 0.32 |

变电站建筑高度 11m，地下埋深约为 13.8m。生产类别为丙类，耐火等级为二级，结构形式采用钢筋混凝土框架结构，筏板基础，抗震设防烈度 7 度。

站区场地竖向布置采用平坡式，场地设计平均标高取－0.30m，主厂房室内外高差 0.3m。站区整平标高应定在 50 年一遇洪水标高以上。

站区集中绿化区铺设优质耐寒常绿草皮，并种植一些常绿灌木。

主厂房为地上一层、地下三层钢筋混凝土框架剪力墙结构，填充墙围护，现浇钢筋混凝土楼板、屋面板。

地下建筑防水等级为一级，外围护混凝土底板、外墙和顶板均采用刚性自防水。柔性防水层采用 3＋3mm 厚两层 SBS 改性沥青防水卷材。

## 六、消防设计

根据电气设备工艺要求及建筑物防火规范要求，变电站地上部分为一个防火分区，面积为 $425m^2$。

1）地下一层分为二个防火分区，防火分区面积分别为 33、$207m^2$。

2）地下二层分为三个防火分区，防火分区面积分别为 406、410、$446m^2$。

3）地下三层分为三个防火分区，防火分区面积分别为 464、338、$385m^2$。

各防火分区之间的防火墙耐火极限为 4h。防火墙上的门均为钢制甲级防火门。

站内设置一套火灾报警及控制系统。火灾报警控制器的容量、性能要求及相应接口均按照终期规模考虑，火灾探测报警区域包括综合楼、消防控制室。根据安装部位的不同，采用不同类型和原理的探测器。火灾探测报警系统由烟感、温感探头、红外光束探测器、手动报警盒、警铃、消防联动控制器及火灾报警控制器等组成。火灾报警控制器设在变电站的消防控制室内，以便于集中控制和管理火灾报警信息，并可通过通信接口将信息送至变电站的计算机监控系统。

发生火灾时地上部分采用自然排烟的方式，火灾时切断风机电源。地下部分应针对办公区和设备区分别对待。办公区火灾报警后排烟，当排烟温度达到 280℃时排烟防火阀熔断，切断相应排烟风机；设备区火灾时切断风机电源，待无火灾危险后方可启动风机换气。

消防用水由城市自来水直接供给。从城市给水管道分别接入二根引入管，与站区内的室外给水环管相接，形成双向供水。室外消火栓系统一次灭火用水量按实际站区需要确定；室内消火栓系统一次灭火用水量 15L/s。

## 第二节　110kV 全地下变电站设计实例

城市 110kV 全地下变电站也是地下变电站建设中相对比较普遍的建设形式，与半地下变电站一样，适用于用电负荷密度高、人口稠密、土地紧缺以及站址选择困难的地区。变电站可以结合城市广场、市政绿地、公共建筑等进行联合建设，使景观和周围环境相协调。

全地下变电站的设计在其定义中就表达得非常清晰，其定义为：变电站主建筑物建于地下，主变压器及其他主要电气设备均装设于地下建筑内，地上只建有变电站通风口和设备、人员出入口等少量建筑，以及有可能布置在地上的大型主变压器的冷却设备和主控制室等。

因此，110kV 全地下变电站以地下建筑物为主，地上只建有变电站通风口和设备、人员出入口等少量建筑。国家电网北京市电力公司 2006 版典型设计[32]收纳了全地下变电站的典型设计方案，即 110kV C-1 全地下方案。

本实例为独立建设的城市 110kV 全地下变电站，一期安装 2 台 110/10.5kV 50MVA 主变压器，终期 4 台 110kV/10.5kV 50MVA 主变压器；110kV 出线一期 4 回，终期 4 回；10kV 出线一期 28 回，终期 56 回，110kV、10kV 均采用电缆进出线。本变电站为地下三层结构；工程建设用地面积 2400m²；总建筑面积 5600m²，其中地上一层设有两座互相独立引至地面的楼梯、一个大吊装口兼进风口、两个出风口，如图 8-7 所示。

图 8-7　110kV 全地下变电站工程实例

### 一、电气主接线与主要设备选择

全地下变电站的电气主接线与半地下变电站一样，没有特殊性。本实例为 110kV/10kV 两级电压地区负荷变电站，110kV 单母线分段接线，110kV 出线一期 2 回，终期 4 回；主变压器一期安装 2 台 110kV/10.5kV 50MVA，终期 4 台 50MVA 主变压器；10kV 终期单母线 8 分段环形接线，一期单母线 4 分段环形接线。10kV 出线一期 28 回，终期 56 回。

设备选型一般与半地下变电站一样，但有一些变电站主变压器选择不同，采用 $SF_6$ 气体变压器，而且，由于变电站站用负荷多，站用变压器容量增大。

本实例主变压器选用三相，两绕组，$SF_6$ 气体变压器，有载调压变压器，容量 50MVA；额定电压：(110±8×1.25%)/10.5kV；联结组标号：YNd11；短路阻抗电压：Uk%=17。

110kV 采用三相共筒式 GIS 设备，母线额定电流按 2000A 考虑，操动机构选用弹簧机构。

10kV 配电装置采用中置手车式开关柜，柜内安装真空断路器，进线及分段额定电流为 3150A，额定开断电流为 31.5kA；馈线额定电流为 1250A，额定开断电流为 25kA。电容器组采用成套组装式设备，单星形接线，单台电容器容量为 334kvar，中性点不平衡电压保护。串联电抗器选用干式空芯电抗器。接地变压器采用 Z 型接线干式变压器，带二次辅助绕组。站用变压器采用 400kVA Dyn11 接线干式变压器。

110kV 为中性点直接接地方式，10kV 为低电阻接地方式。

110、10kV 短路电流水平分别按照 25、25kA（或 31.5kA）考虑。

变电站电气主接线如图 8-2 所示（见文后插页）。

## 二、总平面及各层平面布置

变电站主体建筑在地下，分为地下一、二、三层，地上规划为草坪、绿地，全站长 66.4m，宽 27.6m。通过分析各功能房间的空间大小和布置位置，优化变电站空间和平面布置方案。地上局部设有变电站的主要进出口、警卫室、休息室、安全疏散口、主变压器吊装口兼进风口等。将主要电气设备主变压器、110kV GIS 布置在地下二层，采用一层楼层空间布置，合理设置运行维护空间。兼顾各功能室设备安装空间和设备运输通道要求，地下二层设有主运输通道。

地下一层安装主变压器冷却器、电容器组，布置主控制室、附属用房等，层高为 4.8m。

地下二层为主要设备层，设有主变压器室、10kV 接地变间、110kV GIS 室、10kV 开关室、站用配电室等，层高为 5.0m，局部层高 9.8m。

地下三层为电缆夹层，层高为 3.0m。

地面层有变电站人员主进出口、警卫室、安全疏散口、主变压器吊装口兼进风口、出风口。地面新风从进风口进入站内，站内废气从出风口排出。

电气总平面及−3.30 平面布置如图 8-8 所示。地下二层平面如图 8-9 所示（见文后插页）。

## 三、二次设计

与半地下变电站一样，计算机监控系统由站控层和间隔层两部分组成，并用分层、分布式网络系统实现连接。

直流系统电压采用 110V，采用两套阀控式密封免维护铅酸蓄电池，每组蓄电池容量按 2h 放电考虑，约为 300Ah，蓄电池组屏安装，放置在主控制室，不设置独立的蓄电池室。直流系统采用两套高频开关充电装置（充电模块按 $N+1$ 配置），系统采用单母线分段接线，两段母线采用断路器联络。

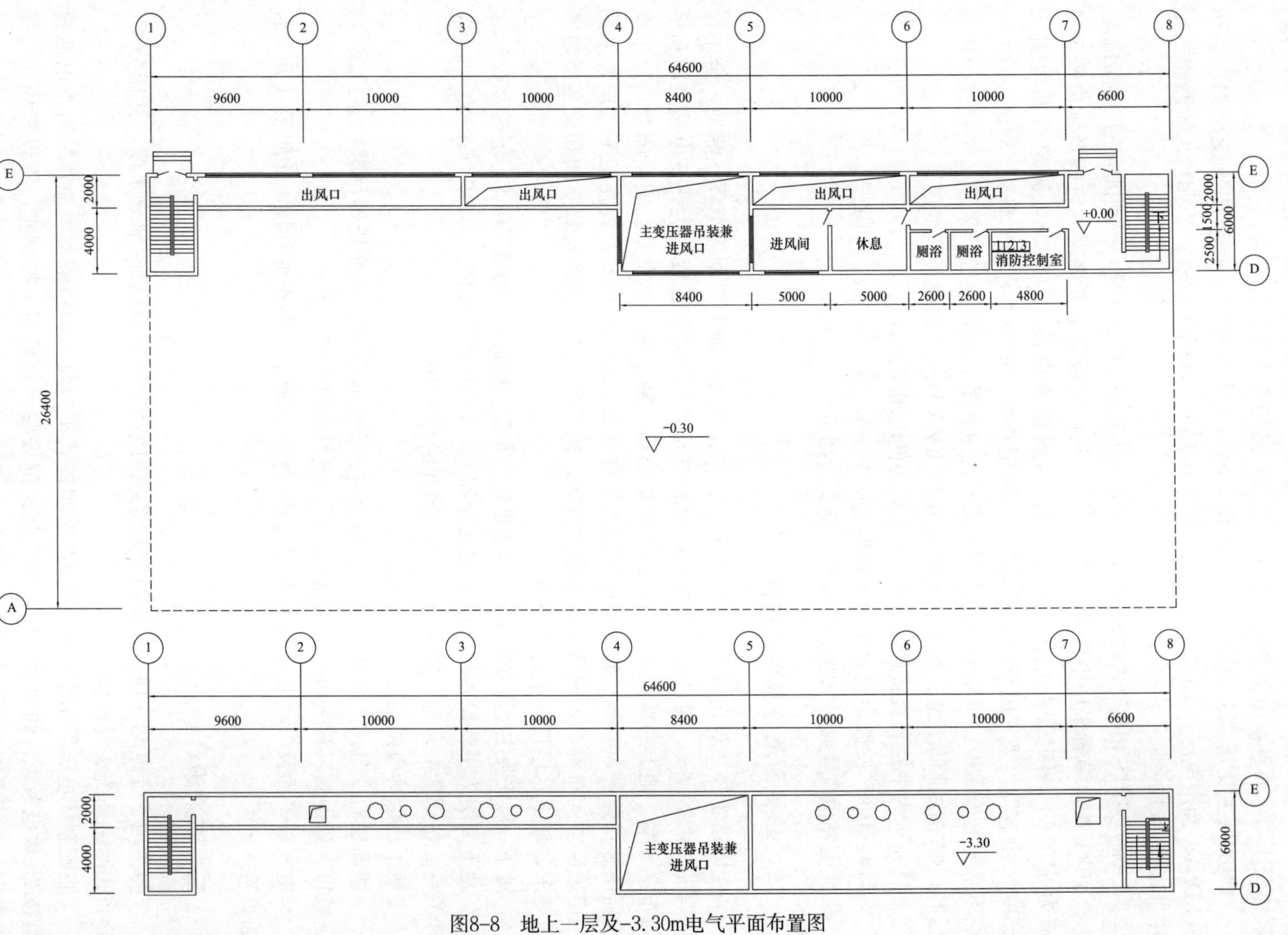


图8-8 地上一层及-3.30m电气平面布置图

变电站内配置一套逆变电源系统，逆变电源容量为5kVA，为变电站内监控系统和故障录波等重要设备提供不间断电源。

## 四、土建设计

本全地下变电站为地下三层建筑物，地上一层。地上部分设有疏散楼梯、警卫控制室及进排风口。站区规划建设用地为2400m²，变电站总建筑面积为5600m²。其中地下部分为5285m²，地上部分为315m²。其技术经济指标见表8-3。

**表8-3　　110kV全地下变电站技术经济指标**

| 序号 | 名称 | 单位 | 数量 |
|---|---|---|---|
| 1 | 规划建设用地面积 | m² | 2400 |
| 2 | 总建筑面积 | m² | 5600 |
| | 地下部分 | m² | 5285 |
| | 地上部分 | m² | 315 |
| 3 | 建筑容积率 | | 0.13 |
| 4 | 绿化面积 | m² | 1500 |
| | 绿化率 | | 0.6 |

**1.** 建筑与结构

变电站建筑高度约为6m，地下埋深约为18m。生产类别为丙类，耐火等级为二级，结构形式采用钢筋混凝土框架结构，筏板基础，抗震设防烈度8度。

站区场地竖向布置采用平坡式，场地设计平均标高取−0.30m，室内外高差0.3m。站区整平标高应定在50年一遇洪水标高以上。

站区集中绿化区铺设优质耐寒常绿草皮，并种植一些常绿灌木。

地下建筑防水等级为一级，外围护混凝土底板、外墙和顶板均采用刚性自防水。柔性防水层采3+3mm厚两层SBS改性沥青防水卷材。

**2.** 设备吊装、运输、通风

（1）吊装与运输。主变压器吊装口长7.5m、宽4.5m，可满足吊装主变压器、110kV GIS等大型设备的需要，吊装口上方设有可全部开启的顶盖，使用后即可封闭。

主变压器、GIS等大型设备自主变吊装口吊入变电站内后，在其各自的运输通道及设备间内均设有单个拉力不小于14t或2t的设备运输地锚，届时可用牵引机将各设备拉入各自的设备间内就位。

主变压器冷却器可由主变吊装口吊入变电站内后，由排风口屋顶设有的2t单轨电葫芦吊起放在临时搭起的与地下一层地面等高的货架上，由变压器冷却器间的小门送入各冷却器间，冷却器间屋顶各设有一排吊钩，以便检修安装冷却器使用。

（2）通风。主变压器最大发热量约260kW/台（根据所采购变压器的实际值确定），靠变压器冷却器间装设的轴流风机风冷散热；按最高平均进风温度32℃计，要求进出风口温差不大于13K（即出风口温度不大于45℃）时即可达到热交换平衡，设置轴流风机组；每台主变压器的通风散热系统设3台风机，每台风机应能排散单台主变压器最大发热量的 1/3，当主变压器正常运行时（负荷率为 70%），三台风机运行状态为二用一备。三台风机分别由安装在各自主变压器间内的 3 个温度控制器控制，温度整定值由运行单位确定。

10kV 并联电容器发热量 10kW/组、20kW/室（根据所采购设备的实际值确定），四个电容器室分别设独立风机。电容器散热条件要求进出风口温差不大于 8K，另外电容器室还考虑到事故排烟，按 6 次/小时排风量设置排烟风机。散热、排风共用一套风机装置，排风量取二者中较大值。

站用变压器发热量 6kW/台（根据所采购设备的实际值确定），接地变压器室总发热量按 4kW 考虑，散热、排烟设计同电容器室。

110kV GIS 室、10kV 开关室、主控制室及电缆夹层分别设有事故排烟系统，换气量均按 6 次/h 设计。

主控制室、值班室、通信室及其他非设备间设小型集中冷暖空调系统，并具有新风换气功能。

110kV GIS 及主变压器室设有 $SF_6$ 气体的排散装置，排烟系统的出风口分别设在房间顶部和地面，顶部排风量占总排风量的 1/3，地面排 2/3，下出风口尽量贴近本室地面。

### 五、消防设计

变电站建筑物主楼全部埋于地下，共分三层。站内所有工艺设备均为无油设备，全部采用低烟无卤 A 类阻燃电缆，变压器为干式气体变压器。变电站生产类别为丁类，耐火等级为二级。

变电站建筑与周围建筑物的防火间距需大于 10m，以满足建筑防火规范的要求。

地上部分为一个防火分区，面积为 $315m^2$；地下一层分为二个防火分区，防火分区面积分别为 $600m^2$、$544m^2$；地下二层分为二个防火分区，防火分区面积分别为 $752m^2$、$961m^2$。

室内消防水源来自站西侧自来水管网；引入一根 DN100 管线，进入地下一层室内消火栓环网。除夹层外各层均设有室内消火栓箱，距离不超过 25m。并保证两只水枪能同时达到任何位置。其室内消火栓用水量为 10L/s。室内消火栓给水管网上设有两组墙壁式水泵结合器。

采用集中报警系统，报警主机设在警卫控制室内。发生火灾时要进行消防联动控制，切断非消防电源同时关闭通风机。

## 第三节　220kV 地下变电站设计实例

本实例为独立建设的城市 220kV 全地下变电站[33]，变电站安装 3 台 220/110/10.5kV 180MVA 主变压器；220kV 采用单母线分段接线，4 回进出线，110kV 采用单母线三分段接线，12 回出线，10kV 采用单母线六分段接线，42 回出线。220、110、10kV 均采用电缆进出线。工程建设规模如表 8-4 所示。

表 8-4　**220kV 全地下变电站建设规模**

| 项目 | 工程规模 |
|---|---|
| 变压器容量 | 3×180MVA |
| 电压等级 | 220/110/10.5kV |
| 220kV 接线 | 单母线分段，4 回出线 |
| 110kV 接线 | 单母线三分段，12 回出线 |
| 10kV 接线 | 单母线六分段，42 回出线 |
| 无功补偿 | 2×8000kvar 电抗器，3×8000kvar 电容器/主变压器 |

变电站位于绿地下，共地下四层，地上一层；基础埋深 24m，占地面积 3933m$^2$；总建筑面积 8682m$^2$，其中地上部分 439m$^2$。工程实景如图 8-10 所示。

图 8-10　220kV 地下变电站实例

## 一、电气主接线

本 220kV 全地下变电站为 220/110/10kV 三级电压地区负荷变电站，采用安全可靠、经济合理的主接线方案。220kV 侧采用单母线分段接线，220kV 出线 4 回；主变压器安装 3 台 180MVA 变压器；110kV 侧采用单母线三分段接线，110kV 出线 12 回；10kV 采用单母线六分段环形接线，出线 42 回。

每台主变压器配置 3 组 8000kvar 并联电容器，2 组串 12%的电抗器，1 组串 6%的电抗器。每台主变压器配置 2 组 8000kvar 的并联电抗器。

变电站电气主接线如图 8-11 所示（见文后插页）。

## 二、主要设备选择

针对全地下变电站的设备型式，主要电气设备选择通用设计设备技术参数，采用小型化、智能化设备。

主变压器选用三相三绕组油浸式强油循环水冷有载调压型变压器，额定容量为 180/180/90MVA，额定电压和主变分接头为 220±8×1.25%/115/10.5kV，阻抗电压为 $U_{k12}\%=14$，$U_{k13}\%=24$，$U_{k23}\%=8$；接线组别为 Ynyn0d11；冷却方式为 OFWF；冷却器采用与本体分离、集中安装方式。

220kV 设备选用 SF$_6$ 气体绝缘全封闭式组合电器（GIS），采用单母线分段接线，额定电流 3150A，额定短路开断电流 50kA。本期组合电器间隔一次上齐，包括 4 个电缆进出线开关间隔、3 个变压器出线开关间隔、2 个母线电压互感器间隔、1 个分段开关间隔。

110kV 设备选用 $SF_6$ 气体绝缘全封闭三相共筒式组合电器（GIS），采用单母线三分段接线，额定电流 2500A，额定短路开断电流 31.5kA。本期组合电器间隔一次上齐，包括 12 个电缆出线开关间隔、3 个变压器出线开关间隔、3 个母线电压互感器间隔、2 个分段开关间隔。

10kV 配电装置采用金属铠装中置式手车开关柜，内装真空断路器，受电及分段回路额定电流 4000A，额定短路开断电流 31.5kA。其他回路额定电流 1250A，额定短路开断电流 25kA。

10kV 电容器组选用成套框架式装置，采用单星形接线、不平衡电压保护方式。每台主变补偿 3 组，每组容量为 8000kvar，其中 2 组串 12%干式铁芯电抗器，1 组串 6%干式铁芯电抗器。10kV 并联电抗器选用干式铁芯设备，户内安装，容量为 8000kvar。10kV 限流电抗器选用干式空芯设备，户内安装，额定电流 4000A，电抗率 16%。

10kV 站用变压器选用带保护外壳的干式铁芯变压器。型号为 SCB10-800/10，电压比为 $10.5^{+3}_{-1}\times 2.5\%/0.4$kV，阻抗电压为 6%，接线组别 Dyn11。在 10kV3A 号、4A 号及 5A 号母线上各安装 1 台容量为 315kVA 的 Z 形接线接地变压器和一面 10Ω 电阻柜，接地变压器采用干式铁芯设备。

## 三、总平面及各层平面布置

主体建筑由地上一层、地下四层构成。通过分析各功能房间的空间大小和布置位置及相互关系，优化变电站平面和空间布置方案。只有主变压器冷却设备布置在地上，其余设备均布置在地下。

主厂房地上一层设主变压器露天散热器间、大吊装口兼进风口、排风口、消防控制室等，变电站安全疏散口分别位于站区东侧及西侧。地面新风从进风口进入站内，站内废气从排风口排出。层高 5.0m。

地下一层设有主控制室、保护屏室、电容器室、并联电抗器及接地变室、站用蓄电池室、通信室及电池室、站用配电室、排风机房及其他附属用房，层高为 5.5m。

地下二层布置有 10kV 限流电抗器室，层高为 5.0m。

地下三层为主要设备层，布置有主变压器、220kV、110kV GIS 及 10kV 开关室，其中主变压器、220kV、110kV GIS 占用两层空间，贯穿地下二、三层空间。层高为 10.2m，局部为 5.2m。兼顾各功能室设备安装空间和设备运输通道要求，地下三层设有主运输通道。

地下四层布置主变油池、消防泵房及消防水池及电缆夹层，安装高压电缆和低压电缆支架及桥架，与电缆隧道相接，层高为 4.0m。

各层东西两侧均设有封闭楼梯间，遇有火情，人员可以从两侧楼梯间疏散。

地面层布置如图 8-12 所示（见文后插页）。地下一层平面及地下三层平面分别如图 8-13 和图 8-14 所示（见文后插页）。

## 四、二次设计

计算机监控系统由站控层和间隔层两部分组成，并用分层、分布式网络系统实现连接。

直流系统电压采用110V，采用两套阀控式密封免维护铅酸蓄电池，每组蓄电池容量按2h放电考虑，约为300Ah，蓄电池组屏安装，放置在主控室，不设置独立的蓄电池室。直流系统采用两套高频开关充电装置（充电模块按 $N+1$ 配置），系统采用单母线分段接线，两段母线采用断路器联络。

变电站内配置一套逆变电源系统，逆变电源容量为5kVA，为变电站内监控系统、故障录波等重要设备提供不间断电源。

## 五、土建设计

变电站为地上一层、地下四层建筑物，占地面积3933m²；总建筑面积8682m²。其技术经济指标见表8-5。

变电站建筑高度6.0m，地下埋深约为24.0m。生产类别为丙类，耐火等级为二级，结构形式采用钢筋混凝土框架结构，筏板基础，抗震设防烈度7度。

**表8-5　　220kV全地下变电站技术经济指标表**

| 序号 | 名称 | 单位 | 数量 |
|---|---|---|---|
| 1 | 规划建设用地面积 | m² | 3933 |
| 2 | 总建筑面积 | m² | 8682 |
| | 其中地下部分 | m² | 8243 |
| | 其中地上部分 | m² | 439 |
| 3 | 建筑容积率 | | 0.12 |

站区场地竖向布置采用平坡式，场地设计平均标高取－0.30m，主厂房室内外高差0.3m。站区整平标高应定在100年一遇洪水标高设防。

站区集中绿化区铺设优质耐寒常绿草皮，并种植一些常绿灌木。

主厂房为地上一层、地下四层钢筋混凝土框架剪力墙结构，填充墙围护，现浇钢筋混凝土楼、屋面板。

地下建筑防水等级为一级，外围护混凝土底板、外墙和顶板均采用刚性自防水。柔性防水层采用3＋3mm厚两层SBS改性沥青防水卷材。

## 六、消防设计

根据电气设备工艺要求及建筑物防火规范要求，变电站地上部分为一个防火分区，面积为425m²。

1）地下一层分为三个防火分区，防火分区面积分别为410、712、904m²。

2）地下二层分为二个防火分区，防火分区面积分别为683、304m²。

3）地下三层分为三个防火分区，防火分区面积分别为410、821、904m²。

4）地下四层分为三个防火分区，防火分区面积分别为410、821、904m²。

各防火分区之间的防火墙耐火极限为4h。防火墙上的门均为钢制甲级防火门。

站内设置一套火灾报警及控制系统。火灾报警控制器的容量、性能要求及相应接口均按照终期规模考虑，火灾探测报警区域包括综合楼、消防控制室。根据安装部位的不同，采用不同类型和原理的探测器。火灾探测报警系统由烟感、温感探头、红外光束探测器、手动报警盒、警铃、消防联动控制器及火灾报警控制器等组成。火灾报警控制器设在变电站的消防控制室内，以便于集中控制和管理火灾报警信息，并可通过通信接口将信息送至变电站的计算机监控系统。

发生火灾时地上部分采用自然排烟的方式，火灾时切断风机电源。地下部分应针对办公区和设备区分别对待：办公区火灾报警后排烟，当排烟温度达到 280℃时排烟防火阀熔断，切断相应排烟风机；设备区火灾时切断风机电源，待无火灾危险后方可启动风机换气。

消防用水由城市自来水直接供给。从城市给水管道分别接入二根引入管，与站区内的室外给水环管相接，形成双向供水。室外消火栓系统一次灭火用水量按实际站区需要确定；室内消火栓系统一次灭火用水量 20L/s，火灾延续时间 3h。

## 第四节　500kV 地下变电站设计实例

目前，世界范围内投运的 500kV 地下变电站仅两座。本节以东京电力公司的新丰洲（Shin-Toyosu）变电站[34]为实例。

新丰洲 500kV 地下变电站于 2000 年 11 月 21 日投运。共有三个电压等级变电站合建，500、275、66kV，总变电容量为 6480MVA，3 台 500kV 1500MVA 主变压器，6 台 275kV 300MVA 主变压器，3 台 66kV 的主变压器。电源引自新京叶（Shin-Keiyo）变电站，由 500kV 地下电缆连接。新丰洲电缆线路长度为 39.4km，截面积为 $2500mm^2$。变电站占地面积 $30000m^2$，建筑面积 $16000m^2$，建筑物体积 $430000m^3$。建筑物采用直径 140m/144m 的圆形结构，基础埋深 75m，钢筋混凝土结构埋深 34m，如图 8-15 所示。地上是 8 层办公楼，是东电集团自己的数据存储中心，地下 4 层。为有人值班变电站，全站编制 13 人。数据存储中心利用变电站可靠的站用电系统供电，保证持续的供电，不会有断电的情况发生。

图 8-15　新丰洲变电站

### 一、变电站电气主接线及布置

新丰洲变电站 500kV 侧采用单母线三分段接线，500kV 进出线一期 2 回，终期 6 回；275kV 侧采用双母线双分段接线，一期出线为 6 回，终期出线 18 回，直接带两座 275kV 变电站；66kV 侧采用单母线分段接线，一期出线 8 回，终期出线 54 回；22kV 为预留扩建，终期出线 42 回。变电站采用了大容量变压器和多电压等级的复合建设型式。3 台 500/275kV、1500MVA 主变压器，6 台 275/66kV 的 300MVA 主变压器，3 台 66/22kV 的 60MVA 主变压器。如图 8-16 所示。

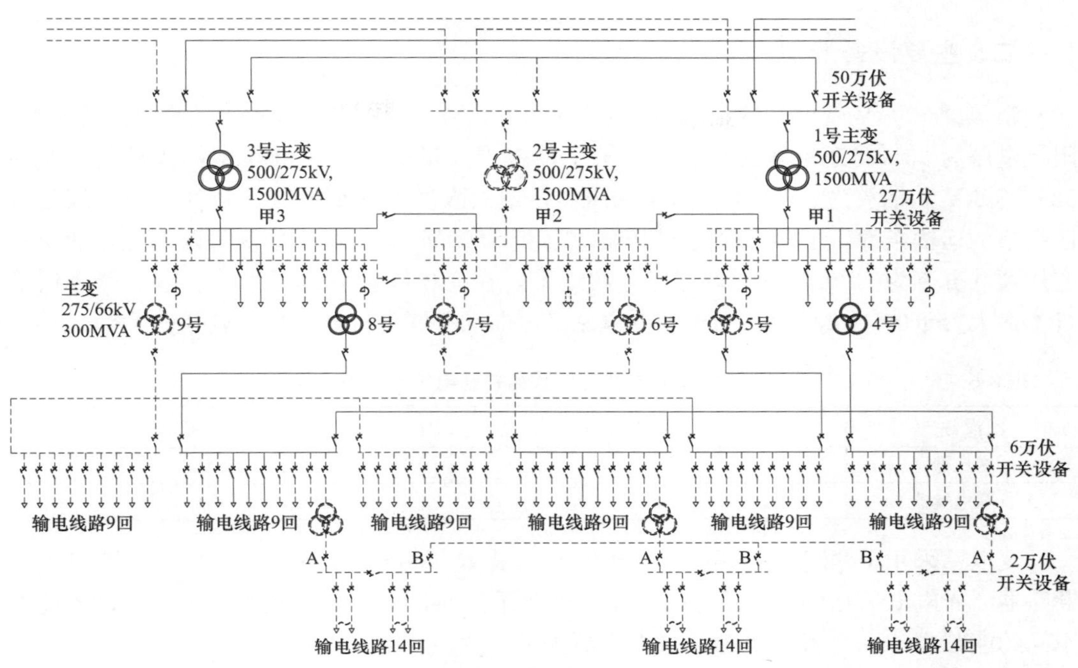


图 8-16　新丰洲变电站电气主接线

为了降低造价，建筑物采用了圆锥形。在圆锥形的建筑物中分割成 3 个扇形部分，并分别配置了设备。集中控制变电站设备的计算机系统装设在地上一层，500kV 高压开关设备、66kV 高压开关设备、分布式保护装置位于地下二层，电缆夹层和电缆隧道位于地下三层，500kV 主变压器、275kV 主变压器、275kV 高压开关设备位于地下四层。具体如图 8-17 所示。

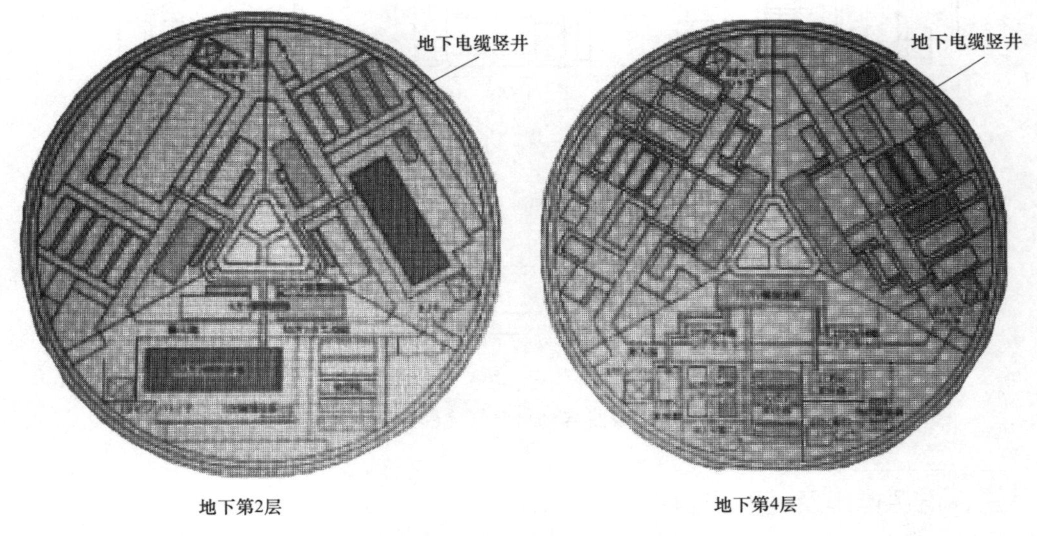


图 8-17　新丰洲变电站设备平面布置

## 二、主要设备选型

新丰洲500kV变电站的变压器容量为1500MVA，采用油绝缘水冷式高阻抗变压器，阻抗电压为23%；东京地区发电自给不足，由于大量电缆的充电作用，选择电压比为525/285kV和抽头为±8.5%的调压变压器，最大限度地保证系统稳定性。为了满足市区严格的运输条件，把500kV主变压器（容量1500MVA）每相分割为两部分，两组主变压器共分割为12个部分，运至变电站地下，在变压器室内进行组装。电抗器采用了日本最大容量的300MVA。新丰洲变电站变压器和并联电抗器参数如表8-6所示。

**表8-6　新丰洲变电站变压器和并联电抗器参数**

| 设备 | 容量（MVA） | 电压（kV） |
|---|---|---|
| 变压器 | 1500×3 | 抽头：525/285±8.5% |
| 并联电抗器 | 300×6 | 500 |

变电站采用了紧凑型的$SF_6$气体绝缘开关装置（GIS）设备。通过采用单断口气体断路器、光电电压互感器以及GIS壳体尺寸等手段使得GIS设备更加紧凑，GIS的地面空间约能减少65%，相应的建设成本也减少了20%～30%。

单断口气体断路器具有较高的柱吹和快速开断速度，能垂直安装在GIS上，优化母线长度和地面空间，与传统采用双断口气体断路器GIS的间隔相比，长度减为45%，如图8-18所示。空间仅为双断口气体断路器GIS的37%。GIS室的层高降低，梁底标高仅比GIS设备高1m左右。

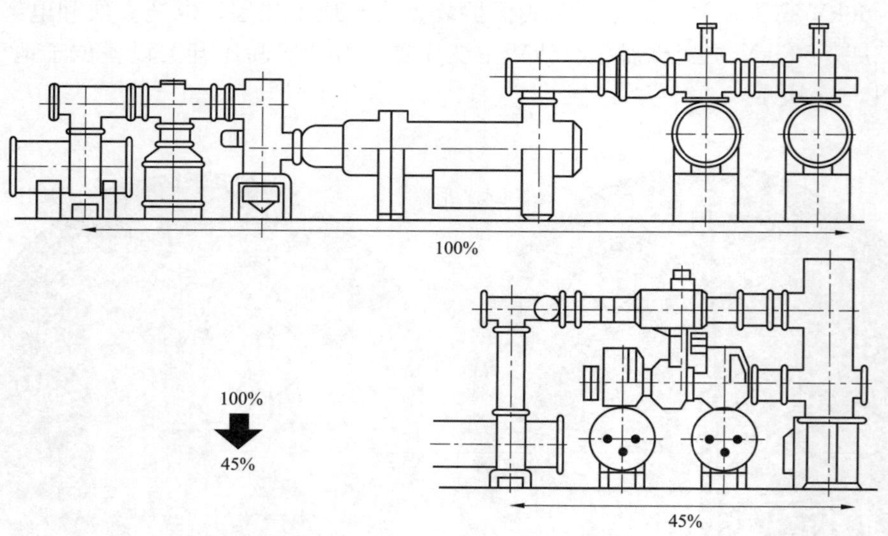


图8-18　单断口气体断路器与双断口气体断路器GIS间隔长度比较

## 三、电源电缆及其隧道建设

新丰洲500kV地下变电站电源引自新京叶（Shin-Keiyo）变电站，由500kV地下电缆连接。一期建成两回，终期建设第三回。新丰洲线路长度为 39.4km，截面为 $2500mm^2$，是目前世界上最长的 500kV 交联聚乙烯电缆（XLPE），如图 8-19 所示，具体参数如表 8-7 所示。

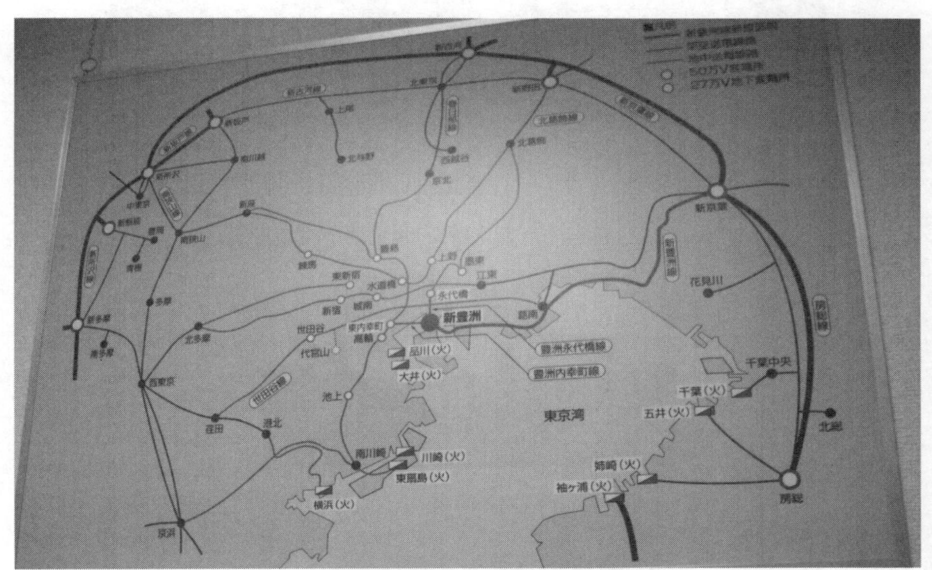


图 8-19 新丰洲至新京叶 500kV 地下电缆系统接线示意

**表 8-7 新丰洲 500kV 电缆（XLPE）系统有关参数**

| 参数 | 数值 |
|---|---|
| 额定电压（kV） | 500 |
| 长度（km） | 39.4 |
| 容量（MW） | 1200×3（2） |
| 导线截面（$mm^2$） | 2500 |
| 导线外径（mm） | 61.2 |
| 内半导体层厚度（mm） | 2.5 |
| 绝缘层厚度（mm） | 27.0 |
| 绝缘直径（mm） | 120.2 |
| 外半导体层厚度（mm） | 1.0 |
| 垫层厚度（mm） | 3.0 |
| 铝护套厚度（mm） | 3.2 |
| 防腐蚀层厚度（mm） | 6.0 |
| 近似外径（mm） | 162 |
| 近似重量（$kg \cdot m^{-1}$） | 41 |

**注** 括号中的数字是曾在初期时确定的数据。

电缆中间连接部采用了具有良好电气性能的 EMJ，除了已经埋设电缆的隧道和共同沟（如图 8-20 所示）之外，电缆还敷设在桥梁上的管道内，如图 8-21 所示。考虑到公路交通情况，又由于本路径接近海湾，因此经由海上运输，并加长了电缆，减少了运输次数。

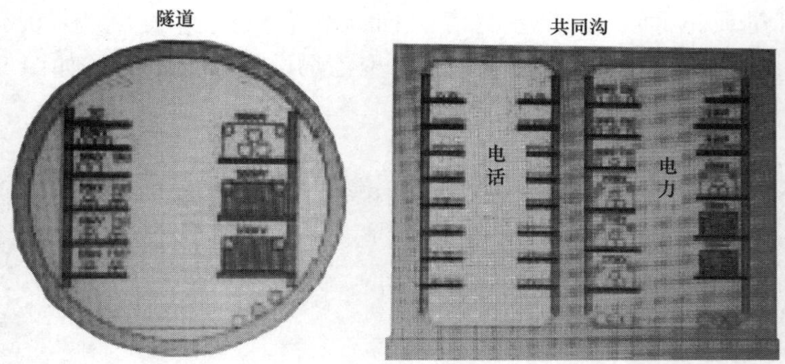


图 8-20　新丰洲至新京叶 500kV 地下电缆隧道

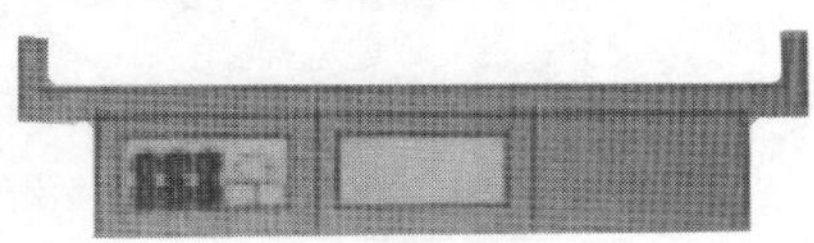


图 8-21　新丰洲 500kV 架设在桥梁上的电缆管道

# 参考文献


[1] Xia Quan，Zhang Anlin. Review on the Construction of Underground Station in China，the 5th International Conference on Power Transmission and Distribution Technology，Beijing，2005：892-896.

[2] 夏泉，贾云华. 地下变电站的建设及应用，电气应用，2013（s1），506-510.

[3] 倪镭，唐宏德，曹林放，等. 上海城市地下变电站设计回顾与展望，华东电力，2011 年 8 月，1320-1323.

[4] 刘振亚. 国家电网公司输变电典型设计——110kV 变电站分册. 北京：中国电力出版社，2005.

[5] C. Fitzgrald，S. Jones，D. Paton，et al. High Capacity 330kV Substation for the Sydney Central Business District [C]，CIGRE session，2004.

[6] 张靓. 北京中心城区 110kV 地下变电站的建设 [J]，供用电，2007，(6)：53-55.

[7] 夏泉. 城市户内变电站设计. 北京：中国电力出版社，2016.

[8] 夏泉，李树恩.《35—110kV 地下变电站设计规定》主要技术特点 [J]，电气应用，2009，(21)：34-37.

[9] Xia Quan. New practice of Beijing Transmission & Substation Design [C]，the 6th International Conference on Power Transmission and Distribution Technology，Guangzhou，2007.

[10] 张玉珩. 变电站所址选择与布置. 北京：水利电力出版社，1986.

[11] 蓝毓俊. 现代城市电网规划设计与建设改造. 北京：中国电力出版社，2004.

[12] 电力工业部电力规划设计总院. 电力系统设计手册. 北京：中国电力出版社，1998.

[13] 水利电力部西北电力设计院. 电力工程电气设计手册（第 1 册），电气一次部分. 北京：中国电力出版社，1989.

[14] 盛大凯. 输变电工程数字化设计技术 [M]. 北京：中国电力出版社，2011.

[15] 刘振亚. 国家电网公司输变电工程通用设备（2012 版）[M]. 北京：中国电力出版社，2012.

[16] 尹克宁. $SF_6$ 气体绝缘变压器未来在我国的发展前景，变压器. 2001 年 1 月，9-16.

[17] 北京供电局. 电力变压器和并联电抗器培训讲义. 2001.

[18] 能源部西北电力设计院. 电力工程电气设计手册 2（电气二次部分）[M]. 北京：水利电力出版社，1991.

[19] 王慧、杨秀兰，等. 智能变电站辅助控制系统分布式体系结构研究. 供用电 [J]. 2017.

[20] 住房和城乡建设部工程质量安全监管司、中国建筑标准设计研究院. 全国民用建筑工程设计技术措施（2009）规划·建筑·景观. 北京：中国计划出版社，2009.

[21] 住房和城乡建设部工程质量安全监管司、中国建筑标准设计研究院. 全国民用建筑工程设计技术措施（2009）建筑产品选用技术（建筑·装修）. 北京：中国计划出版社，2009.

[22] 住房和城乡建设部工程质量安全监管司、中国建筑标准设计院. 全国民用建筑工程设计技术措施（2009）结构·地基与基础. 北京：中国计划出版社，2010.

[23] 建筑施工手册（第五版）编委会. 建筑施工手册（第五版）北京：中国建筑工业出版社，2011.

[24] 江正荣. 建筑地基与基础施工手册（第二版）. 北京：中国建筑工业出版社，2005.

[25] 黄强. 建筑基坑支护技术规程应用手册. 北京：中国建筑工业出版社，1999.

[26] 丘华昌，陈明亮. 土壤学 [M]. 北京：中国农业科技出版社，1995.

[27] 莫娟，李晓东，等. 变电站设备噪声频谱特性及传播规律研究报告［R］. 北京. 中国电力科学研究院，2014.
[28] 高晓华，朱亚平. 220kV 地下变电站消防技术优化研究. 华东电力. 第 8 期，2016.
[29] 周丽巍，李茜. 北京电网 220kV 地下变电站安全运行分析. 中国电力. 第 5 期. 2010.
[30] 贾奎. 浅谈地下变电站的消防设计. 消防科学与技术. 第 23 卷. 2004.
[31] 范明豪，李伟. 变电站火灾风险分析与评估. 北京：中国电力出版社，2013.
[32] 国家电网公司输变电典型设计北京电力公司实施方案——220kV 和 110kV 变电站分册. 北京：中国电力出版社，2006.
[33] 强芸. 北京地安门 220kV 地下变电站节地设计，电气应用，2010（1），76-80.
[34] 李莉华. 高凯. 日本东京 500kV 地下变电站及电缆的设计和建设［J］，国际电力 Vol9，2005，No. 6：38-41.
[35] 电力流通本部，工务部. 500kV 及地下变电站的设计概要. 东京电力公司，2010.